云计算与虚拟化技术丛书

AWS Lambda in Action
Event-driven Serverless Applications

AWS Lambda实战
开发事件驱动的无服务器应用程序

［意］ 达尼洛·波恰（Danilo Poccia） 著 喻勇 刘智毅 王毅 译

机械工业出版社
China Machine Press

图书在版编目（CIP）数据

AWS Lambda 实战：开发事件驱动的无服务器应用程序 /（意）达尼洛·波恰（Danilo Poccia）著；喻勇，刘智毅，王毅译 . —北京：机械工业出版社，2017.9
（云计算与虚拟化技术丛书）

书名原文：AWS Lambda in Action: Event-driven Serverless Applications

ISBN 978-7-111-57994-6

I. A… II.① 达… ② 喻… ③ 刘… ④ 王… III. 云计算 IV. TP393.027

中国版本图书馆 CIP 数据核字（2017）第 220694 号

本书版权登记号：图字 01-2017-2016

AWS Lambda 实战：开发事件驱动的无服务器应用程序

出版发行：机械工业出版社（北京市西城区百万庄大街 22 号 邮政编码：100037）

责任编辑：和 静　　　　　　　　　　　　　　　责任校对：李秋荣

印　　刷：三河市宏图印务有限公司　　　　　　版　　次：2017 年 9 月第 1 版第 1 次印刷

开　　本：186mm×240mm 1/16　　　　　　　　印　　张：20.5

书　　号：ISBN 978-7-111-57994-6　　　　　　　定　　价：79.00 元

凡购本书，如有缺页、倒页、脱页，由本社发行部调换

客服热线：（010）88379426 88361066　　　　　投稿热线：（010）88379604

购书热线：（010）68326294 88379649 68995259　　读者信箱：hzit@hzbook.com

版权所有·侵权必究

封底无防伪标均为盗版

本书法律顾问：北京大成律师事务所 韩光 / 邹晓东

Serverless 这个概念被推出的那一刻我就感觉到这绝对是软件架构模式的一次颠覆式变化。而随着 AWS Lambda 的成熟和普及，我们只能感慨又一次低估了技术发展产生的那种迅猛力量。毫不夸张地讲，Serverless 架构绝对是因云而生，并已经成为 Cloud Native 最主要的标志之一。本书不仅仅是一个技术教程、一本产品手册，更是一本面向云计算创建分布式系统的最佳指南。巧得很，本书的作者以及译者都是我工作多年的同事，感谢他们的努力才得以让我们奇文共赏，疑义相析。

——费良宏，AWS 首席布道师

Serverless 架构与其说是技术的变革，不如说是一种思维方式的转变。而本书用通俗易懂的语言介绍 Severless 架构的基本概念，同时结合 AWS Lambda 服务的实际应用，帮助我们很快实现这种转变。无论对开发人员、架构师还是决策者，本书都是一本值得一读的好书！

——季奔牛，上海思岚科技，云平台事业部总监

如果说无服务器架构是一辆无人驾驶汽车，那么 Lambda 就是汽车的大脑，让汽车从容应对各种突发事件。而此书是把我们带入另一个大脑的钥匙。

——薛江波（Jumbo Xue），在南半球种菜的云计算解决方案架构师

AWS Lambda 是一款优秀的函数式编程的核心计算服务，使用 Lambda+API Gateway 可快速搭建一套无服务器的 Web App 架构。其先进的技术、理念不仅提供了优秀的技术解决方案，推动着微服务架构的发展，更能够给所有技术人员带来新时代的高维度的思考。相信读完本书，您会收益良多。

——阿正（Dean），Webank，SRE 工程师

这是一本介绍 Serverless 架构，借助 Amazon Lambda 及 AWS 上的其他服务，并结合

丰富且浅显易懂的例子，试图让大家从 DevOps 向 No-Ops 转变的好书。

——曹辉，上海思岚科技有限公司，云端测试架构师

AWS Lambda 是当前最受欢迎的 Serverless 服务之一，具有启动快速、资源利用率高以及扩展性强等优点，本书通过详实的例子，说明如何使用 Lambda 来构建 Serverless 应用的方法，很值得一读。

——张海宁，VMware 中国研发中心，技术总监

本书能让你系统地掌握 AWS Lambda 技术，一起跟随大神走进边缘计算的世界吧！

——任小火（xiaohuo200@gmail.com），后端工程师

本书通俗易懂地介绍了 AWS Lambda 的原理，并结合大量实例说明如何使用 AWS Lambda 开发 Serverless 应用，是一本不容错过的好书。

——刘果，华为开源软件能力中心，主任工程师

Serverless 架构作为 Cloud Native 应用的一种最佳实践，让创业者得以专注于业务逻辑的创新，极大地拓宽了创业者践行"精益创业"方法论的落地边界。而本书正是创业者从零到一实践 Serverless 架构的第一向导。

——丁立，华兴资本逐鹿 X，CTO

AWS Lambda 是 Serverless 新一代计算模式的第一个商业实现，通过结合 AWS 丰富的云服务，特别是 IoT 服务，有无限的创新空间。本书讲解深入浅出，为架构师开启了一扇全新的架构设计领域之门。

——罗文江，招商银行总行信息技术部架构办，云计算架构师

本书不只是一本关于 AWS Lambda 和 Serverless 架构的参考书，还是分布式系统的入门读物，加上详尽的实战示例真正做到了书名中的"in Action"，使它成为相关从业人员书架上的必备秘籍。

——归泳昆，VMware Cloud Native 部门资深工程师，Cloud Foundry 早期核心开发者

Preface 中文版序

初闻此书将译介到中国，鄙人可谓诚惶诚恐。本书的初衷是运用云技术帮助不谙此道的软件开发者开发应用程序，简化应用的设计管理难度，让开发者专注表达自己的思想。

AWS Lambda 是应用开发领域的一把新钥匙，它为软件行业带来了无限的惊喜和可能。无服务器技术的简洁、事件驱动工作流的高效，无不是应用开发工艺乃至整个传统软件工业的一抹曙光。

我生于意大利，纵游欧陆，每每感叹跨语种工作协调之艰难。用英语写作本书实属不易。如今在中国几位译者的努力下，我的书得以远播东土，惠及遥远东方的同仁，本人实感欢欣鼓舞。翻译的事业是如此伟大，它能打破语言的隔膜，把前沿技术带给全世界志趣相投、理想相近的朋友，解决一个个新的问题。我衷心希望读者能从此书中获得新知，乘 AWS 的东风，扶摇直上，纵横"云"霄。

Danilo Poccia
AWS 技术布道师
2017 年 4 月 24 日

推 荐 序 *Foreword*

再过几年，我们将看到如下局面：单靠一个创始人，这个能够使用无服务器技术的工程师，就能撑起一个十亿美元级别的创业公司。无服务器技术把如今的 IT 乱世带入了一个有迹可循的新世界——开发者无须等待任何人来审批一个新项目了。他们在服务器、架构、数据存储或配置工具上再无后顾之忧，可以在几分钟内构建一个新应用。从商业角度来看，无服务器是革命性的，因为在投产之前，开发者都不必支付任何费用，只有当客户开始使用服务了，开发者才需要付费。这事实上已经属于按需分配的经济模式了。

本书极好地普及了无服务器技术，也极好地深挖了 AWS Lambda。

我初见作者 Danilo Poccia，是在伦敦举行的亚马逊大会上。当时他负责一个工业分析的技术短会，我立刻就被他务实的方法论和对无服务器的动人热情吸引住了。作为一名布道师，Danilo 有足够的经验把无服务器技术分析清楚，这一点在本书中体现得淋漓尽致。

本书清楚又详尽，内容和编排都是经过深思熟虑的。书中包含大量的小任务和函数，同时剔除了艰深复杂的跟配置服务器环境相关的内容，因此既适合初学者，也适合对无服务器技术基本概念（比如事件驱动编程）有所了解的读者。

书中提供的代码样本同样构架严谨，它们以 JavaScript 和 Python 的形式共享在 GitHub 上。Danilo 从认证服务开始，一路讲到实战部署，由浅入深地讲解了无服务器应用的构建思路。他解释了无服务器为什么应该写成单一函数，以便部署到 AWS Lambda 中，由于无服务器是事件驱动的，他又进一步解释了如何整合第三方服务，从而实现函数即服务。

AWS 已经成为云技术的工业标准，而无服务器将对 AWS 的使用方式产生巨大的影响。在接下来的几年里，本书将成为软件开发的必读经典。

James Governor
RedMonk 联合创始人

The Translator's Words 译 者 序

运行在云平台之上的软件应该采取何种架构和交付方式？这一直是整个行业思考的问题。虚拟机是否过于"笨重"？容器常被质疑"新瓶装旧酒"。Amazon AWS 在 2014 年率先发布了基于函数的无服务器计算平台 AWS Lambda。这令人眼前一亮：它把云计算的抽象层面提升到了应用代码层，通过事件驱动机制实现 AWS 底层各类资源和服务之间的自动化协作。

Cloud Native 是一个热门词汇，云计算时代的开发者需要思考如何更直接、更高效地利用云平台的整体能力，同时应对日益复杂的业务逻辑和技术架构。基于函数的无服务器计算无疑为这些问题提供了一个可行的解决之道：程序员聚焦在业务逻辑，把服务交互、事件驱动、底层资源管理这些基础设施层面的工作统统交给云平台来处理。

AWS Lambda 发布仅仅三年，据笔者了解，Lambda 在美国初创公司甚至成熟企业中已经有了非常广泛的应用。围绕着 Lambda 和函数式无服务器计算技术也涌现了一批高速成长的创业企业。这一切都证明，一个"无服务器生态"正在快速形成。据了解，AWS Lambda 服务也会在不久的将来在中国区市场发布。这一切都是值得技术爱好者和职业开发者关注的热点。

Danilo Poccia 是 AWS 的专业布道师，他撰写的本书是 AWS Lambda 和事件驱动无服务器应用程序开发领域极好的入门教材。作者对于 AWS 平台、Web 应用开发和底层安全机制有非常深入地研究和实践，全书由若干应用开发实例贯穿前后，深入浅出，包含了大量的代码和最佳实践指导。

本书中文版由喻勇完成第 1~6 章和第 8、15 章的翻译，刘智毅完成第 7 章和第 9~14 章的翻译，第 16、17 章的翻译工作由王毅完成。喻勇同时承担了全书后期统稿和整体校对工作。本书虽然篇幅不长，但是包含了大量细节和代码，同时技术领域的跨度也较大，这些都对翻译工作带来了不小的挑战。三位译者虽然竭尽全力但是也难免有疏漏之处。幸运的是，在翻译过程中，我们得到了身边好友的帮助，他们花费大量业余时间，担任校对工作，仔细阅读了译稿，并指出大量术语和技术错误，我们在此表示特别感谢！

本书的校对分工和团队成员是：丁立（第 1 章），薛江波（第 2 章），曹辉（第 3 章），季奔牛（第 4 章），罗文江（第 5 章），阿正（Dean）（第 6 章），任小火（第 7 章），刘果（第 8 章），张海宁（第 9 章），明立波（第 10 章），归泳昆（第 11 章）。除了对应章节的校对工作，他们还认真阅读了全书，并提出了宝贵的建议。

在全书付梓之前，为了保证质量，丁立、曹辉、季奔牛以及思岚科技的 CTO 黄珏珅等好友号召他们所在公司技术团队大范围试读，在印刷之前又发现和修改了许多错误，在此向这几位好友所服务的两家公司——华兴资本逐鹿 X 团队（丁立担任 CTO）和上海思岚科技（黄珏珅、曹辉和牛哥）表示感谢。这两家公司在移动大数据应用和机器人自主定位导航领域都处于国内领先地位，也已经开始使用无服务器技术进行开发。

我们也在此特别感谢机械工业出版社华章公司的温莉芳老师和和静老师，感谢出版社在国内尚无 AWS Lambda 服务的阶段就决定引进本书的"冒险尝试"，也感谢出版社对译者工作的支持和帮助！

译者介绍

喻勇

在技术圈驰骋多年，曾担任过微软技术布道师，VMware Cloud Foundry 生态建设负责人，并有幸引领了国内容器技术的创业浪潮。目前赋闲在家，翻译图书，学习新知。

刘智毅

毕业于复旦大学，获中文系和翻译系双学位，现供职于西山居工作室，从事特效设计和游戏开发。业余兼任技术翻译，致力于图形学、技术美术和行业资讯译介。

王毅

在洛杉矶担任 You World CTO，负责搭建"出境享乐一族"的游乐体验的平台。历任 AWS 大中华区解决方案架构师主管、阿里云资深技术专家、IBM 高级咨询经理。

最简单的服务器，就是没有服务器。

——Werner Vogel，亚马逊 CTO

　　1996 年我开始接触客户端 – 服务器架构，体验过分布式系统的先进和复杂。21 世纪初，我与电信和媒体的客户合作过几个大型项目，那时我切身体会到计算、存储和网络的限制会成为阻碍公司创新的瓶颈。

　　接着在关键性的 2006 年，以"按需"（utility）模式使用计算资源——就像使用能源、汽油和水那样——开始成为现实。那年 AWS 发布了它的首个存储服务（Amazon S3）和计算服务（Amazon EC2）。我对它们都产生了强烈的兴趣和好奇。

　　自 2012 年起，我专注于帮助客户在云端实现应用，或者把应用迁移到云端。为了更熟悉手头的新服务、新平台，我决定用 Amazon S3 作为后端存储，写一个共享式文件系统。我用 Python 编写实现方案，放到 GitHub 上开源，很快就遇上了一批志同道合的用户和贡献者。

　　2014 年 AWS Lambda 横空出世时，我意识到自己已经站在变革大潮的前端。数月后一个阴雨绵绵的周末，我想我可以不借助任何实体服务器，编写一个完整的应用。仅需要浏览器上的 HTML、CSS 和 JavaScript 文件这类静态内容，配合 Lambda 函数在后端执行我的逻辑，再加上用事件来支配商业流程，应用就完成了。我写了一个"简单的"认证服务（详见本书第 8～10 章），再次放到 GitHub 上共享。反响之热烈出乎我的意料，显然，我抓住了开发者的痛点。

　　经验分享之谈最后就成了本书。我希望本书能帮助你接受无服务器计算的新趋势，开发出无与伦比的新应用，检验新技术、新数据。我随时洗耳恭听你的故事，帮助同道中人实现理想将是我无上的荣光。

关于本书

本书分为四部分。第一部分（第1～3章）介绍了基础技术，比如 AWS Lambda 和 Web API。第二部分（第4～12章）是本书的核心，讲解了事件驱动应用的构建方法，让你可以用事件串联多个函数，构建新的应用。第三部分（第13～15章）主要关注从开发到生产，帮助你优化 DevOps 流程。第四部分（第16章和第17章）介绍了如何把 Lambda 函数与 AWS 平台以外的服务整合起来，用 AWS Lambda 改进沟通方式，自动完成代码管理。

本书自始至终的逻辑是递进的，建议按照顺序阅读。

如果你已经涉猎过 AWS Lambda 的基础内容，可以跳过第一部分，直接从第二部分开始，学习构建更为复杂的事件驱动应用。

第三部分和第四部分可以作为参考内容，帮助你实现新的想法，或者对照我所建议的做法，巩固对知识的掌握。

云计算的发展日新月异，因此我只能关注一些基本的概念，如分布式系统和事件驱动设计。在我看来，在这个分布式的世界里，这些内容对所有 IT 系统开发者都是至关重要的。

本书的目标读者是那些没有云技术经验，同时希望了解无服务器计算和事件驱动应用前沿技术的开发人员。如果你已经对 Amazon EC2 和 Amazon VPC 这类 AWS 服务有所了解，本书将为你开辟一个新的认知视角，帮助你用服务而非服务器的角度构建应用程序。

代码规范

本书的每个专题都附带了丰富的样例。大段代码或夹在文本中的代码都会用等宽字体显示，以区别于正文。类、方法名、对象属性，以及其他代码相关的术语和内容，也都会使用等宽字体。

获取源代码

本书中的一些源代码可以从以下网站获得：http://www.manning.com/aws-lambda-in-action 和 https://github.com/danilop/AWS_Lambda_in_Action。

致谢

我要感谢许多人。这些年来，他们与我并肩工作、交换想法、分享有趣的点子，让我从中获益匪浅。我不喜欢列名单，所以这里没有他们的名单。我相信那些帮助过我的人能从中读出我的谢意。这里需要特别感谢几位仁兄：Toni Arritola，他总能厘清我偶尔混乱的思路，用简明易懂的语言说出我的想法，让本书内容条理清晰；Brent Stains，他给了我许多极有价值的提示和技术视角；Mike Stephens，是他最先提出了让我写这本书的想法。

此外还要感谢不吝宝贵时间，为本书的改进建言献策的评论者们：Alan Moffet、Ben

Leibert、Cam Crews、Christopher Haupt、Dan Kacenjar、Henning Kristensen、Joan Fuster、Justin Calleja、Michael Frey、Steve Rogers、Tom Jensen、Luis Carlos Sanchez Gonzalez（技术审校）。

谨以此书献给我的妻子Paola，她陪伴我度过了撰写这本书的每一个周末，目睹了背后所有的努力。献给我的父母，他们在我年幼时就开始支持我学习计算机。献给我的兄弟，他们给予了我支持。

关于原书封面插图 *about the cover illustration*

英文原书的封面图片名为"Femme Kamtschadale"（来自勘察加的女人）。此图取材于法国人 Jacques Grasset de Saint-Sauveur（1757—1810）于 1797 年出版的《Costumes de Différents Pays》一书，书中的每幅插图都是人工精心绘制的。

该书向我们展示了两个世纪前世界上各个地区的文化差异。当时的人们分居地球的不同角落，操着不同的语言口音。在陌巷、在乡野，仅通过人们的衣着，就能判断他们的居所和阶级。

后来，人们的衣着改变了，不同地区的文化差异也日渐式微。现在就连不同大洲的居民都难辨彼此，更遑论不同村、不同乡、不同国的人。或许，我们把文化差异拿去交易了，交换来一个更多变的个人生活——准确地说，是一个更多变、更快节奏的技术化的生活。

在这个计算机书籍日渐趋同的时代，我们选择用 200 年前一位法国人的插画作为封面，提醒我们：技术之天下大同与人类之文化差异中间，还有着丰富的辩证法。

Contents 目　录

快 速 入 门

为什么要在云中运行函数？如何为应用程序构建一个基于事件驱动的后端服务程序？单独的一个后端服务程序，是否能够同时支持包括网页和移动设备等多种类型的客户端？在实际项目开发中，如何从客户端调用 Lambda 函数⊖？

在本书的第一部分，你将学习如何使用 AWS Lambda 和 Amazon API Gateway，它们为本书中的所有复杂应用程序提供基础服务。我们也将介绍如何把多个函数集成在一起，打造单一的后端服务程序，用以支持网页或移动应用。你将从基本概念入手，然后通过实践操作来进一步地掌握和理解。

⊖ 本书中"函数"一词翻译自英文原文中的 function。中文"函数"的涵义非常广泛，在编程领域也有其特定意义。为了保证用词一致性，除特别说明外，书中的"函数"均特指 AWS Lambda function。这样的翻译也跟 Amazon AWS 的官方译法保持一致。在涉及代码内的函数（有时也称为 method）时，我们一般翻译为"方法"。——译者注

Chapter 1 | 第 1 章

在云中运行函数

本章导读：

❏ 为什么函数是应用程序的基本单元（primitive）？

❏ AWS Lambda 概述。

❏ 使用函数作为应用程序的后端服务。

❏ 使用函数构建事件驱动的应用程序。

❏ 从客户端调用函数。

近些年来，云计算已经极大地改变了我们思考和实施 IT 服务的方式，它允许任何规模的企业和组织方便地构建出强大且可扩展的应用程序，进而颠覆其所在的行业。想想 Dropbox 是如何改变人们存储和分享文件的方式，Spotify 又如何改变人们购买和使用音乐的方式，这些成功企业的背后都离不开来自云计算的力量⊖。

这两家公司都是从零起步的创业企业，必须把时间和资源集中运用，才能让创意快速付诸实现。软件开发不可避免存在诸如管理和扩展基础设施、给操作系统打补丁、维护软件栈（Software Stack）等繁琐但却不产生真正价值的工作。云计算最重要的价值之一，就是让软件开发者可以聚焦在构建独特和重要功能的开发工作之上。

应用程序可以通过云计算获得虚拟服务器、存储、网络和负载均衡器等基础设施，并

⊖ Dropbox 公司曾是 Amazon AWS S3 的早期用户，作为创业公司，他们以 Amazon S3 云存储服务为基础，构建了规模庞大、同时服务个人和企业用户的文件共享和存储服务。Spotify 公司创建了基于 Python 的后端系统，与 Amazon S3 中的大量内容进行互动。此外，Spotify 使用 Amazon CloudFront 向用户交付应用程序和软件更新。更为详细的 Amazon AWS 的客户案例，请参考：https://aws.amazon.com/cn/solutions/case-studies/spotify/。——译者注

且这些基于云计算的基础设施可以根据特定的配置实现按需伸缩。但即使在这样的情况下，软件开发人员仍旧需要为代码准备一个完备的执行环境，通常包括在虚拟机上安装并配置一个操作系统（如某个 Linux 发行版），选择并配置好程序依赖的基础框架。只有当整个技术栈准备就绪，才算到了部署代码并开始工作的时候。而即使通过类似 Docker 这样的容器技术满足了快速构建应用程序运行环境的需求，也依然无法避免管理版本和更新容器这类繁重（并且容易出错）的工作。

有时，为了查看和管理底层的资源，软件开发人员必须获得访问基础设施层的权限。不过，人们也可以选择那些把底层资源抽象并封装的云计算服务，这些服务通过平台的方式为软件开发人员直接提供定制化的部署和管理应用程序的能力。举例而言，有些云计算平台为用户提供"开箱即用"的数据库服务能力，人们只需要把数据（和与之关联的数据库结构模式，即 Database Schema）导入这些服务即可，而不用亲自安装、管理数据库软件以及底层的各种软硬件环境。另一个典型的例子是类似 PaaS 平台的云计算服务，软件开发人员只需要向平台提供应用程序的打包代码，平台会通过标准化的基础架构，以自动化的方式去运行和管理这些应用程序。

上述这些例子，对于开发环境而言或许还算容易胜任，但是当我们开始进行生产环境的部署时，事情将变得更加复杂，比如可能需要面对诸如可扩展性、高可用性之类的复杂需求。还有，千万不能忘了安全：在应用软件开发和部署的过程中，始终需要关注用户、权限和资源之间的复杂关系。

随着 Amazon 发布 AWS Lambda 服务，云计算的抽象层次被进一步提升了，这项创新的服务允许开发者把一组函数打包发布，然后由 AWS 平台来负责具体的管理和执行。在这种情况下，人们不再需要主动管理依赖的基础框架和操作系统，也无需处理运行阶段所面临的高可用性和可扩展性问题。每一个函数都有属于自己的安全配置，这些配置可以借助 Amazon Web Services（AWS）的标准安全功能，设定函数的执行范围和对资源的访问权限。

这些函数可以直接被客户端调用，也可以依靠订阅其他资源所发出的事件来被触发。如果函数订阅了诸如文件仓储或数据库所发出的事件，那么当这些资源的内容发生变化触发了事件后，函数就会根据订阅的类型，被 AWS Lambda 平台自动执行。举个例子：当文件被上传到云存储，或者数据库的字段被修改，我们可以设定一个会自动在这些变化发生时执行的 AWS Lambda 函数，来对新的文件或修改后的数据做一些操作。在原始图片保存到云存储后，AWS Lambda 函数可以用来执行缩略图的创建；当生产环境中数据库的字段发生更新后，AWS Lambda 函数还可以自动把这些新的数据同步到数据仓库。基于这样的技术，软件开发人员可以把应用程序设计为通过事件来驱动的新式架构。

不论函数是被诸如智能手机之类的客户端直接调用，还是通过订阅事件的方式触发，我们都可以把负责完成不同功能的函数集中在一起，构成一个完整的事件驱动应用程序。如图 1-1 所示，这是一个媒体分享应用程序（采用事件驱动架构）的逻辑流程图：它完成了用户上传图片、后台处理和分享等基本功能。

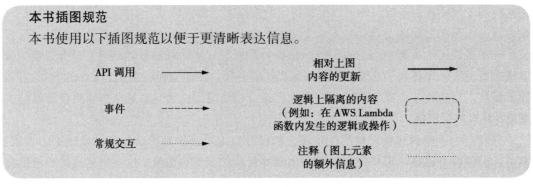

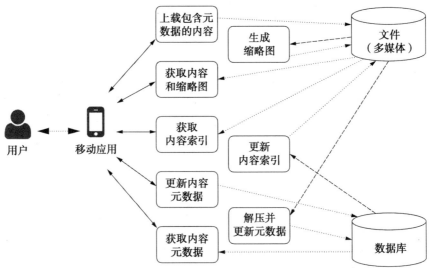

图 1-1 使用多个 AWS Lambda 函数构建的一个基于事件驱动的媒体分享应用程序，这个架
构包括了一组由移动端直接调用和由存储仓库（repository）之上发生的事件（如文
件写入或数据库更新）所驱动的 AWS Lambda 函数

> 注
> 意 如果你现在还不能完全理解图 1-1 中所表达的架构和流程，请不用担心。通过阅读
> 本书，你会很快掌握设计事件驱动应用程序的架构原则，并在此基础上自己动手
> 完成一个使用了 AWS Lambda 函数并包含用户身份验证能力的媒体文件分享应用
> 程序。

而在使用那些并非与 AWS Lambda 原生集成的第三方软件或服务时，我们依然可以轻
松地把它们集成到使用 AWS Lambda 函数的应用中，这类集成工作可以通过支持多种编程
语言的 AWS 软件开发工具包（AWS SDK）来完成。

事件驱动的方式不仅简化了应用程序的开发工作，也简化了设计可扩展性应用逻辑的
工作。举例而言，假设我们有一个响应文件上传事件的 AWS Lambda 函数，每当有新文件
被上传到云存储，这个函数便会获取对应的文件信息并把这些信息写入数据库。我们可以

把这个函数设想为文件存储和数据库之间的一个逻辑连接：今后不论应用的任何组件处理了文件上传的操作，这个函数都可以立即被调用并更新数据库的内容。

当我们给应用增加新功能后，应用的逻辑变得臃肿和难以管理。但是在上述的情况下，文件上传与数据库之间的连接是相对独立的一个逻辑。本书后面的章节会介绍处理的方法，并提供相应的练习。

不论是创业团队还是大型的企业公司，函数都能把应用程序简化为构建单元（building block）的形式，极大地提高开发者的工作效率，显著缩短业务功能的交付周期。

1.1　AWS Lambda 简介

AWS Lambda 与那些依赖物理机或虚拟机的传统方式有着迥异的架构。用户只需要把业务逻辑以函数的方式进行实现，AWS Lambda 的平台服务就会完成所有与执行函数有关的工作，若有必要，平台会自动配置用户函数所需要的底层软件栈，以保持平台的高可用性。频繁的函数调用所引发的可扩展性问题，也会被平台自动处理。

所有的函数都是在容器中执行的。容器是一种通过操作系统内核来提供隔离环境的服务器虚拟化技术。在 AWS Lambda 的环境下，虽然代码仍旧是在物理（或虚拟）服务器中执行，但由于用户不需要花费时间去管理这些服务器，我们把这种方式定义为无服务器（Serverless）[⊖]。

 提示　如需要了解 Lambda 函数所使用的底层执行环境的更详细信息，请访问 http://docs.aws.amazon.com/lambda/latest/dg/current-supported-versions.html。

当用户在 AWS Lambda 创建一个新的函数时，需要提供函数的名称，上传代码，并提供代码执行环境的配置信息，这些信息包括：

❑ 函数可以使用的最大内存容量。

❑ 函数运行时的超时时间（如果超时，即使没有执行完成，函数也会被中止）。

❑ 选择一个 AWS IAM（Identity and Access Management）的角色作为函数运行的身份，这个身份决定了函数的权限（可以做什么），可以访问什么资源，等等。

 提示　在选择函数的最大内存容量时，CPU 资源会按比例分配下去。举例来说：128MB 内存的函数仅能够获得 256MB 内存的函数大约一半的 CPU 能力，反之亦然，512MB 内存的函数将获得比 256MB 内存的函数多一倍的 CPU 能力。

⊖　Serverless 是近年来在云计算和分布式软件架构领域的一个颇为流行的术语，Serverless 不代表再也不需要服务器了，它的真正含义是：开发者再也不用过多考虑服务器的问题，计算资源作为服务而不是服务器的概念出现。美国软件架构师 Mike Roberts 曾就 Serverless 这个概念发表了一篇颇为详细的论文，如有兴趣，可供参考：https://www.martinfowler.com/articles/serverless.html。——译者注

AWS Lambda 采取了一种新颖的计费方式，因为它能为用户更加高效实用地调用底层资源。在 AWS Lambda 环境下，计费的方式是：

❑ 根据函数被调用的次数。

❑ 全部调用的累计执行时间（以 100 毫秒为单位）。

执行时间的计费和内存的使用量呈线性关系，如果把内存容量加倍，但是保证函数执行的时间不变，对应的费用也将随之加倍。为了让用户有更好的学习和实际操作体验，AWS Lambda 的免费资源包（Free Tier）允许用户免费使用一定数量的资源，每月免费资源包的限额是：

❑ 不超过 100 万次函数调用。

❑ 以 1GB 内存容量为基准的首个 40 万秒执行时间。

如果选择较小的内存容量，则可以获得更多的免费执行时间。例如，如果选择 128MB（1GB 的八分之一）的内存容量，那么 AWS Lambda 提供的免费执行时间可以长达 320 万秒（40 万秒的八倍）。更直观地说，AWS Lambda 每个月可以提供从 40 万秒（111 小时或 4.6 天）到 320 万秒（889 小时或大约 37 天）的免费执行时间，具体取决于用户为函数选择的内存容量。

> 提示　你需要一个 AWS 账号来演示和操作本书的例子⊖，我们的示例代码和函数消耗的资源不会超过每个月的免费限额，所以你不用担心会发生任何实际的费用开支。有关如何创建 AWS 用户账号和有关 AWS 免费资源包的详细信息，请参阅：http://aws.amazon.com/free。

在本书中，我们会使用 JavaScript（实际上是 Node.js）和 Python 来编写所有的演示代码，但 AWS Lambda 也同样支持其他编程语言。例如，你可以使用 Java 语言，或者运行在 Java 虚拟机（JVM）上的其他语言，例如 Scala、Clojure。对于像 Java 这类面向对象编程语言，向 AWS Lambda 暴露出来的函数实质上是某个对象的方法（method）。

如果需要使用 AWS Lambda 目前还不支持的编程语言，比如 C 或者 PHP，一种常见的折中办法是使用 AWS Lambda 已经支持的那些语言，开发一个包裹层（wrapper），然后通过加载那些不支持的语言，编译出静态二进制文件包来执行代码。例如，人们可以把 C 语言的静态链接库随同包裹层一并提交给 AWS Lambda，由包裹层内的代码加载和运行这个静态链接库。

在调用 AWS Lambda 的函数时，需要在输入中提供一个事件（event）和一个上下文（context）对象：

⊖ 请读者注意，由于中国政策和法律的规定，Amazon AWS 在中国是一套相对独立的服务，并且平台的版本和提供的服务与 Amazon AWS Global 相比有一定区别。在本书翻译期间（2017 年上半年），AWS Lambda 服务并未在 AWS 中国区提供。本书所有的例子均以 Amazon AWS Global 为准。请读者在注册账号和登录服务时，注意区分：AWS Global 的入口是 http://aws.amazon.com，AWS 中国区的入口是 http://www.amazonaws.cn。——译者注

❑ 事件是函数获得输入参数的一种方法，通常采用 JSON 格式。

❑ 上下文对象用来描述执行环境的有关信息以及事件是如何被接收并处理的，类似于
传统操作系统的环境变量。

函数可以被同步调用并立刻返回结果（见图 1-2）。我们使用同步（synchronous）这个
词来表述这类函数调用方式，但是在例如" AWS Lambda API 参考文档"或" AWS 命令行
文档"这些在线文档中，这种调用方式也被称为请求响应（RequestResponse）式调用。

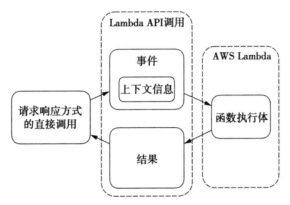

图 1-2　采用请求响应的同步方式调用 AWS Lambda 函数，函数收到包括事件和上下文对象
　　　　的输入信息，执行完毕后立刻返回结果

举例来说，我们编写一个计算两个数字之和的 AWS Lambda 函数，使用同步调用的方
式。JavaScript 的写法是：

```
exports.handler = (event, context, callback) => {
    var result = event.value1 + event.value2;
    callback(null, result);
};
```

Python 的写法是：

```
def lambda_handler(event, context):
    result = event['value1'] + event['value2']
    return result
```

我们先关注函数的执行过程，稍后再分析这些代码的语法细节。使用下面的 JSON 对
象作为事件输入，函数执行完毕后会返回结果 30：

```
{
  "value1": 10,
  "value2": 20
}
```

注意　JSON 文件中的数字不应该包含引号，否则在 Node.js 和 Python 中的＋操作将变成
　　　两个字符串的组合。

函数同样可以被异步调用。在这种情况下，函数被调用后开始执行，同时立刻返回，并不会输出任何返回值（见图1-3）。我们使用异步（asynchronous）这个词来表述这类函数调用方式，但是在例如"AWS Lambda API参考文档"或"AWS命令行文档"这些在线文档中，这种调用方式也被称为事件（Event）式调用。

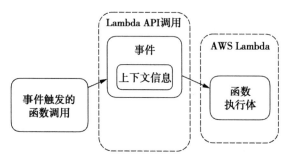

图1-3 事件式异步调用AWS Lambda函数，调用立刻得到返回，但函数仍旧继续执行

当Lambda函数被中止后，AWS Lambda服务不会保留与之对应的任何会话信息。这样的交互方式通常称之为"无状态"。考虑到这种行为，以异步的方式调用Lambda函数往往是有益处的，调用方不必等待函数完成执行对其他资源（如共享存储区上的文件或数据库的记录，等等）的读取和修改，也不需要等待函数调用其他第三方服务（诸如发送邮件或推送）（见图1-4）。

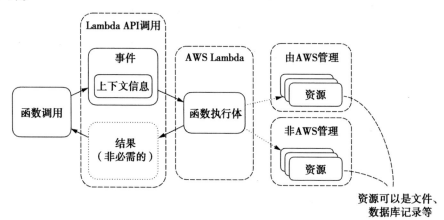

图1-4 函数可以执行针对其他资源的创建、更新、删除操作。资源也可以是另一个服务，比如用来发送对外的电子邮件

举例而言，我们可以使用AWS Lambda的日志输入能力来实现一个简单的日志功能，用户通过异步的方式在Node.js中调用：

```
exports.handler = function(event, context) {
    console.log(event.message);
    context.done();
};
```

在 Python 代码中这就变得更简单，一条 print [⊖]语句就可以完成日志的输出：

```
def lambda_handler(event, context):
    print(event['message'])
    return
```

我们用 JSON 对象把需要记录的日志信息传递给 Lambda 函数：

```
{
  "message": "This message is being logged!"
}
```

在这两个日志例子中，AWS Lambda 代码集成和调用了 Amazon CloudWatch 日志服务。函数的执行并没有一个默认的输出设备（通常称之为无头环境，即 headless environment），默认的日志输出由 AWS Lambda 的执行过程中转发到 CloudWatch。用户可以全方位地使用 CloudWatch 日志服务提供的功能，包括日志的保留时间，或从日志记录的数据中创建性能指标。我们会在本书的第 4 章提供有关日志功能的更详细示例和用例。

当函数订阅和响应其他服务的事件时，异步调用就更具价值，比如：Amazon S3 对象存储、Amazon DynamoDB 非关系型数据库。

当函数订阅了其他资源的事件后，当事件发生时，函数被异步的方式调用，事件的具体信息将会被作为输入提供给函数（见图 1-5）。

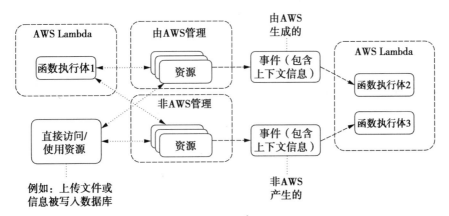

图 1-5　函数可以订阅由资源直接发出的事件，或由其他服务与资源交互。对于不是由 AWS 直接管理的资源，用户需要自行管理事件的触发和订阅

举例而言，某个移动应用的用户上传了一张高清晰度的图片到文件存储后，订阅这类事件的函数将被调用，其中包含新文件位置的事件信息就是这个函数的输入值。函数执行后可以读取文件，创建用于索引页面上的缩略图，然后将其写回到文件存储区。

现在，你已经初步了解了 AWS Lambda 的工作方式：以函数的方式来组织代码，这些

⊖　stdout 是 Linux 的标准输出流的一部分，默认是指向一个本机的文件，可以被重定向。这个标准输出流对应了很多编程语言中的输出或 print 库函数。——译者注

函数可以直接被调用，也可以由事先订阅的事件来触发。

在下一节，我们将开始在自己的应用程序中使用函数。

1.2 以函数作为应用程序的后端

对于移动应用开发者而言，通常应用的很多功能都是在客户端的设备上执行的，但人们也会倾向于把一些逻辑和业务数据保存在移动应用之外，例如：

❑ 银行类的移动应用不会允许用户直接修改他的个人账户金额，只有在设备之外执行的逻辑代码调用银行的业务系统后，才能决定是否进行资金的转账。

❑ 所有在线游戏都不会轻易让用户直接通关，通关之前必须确保当前一关的任务已经完成。

这是开发客户端/服务器应用的典型模式，开发者需要把一部分逻辑置于客户端（如浏览器或移动设备）之外，原因通常包括：

❑ 共享：数据需要被多个用户直接或间接读取。

❑ 安全：数据只有在满足特定条件的情况下才能够被读取和修改，这种条件的检验和判断显然不能够在未被信任的客户端上完成。

❑ 访问在客户端上无法实现的大规模计算资源或者大容量存储。

我们通常倾向于把这些前端程序所依赖的外部逻辑作为应用的后端服务。

为了实现这些外部的逻辑，常规的做法通常是开发一个供移动应用调用的 Web 后台应用，或与现有的后台应用集成，为浏览器渲染内容。但除了开发一个全新的 Web 后台应用或修改现有后台应用的功能以外，开发者还可以通过在网页或移动应用的代码中，直接调用一个或多个 AWS Lambda 函数，由这些函数来完成相应的逻辑执行工作。这些函数就构成了一组无服务器的后端。

为应用程序实现后端逻辑的一个重要原因就是安全，用户访问后端服务时，必须时刻进行认证和授权信息的检验。AWS Lambda 沿用了由 AWS 提供的标准安全框架来控制函数的行为。例如：函数只能读取指定路径的文件、向指定的数据库写入记录。这个安全框架基于 AWS Identity and Access Management 策略和角色。以此方法，开发者可以更轻松地为代码的执行创造安全的环境，把安全维护整合进开发流程。开发者可以自由地裁剪每一个函数的安全权限，用一组仅具备最低权限的模块，就能轻易实现应用程序。

> 定义 最低权限是指执行应用时必须获取的基本权限，例如：代码从一个中央存储区读取用户信息并发布到网页上，这样的模块就不需要为其配置写入权限，只需要读取待发信息的子集。任何超越了这个权限的安全设置都可能是潜在的漏洞，加重未知攻击的后果，入侵者往往先攻破一个模块，然后借助模块本身过于宽松的权限设置为跳板，攻击整个系统。

1.3　应对一切的单一后端

我们可以使用 AWS Lambda 函数来发布应用程序的后端逻辑。但这样是否就够了？我们还需要做些什么来满足一个后端应用程序所有的用例和需求呢？除了 AWS 提供的能力之外，我们是否仍需要开发传统的 Web 应用呢？

让我们来全面地考察应用程序后端所应该包含的过程和交互（见图 1-6）。用户通过互联网访问后端，后端包含了一些需要管理的逻辑和数据。

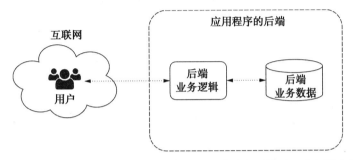

图 1-6　用户通过后端服务与应用程序交互，请注意后端有一些逻辑和数据

取决于应用程序计划支持的设备类型数量，使用应用程序的用户可能选择不同的设备。同时支持包括 Web 界面、移动设备、供高级用户集成第三方服务的 Open API 等在内的交互方式，正逐渐成为行业标准，也是一款应用取得成功的不二法门。

但审视不同设备与后端通信的接口，我们发现这些接口通常都是不一样的：Web 浏览器往往占据主导，因为这些内容都需要被用户界面（动态生成的 HTML、CSS、JavaScript 和多媒体文件等）和应用后端逻辑（采用 API 的方式呈现）使用（见图 1-7）。

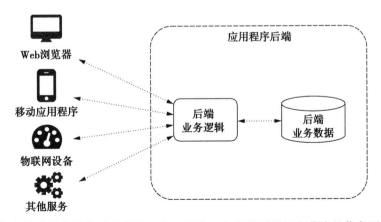

图 1-7　与应用后端进行交互有多种方式，使用 Web 浏览器的用户获取的信息不同于其他的前端客户设备

如果移动应用是在 Web 浏览器接口实现之后才开发的，那么后端服务需要在以 Web 渲

染为主的 API 基础上进行重构，以满足移动应用的需求。不论原始应用是如何开发的，这样的重构通常都不太容易（花费不必要的时间）。这还会导致两套后端应用并存的尴尬局面，一套服务 Web 界面，另一套服务移动应用和可能的新设备，比如可穿戴设备、家庭自动化系统、物联网等。即使这两套后端被很好地设计，能够共享大部分功能（代码），这也是对开发资源的浪费，因为今后添加每一个新功能都需要理解两套平台上的实现差异，运行更多的测试，在一系列毫无价值的工作上浪费时间。

如果对数据进行分类，把可以导入一个或多个数据库的结构化数据分成一组，把文件之类的非结构化数据分成另一组，我们就能用以下几步，完成对整体架构的简化：

❑ 增加一个安全的 Web 接口来访问所有的文件存储，这可以成为客户端直接访问的单一资源。

❑ 把一部分的逻辑置于 Web 浏览器，使用 JavaScript 客户端与移动端的逻辑逐一配对。

从架构的视角来看，这个运行 JavaScript 的客户端程序，不论是功能实现、安全还是与后端交互的方式（见图 1-8），跟移动应用都是一样的。

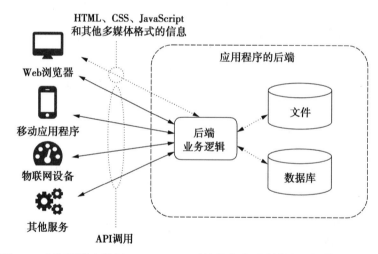

图 1-8　在浏览器内使用 JavaScript，后端简化为对所有应用提供 API 接口

再来看看后端的逻辑，我们现在为所有的客户端配置了单一架构，为所有运行中的应用配置了相同的交互和数据流。开发者成功地把后端逻辑与客户端的具体实现进行了抽象和分离，后端以标准化 API 调用为通用客户端提供服务（这种 API 调用只需定义一次，对所有终端用户都适用）。

这是非常重要的一步，因为前端的实现是随客户端而变动的，现在我们把它们从后端架构中抽离出来（见图 1-9）。今后添加新的客户端设备时（如支持各种可穿戴设备），无须再对后端进行任何修改。

重新审视这个解耦的架构，我们会发现每一个 API 调用都会接受参数，在后端服务器上执行一些操作，然后返回结果。这似乎很耳熟？每一个 API 调用都是后端呈现出来的、基于 AWS Lambda 来实现的函数。以此类推,所有的后端 API 都可以通过使用 AWS Lambda 管理的函数来实现。

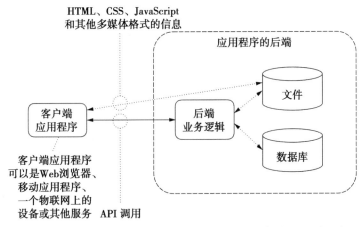

图 1-9　把客户端想象为一个消费 API 的组合,通过在后端解耦各种前端设备的支持,就可以实现这样的目标

通过这种方式,我们获得了由 AWS Lambda 支持的单一服务器后端,为所有的客户端提供相同的 API。

1.4　事件驱动的应用程序

到目前为止,我们都是直接使用 AWS Lambda 提供函数,以后端 API 的形式从客户端里调用出来。这种做法通常称为自定义事件。但是我们也可以让函数订阅并接收其他资源发出的事件,例如订阅文件的上传或数据库的记录变化等。

使用事件订阅,我们可以改变后端应用的内部行为模式。这些后端应用不仅仅接收和响应来自客户端应用程序的直接调用,也会对订阅的资源事件作出响应。我们大可不必单独开发一个总线式的工作流引擎来实现资源间的交互,而是通过资源的关系和响应的事件来触发对应的处理函数。例如,文件上传后,可以通过触发事件来执行相关函数,负责把文件有关信息写入数据库。

注意　这种方式简化了应用程序的设计和今后的架构演化。受益于微服务架构⊖给我们带来的价值,自下而上的软件模块编排相比自上而下的设计要容易得多。

⊖　跟 Serverless 概念一样,微服务架构也是近年来的热点话题。微服务(Microservice)一词首先由著名软件架构师 Martin Flower 提出,它代表了一种松耦合、独立开发和交付的互联网软件架构风格。微服务架构为复杂互联网应用开发,特别是为深入应用 AWS Lambda 提供了深层次的指导。Manning 出版社即将出版由 Chris Richardson 撰写的《Microservices Patterns》一书,中文版由本书译者喻勇同步翻译,建议读者关注。——译者注在这种方式下，我们的后端服务成为了一个分布式的应用，因为它们不再被集中地管理和执行，因此我们应该采用分布式架构的一些最佳实践。例如，应该避免在多个资源之间进行同步的事务（transaction），因为分布式事务通常都难以开发、难以维护，性能往往也很糟糕。可行的做法是让数据流遵从最终一致性的原理，使每一个函数借助事件订阅的方式独立地工作。

> 🔘 **定义** 最终一致性是指我们不能期待分布式后端之间的所有交互和数据的读写都是同步完成的，但系统会保证这些数据在经过一些时间后会汇聚并成为最新的状态⊖。

事件驱动应用程序的定义是：在没有一个集中式工作流引擎协调处理的情况下，应用被设计为响应内部或外部的事件，并驱动后续处理逻辑。让我们通过一个实际的例子更好地理解这个概念。

假设我们在开发一个多媒体文件共享应用，用户可以通过他们的客户端（Web 浏览器或者手机）上传图片等文件，公开分享这些图片，或仅与指定的好友分享。

为了实现这个功能，我们需要两种类型的数据存储库：

❑ 一个文件存储库用来保存图片等多媒体内容。

❑ 一个数据库用来保存用户账号（用户表）、用户之间的朋友关系（朋友关系表）和多媒体文件的元数据（内容表）。

我们需要实现如下的基本功能：

❑ 允许用户上传包含元数据信息的图片，元数据是指这张图片被上传时用户指定的一些设置信息，如图片是公开还是只允许好友查看、图片的用户信息、图片拍摄的时间地点、图片是否包含标题，等等。

❑ 在拥有权限的情况下，用户可以查看其他用户分享的图片。

❑ 获取特定用户可以访问的图片清单，这个清单应该包括所有的公共图片，以及这个用户有权限访问的私密图片。

❑ 更新内容的元数据，例如：用户在上传了一个仅供好友访问的私密图片后，他可以修改图片的元数据，把图片公开给所有人访问。

❑ 获取图片的若干元数据信息，并在客户端连同图片的缩略图一并显示，例如：在缩略图下显示图片的作者、拍摄日期、地点和标题。

当然，一个真正的应用还需要更多的功能和职能，但为了简化起见，我们目前仅考虑上述列出的功能。我们在本书的第 8 章将会构建一个更加复杂的图片分享应用。

因为图片内容相对来说是固定不变的，如果能够事先完成计算（预处理），就可以提高效率。终端用户通常选择查看比较新的图片，并希望尽快看到内容。为新的内容创建一个预处理的索引是非常有好处的，图片的访问和渲染速度更快，后端所消耗的资源更少。

⊖ 分布式系统需要在一致性和可用性之间进行权衡，学术领域有一个关于这方面的定理：CAP 定理。采用微服务架构的应用在处理分布式事务时，通常采用事件回溯（event sourcing）等方式。——译者注

如果用户查阅比较旧的已经超过了预处理索引范围的内容，我们仍旧可以动态地计算处理。但这种情况发生的概率比较低，并且可以被管理。预处理的索引必须在内容被更新时刷新，如果用户的好友关系发生了变化，也需要更新，因为图片的查看权限是基于好友关系的。

在图 1-10 中，我们可以看到这些功能的 AWS Lambda 函数，以及它们访问存储库的实现方式。

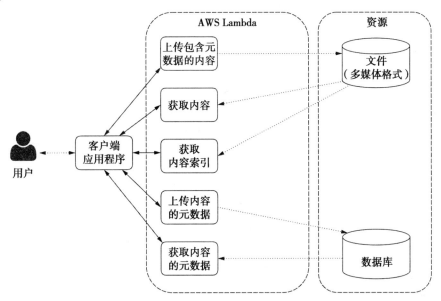

图 1-10　由 AWS Lambda 函数实现的媒体共享应用的简单功能，目前仍旧缺少基本的后端功能实现

在目前情况下，所有来自客户端的交互都已经被实现，但是我们仍旧缺失一些基本的后端功能，例如：

❑ 用户上传新文件后应该采取什么操作？

❑ 如果用户修改了元数据，应该如何相应地调整索引？

❑ 需要构建在客户端上显示预览之用的缩略图。

我们刚才讨论的那些后端功能与之前的前端功能列表有很大的不同之处，因为这些功能的触发依赖于存储库变化所引发的事件。我们可以把这些功能设计为几个额外的 AWS Lambda 函数，这些函数订阅存储库上的特定事件，例如：

❑ 如果文件（图片）被上传或修改，执行构建缩略图的函数，并把缩略图保存回到文件库。

❑ 如果文件（图片）被上传或修改，执行获取元数据的函数，把元数据保存到数据库中（内容表格）。

❑ 当数据库有更新时，不论是用户表、关系表还是内容表，执行重新构建有关预处理索引的函数，对应用户所能查看的图片也会发生变化。

通过 AWS Lambda 函数和事件订阅来实现这些功能，开发者将获得一个高效的架构，无须开发和实现任何集中式工作流引擎，最终用户所作出的任何数据修改都可以由函数作出对应的处理。我们在图 1-11 中可以查看这些后端新功能，它们是订阅了事件的函数。

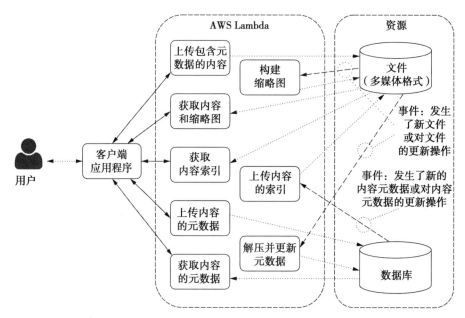

图 1-11　由事件驱动的函数作为后端的简单媒体共享应用程序，函数订阅了包括文件共享
　　　　和数据库发出的事件

以订阅了数据库事件的函数为例，不论是最终用户直接修改了数据库（如对图片的元数据做出修改），还是其他函数修改了数据库（如新的图片被上传，另一个 AWS Lambda 函数会对数据库做出修改），订阅了数据库事件的函数都将被调用。

我们不需要分别管理这两个用例，它们都是由同一个事件订阅来管理。订阅描述了资源之间的关系，以及事件发生时需要进行的操作（调用函数）。

在进行实际的应用开发时，你会发现有些 Lambda 函数可以被替换为对后端资源的直接调用。例如：我们可以直接编程把文件和对应的元数据写入文件共享，或者更新数据库。订阅了这些资源的 Lambda 函数会实现所需要的后端逻辑。

这个事件驱动的媒体共享应用就是一个简单但行之有效的例子。通过订阅事件，函数自动地串联在一起，例如：当图片和元数据被上传，或图片的标题被修改后，文件库发出的事件会触发调用第一个 Lambda 函数，进行数据库内的元数据更新操作。由于数据库发生了变化，数据库事件触发了第二个函数，进行预处理索引的调用。

注意　我所描述的这一串连锁反应有些像是 Excel 的功能：我们对一个单元格内的数据进行修改后，所有关联的单元格都会通过公式（如 sum、average 等）被自动重新计算。

Excel 是事件驱动应用的一个很好的例子，这是通向响应式编程 ⊖（Reactive Programming，简称 RP）的第一步，接下来我们将逐步深入。

设想我们的媒体共享应用还有其他的一些新功能，例如：创建、更新或者删除用户，修改朋友关系（增加或删除好友），我们可以试想如何在图 1-11 所描述的架构基础上增加新的函数，在需要时，让这些函数订阅对应的后端资源事件，这样可以通过事件本身驱动应用的逻辑，而不是让函数实现全部的工作流。

例如：如果我们使用类似 Amazon SNS 这类的短信提醒服务，那么当内容被上传或更新后，如何选择最佳的方式向用户发出提醒通知？如何向图 1-11 添加新的资源、事件和函数呢？

1.5 从客户端调用函数

在之前的讨论中，我们并未从技术角度深入地研究客户端如何与 AWS Lambda 函数进行交互，而是始终假设采用直接访问的调用方式。之前提到过，函数可以用同步或者异步的方式调用，AWS Lambda 有一组专门的 Invoke API 来实现这一点（见图 1-12）。

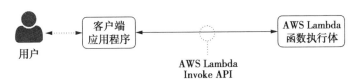

图 1-12 从客户端通过 Invoke API 调用 AWS Lambda 函数

通过 Invoke API 调用时，AWS 会执行标准的安全检查，确保客户端拥有适当的调用权限。如同其他所有的 AWS API，调用方需要 AWS 令牌来完成认证和后续的授权，AWS 会验证这个令牌是否拥有正确的授权来执行 API 调用到的特定资源和函数。

> 💡 提示 我们会在第 4 章深入讨论 AWS Lambda 的安全模型。现阶段，需要牢记的是：永远不要把安全令牌保存在客户端里，如明文写入移动应用的代码或者用 JavaScript 写的 Web 应用内。如果我们不慎把安全令牌内置在客户端应用内，一些高级用户就可以挖出这些令牌并对应用进行破坏。为了防患于未然，我们采取一些不同的方式来认证客户端的访问。

在 AWS Lambda 平台以及所有其他的 AWS API，我们可以使用名为 Amazon Cognito 的服务来便捷地管理所有与认证和授权相关的操作。

⊖ Reactive Programming 或 Functional Reactive Programming（函数响应式编程）是一种和事件流有关的编程方式，其角度类似 Event Sourcing，关注导致状态值改变的行为事件，一系列事件组成了事件流。开发者社区近年来围绕 RP 有大量讨论，也催生了许多围绕 RP 的开发框架。——译者注

使用 Amazon Cognito，客户端可以使用外部的社交应用或自定义的认证机制，来获取一个临时的 AWS 令牌，进行 AWS Lambda 函数的认证和调用（见图 1-13）。

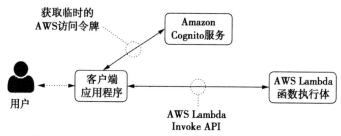

图 1-13　使用 Amazon Cognito 进行 AWS Lambda 函数调用的认证和授权

> **注意** Amazon Cognito 为其他的 AWS 服务提供了一个简单的接口，例如 AWS Identity and Access Management（IAM）和 AWS Security Token Service（STS）。图 1-13 去掉了一些不必要的细节，让整个调用的流程更加清晰易懂。

接下来，我们不一定非要在客户端使用 AWS Lambda Invoke API，开发者通常会构建一套与 Lambda 函数一一对应的 API，这些 API 都基于标准化的 URL 和 HTTP 动词（verb）⊖。

例如：我们为一个书店设计一套 Web API。用户需要列出书籍列表、获取特定书籍的详细信息、对书籍进行增删改查等操作。使用 Amazon API Gateway 服务，我们可以把对某一个后台资源的访问，通过一组 HTTP 命令字（GET、POST、PUT、DELETE 等）和真正执行这些操作的 AWS Lambda 函数关联在一起。表 1-1 给出了一个实例。

表 1-1　一组简单的书店 Web API

资　源	+	HTTP 命令字	→	方　法
/books	+	GET	→	GetAllBooksByRange
/books	+	POST	→	CreateNewBook
/books/{id}	+	GET	→	GetBookById
/books/{id}	+	PUT	→	CreateOrUpdateBookById
/books/{id}	+	DELETE	→	DeleteBookById

我们来更加仔细地看表 1-1 的内容：

❑ 如果针对 /books 资源执行一个 HTTP GET 操作，取决于调用时指定的范围，GetAllBooksByRange 这个 Lambda 函数会被执行，并返回一个书籍列表。

❑ 如果针对 /books 资源执行 HTTP POST 操作，负责创建新书籍的 Lambda 函数

⊖ RESTful 是目前比较成熟的一套互联网应用程序的 API 设计风格，大量借助了 HTTP 协议现有的特性，是目前互联网和分布式应用程序首选的服务间通信机制和事实标准。RESTful 设计原则由 Roy Fielding 在其博士论文中首次被提出，Fielding 博士也是 HTTP 标准的制定者之一。——译者注

CreateNewBook 会被调用，并返回新书的 ID。

☐ 在 /books/ID 资源上执行 HTTP GET，GetBookById 函数被执行，根据相关 REST 架构风格的原则，返回与此 ID 关联书籍的介绍信息。

☐ 表格内其余的调用可以依此类推。

> **注意** 我们并不需要为每一个 HTTP verb 方法准备单独的 Lambda 函数。我们可以把资源和方法作为一个传入的参数，Lambda 函数会解析它的触发方式到底是 GET 还是 POST。函数本身的大小由编程者的习惯决定。

但 Amazon API Gateway 还在此基础上提供了一些增值服务，比如通过缓存一些静态的内容来降低对后端的请求压力，设置一个调用阈值来避免后端在高峰时期被冲垮，管理开发者的私钥，为多平台的 Web API 生成多个 SDK，等等。我们会在第 2 章深入介绍 Amazon API Gateway。

使用 Amazon API Gateway，至关重要的一点是我们把客户端对 Lambda 函数的直接调用解耦了，外部客户端只需与这一组干净的 Web API 交互，无须了解运行在 AWS 上后端服务的具体细节。当然，即使有 Amazon API Gateway 对外呈现 Web API，我们仍旧可以选择通过由 Cognito 服务管理的 AWS 令牌进行客户端的认证和授权工作（见图 1-14）。

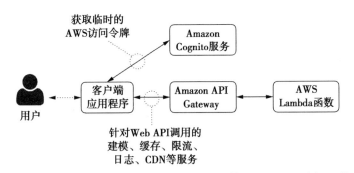

图 1-14 借助 Amazon API Gateway，用户使用 Web API 访问函数

通过 Amazon API Gateway，我们可以把部分 Web API 对外开放。对外开放的意思是访问这些 API 不再需要提供任何身份令牌。一个可用于 API 的 HTTP 命令字是 GET，而 GET 是我们在浏览器中输入 URL 并回车后发出的默认 HTTP 命令字，我们可以使用这种方式来组建一个对外的网站，其 URL 是由 AWS Lambda 函数动态提供服务的（见图 1-15）[⊖]。

实际上，由 HTTP GET 方式呈现的公共 Web API 可以返回任何格式的内容，包括我们在浏览器内常见的网页 HTML 内容。

⊖ 相比 Amazon EC2 主机，S3 和 Lambda 的价格非常低，很多极客和开发者喜欢把个人网站的静态内容托管在 S3 存储之上，然后使用 Lambda 函数来处理登录、表单提交、邮件和通知发送等动态功能。对于一个流量不是非常大的个人网站来说，Amazon AWS 提供的免费资源包就足够支付 S3 和 Lambda 的费用。——译者注

图 1-15 借助 Amazon API Gateway，创建由 AWS Lambda 函数和公共 API 所支撑的网站

 提示 有关使用 AWSLambda 和 Amazon API Gateway 构建动态网站的信息，可以查阅 Serverless 框架网站 http://www.serverless.com/ ⊖。

总结

在本章，我们介绍了在全书中会逐渐深入的几个重要基本概念：

❑ AWS Lambda 函数的全面介绍。

❑ 使用函数实现应用程序的后端服务。

❑ 以同一套后端程序服务不同的客户端，比如 Web 浏览器和移动设备。

❑ 事件驱动应用程序的工作方式。

❑ 管理客户端的认证和授权。

❑ 通过直接调用或 Amazon API Gateway 的方式调用 Lambda 函数。

现在，让我们把这些理论付诸实现，构建我们的第一个函数吧。

⊖ 这是一家名为 Serverless 的创业公司，他们开发了支持多种云平台（Amazon AWS、Microsoft Azure 和 Google Cloud 等）的 Serverless 函数开发框架。使用这些框架，开发者无须关注具体底层的云平台接口 和 API，有助于提高开发效率，降低函数在不同云平台之间的迁移成本。随着 Serverless 技术的普及， 主流云计算厂商纷纷推出相关服务，在类似 Amazon Lambda 这类 Serverless 服务之上的开发框架、软件 测试和交付相关的工具集，已经成为了创业者和投资人关注的领域。——译者注

属于你的第一个 Lambda 函数

本章导读:

❑ 创建你的第一个 AWS Lambda 函数。

❑ 理解函数的配置和设置。

❑ 使用 Web 控制台测试函数。

❑ 从 AWS 命令行界面调用函数。

通过第 1 章, 我们已经掌握了 AWS Lambda 函数的工作原理, 了解了采用同步(返回值)或异步(把函数订阅到一个事件上)调用函数的方式。在第 1 章的后半部分, 我们也学习到一组函数如何构成一个事件驱动的应用程序, 这些程序的逻辑通过事件串联在一起, 而事件则由外部的客户端或内部的数据关系所触发。

接下来就可以开始打造属于我们自己的第一个函数, 并学习如何借助 AWS Lambda 接口让这些函数投入工作。AWS Lambda 接口可以通过 AWS 命令行或可在服务器、浏览器及移动设备上运行的 AWS 软件开发包(SDK)来调用。

2.1　创建一个新的函数

一本好的编程图书通常都采用 "Hello World" 作为入门的例子。但是在 AWS Lambda 中, 开发者所拥有的并不是独立的应用, 而是一个接受输入(事件)并选择性地返回结果(当被同步调用时)的函数。

让我们从一个比 "Hello World" 略微复杂的任务开始:开发一个函数, 它会关注事件中的某个名字, 并返回 "Hello <名字>!"。如果输入事件没有提供名字, 则函数返回一个更加通用的问候语"Hello World！"。

为了创建第一个函数，首先要在浏览器中访问 AWS 的控制台 https://console.aws. amazon.com/。登录后，在 Compute 区域选择 Lambda，从顶端菜单的右侧选择 AWS Region（通常选择距离你较近的区域来降低网络延时），然后在弹出页面点击"Get Started Now"。如果这不是所选区域中的第一个函数，你不会看到欢迎页面，而会看到一组已经存在函数的代码清单。这种情况下，直接点击"Create a Lambda Function"即可。

为了简化新 Lambda 函数的创建过程，一些预置的蓝图（blueprint）整合了 AWS 和其他服务，以及诸如 Amazon Alexa、Twilio 和 Algorithmia 等第三方服务（图 2-1）。选择"Blank Function"来从头创建一个函数。

图 2-1　AWS Lambda 允许用户通过预置的"蓝图"快速创建新的函数，在本例中，我们选择从空白的函数开始

接下来需要为新的函数选择一个触发器（图 2-2）。触发器是一个事件源，它会触发函数的执行，并把一个事件对象作为输入提供给函数。有关触发器，用户可以有多种选择，其中一些会在这本书中作为例子使用。

例如，选择 Amazon API Gateway 通过 Web API 调用或使用 AWS IoT 来调用函数，从而通过 AWS 为物联网平台及其各种互联设备创建一个无服务器后端。在目前的例子中，我们直接调用函数，暂时还不使用触发器。选择"Next"。

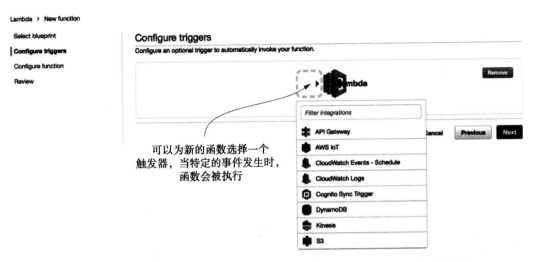

图 2-2　可以为新的函数选择一个触发器，当特定的事件发生时，函数会被执行

　　现在你已经创建了一个全新的函数（图 2-3），我们使用"greetingsOnDemand"作为函数的名字。

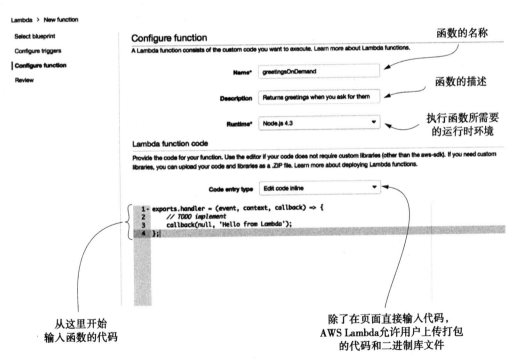

图 2-3　配置新的函数，从输入函数名称和描述信息开始，选择运行时，输入代码

> **注意** 关于函数名称，AWS Lambda 并没有官方命名规范。有时人们使用全小写字母加中划线的方式命名函数，在本书中，我们采用 lowerCamelCase 的命名规范，把所有单词组合在一起，组成变量的第一个单词的首字母小写，后续其余单词的第一个首字母大写。

函数的描述信息可以是 "Returns greetings when you ask for them"。提供一个清晰可读的函数描述是构建多函数复杂应用的好习惯之一，在调用众多函数构建应用或者重构某个已有函数（或仅用其代码）来实现新的目标时，这个习惯能派上大用场。

> **提示** 函数的描述也可以通过 AWS 的 API 来读取。在描述内容中包含一些约定，例如输入输出等内容，将有助于实现自动发现函数的功能。

使用 AWS Lambda 的 Web 控制台，有三种输入函数代码的方式：
- 在控制台界面直接输入和编辑代码。
- 从本地上传包含代码和二进制库文件的 zip 压缩文件。
- 从 Amazon S3 上传包含代码和二进制库文件的 zip 压缩文件。

你可以在压缩文件中加入你的代码所需要的自定义库或模块。在本书的第三部分你会看到，在用 AWS Lambda 实现自动部署和持续集成的过程中，通过 Amazon S3 上传函数是一项相当有趣的功能。

至于函数的运行时（runtime）环境，目前可选的是 Node.js 4.3 或 Python 2.7 ⊖。本章中我们提供了基于 Node.js 4.3 和 Python 2.7 运行时环境的例子，选择你喜欢的语言进行后端部署即可。

> **使用 Java 运行时**
>
> 为了简化流程，全书并未提供 Java 8 实例代码，因为 Java 的代码无法在 Lambda Web 控制台直接输入，必须在读者本地编译、打包、上传。如果一定要这样做，建议使用 Eclipse AWS 工具包：https://aws.amazon.com/eclipse。

2.2 编写函数

把选项设置为 "Edit code inline"，根据你所选择的运行时环境在 Web 控制台的编辑器中输入以下代码。以下代码分别以 Node.js 和 Python 实现了函数的逻辑。

代码清单2-1 函数greetingOnDemand（Node.js实现）

```
console.log('Loading function');                    ◁── 初始化
```

⊖ 目前 Lambda 支持的运行环境已经有较多增加，请查阅 AWS 官网。——译者注

```
exports.handler = (event, context, callback) => {
    console.log('Received event:',
        JSON.stringify(event, null, 2));
    console.log('name =', event.name);
    var name = '';
    if ('name' in event) {
        name = event['name'];
    } else {
        name = 'World';
    }
    var greetings = 'Hello ' + name + '!';
    console.log(greetings);
    callback(null, greetings);
};
```

函数声明：输入事件是一个 JavaScript 对象

向 Amazon Cloud-Watch 写入日志

结束函数并返回值

代码清单2-2　函数greetingOnDemand（Python实现）

```
import json

print('Loading function')

def lambda_handler(event, context):
    print('Received event: ' +
        json.dumps(event, indent=2))
    if 'name' in event:
        name = event['name']
    else:
        name = 'World'
    greetings = 'Hello ' + name + '!'
    print(greetings)
    return greetings
```

初始化；Python 需要 json 模块来读取解析事件信息

函数声明：输入事件是一个 Python 内置类型，通常是字典类型

向 Amazon CloudWatch 写入日志

结束函数并返回值

不论采用什么编程语言来实现，上述代码的组成和执行过程基本上是一致的：

❑ 在函数主体之前，有一段初始化的代码。在对某一函数的多次调用中，AWS Lambda 会重复使用同一个容器，容器中函数的初始化代码只会在初次调用时被执行。在初始化部分，你的代码应该是整个过程中仅被执行一次的代码，如打开一个数据库连接，初始化缓存，加载函数需要的配置性信息，等等。

❑ AWS Lambda 的函数是在一个没有任何可视化信息的"无头"环境下执行的。因此，所有运行时都实现了可以方便地向 Amazon CloudWatch 写入集中日志的方式。Amazon CloudWatch 是一种监控和日志服务，可用来管理应用程序的指标、警告和日志，以及应用程序中用到的 AWS 服务。在 Node.js 环境下，任何用 console.log() 写出来的东西都被重定向到 CloudWatch Logs；而在 Python 中，则是重定向 print 输出的任何内容。

❑ 初始化完成后，函数获取作为事件输入的信息和调用的上下文——两者都是运行时的原生格式：Node.js 中采用 JavaScript 对象，Python 中采用字典类型。这样的函数格式可以用于执行所有的调用，我们可以以后再做进一步的配置。

❑ 函数的逻辑非常简单：如果输入事件中包含了"name"键值，name 信息会被置入

greeting 字符串，否则就输出默认的 "Hello World ！"。

❑ 输出的 greeting 字符串被写入日志，函数执行完毕返回。

❑ 在 Node.js 中，我们使用标准的 Node.js 编程模型中的 callback 结束函数。在本例中，使用 callback (null, data) 成功结束函数，并返回 greeting 字符串对象。如果 callback 第一个参数不是 null，则表示函数遇到执行错误返回，如 callback (error)。

❑ 在 Python 中，函数通过返回正常中止。如果遇到了错误，可以抛出异常。

❑ 输入上下文对象中包含了一些有趣的信息，主要是关于函数的配置和 AWS Lambda 的执行。例如：你可以检查剩余的调用时间（相对于配置的调用时间上限），有关这部分内容会在后续章节详细讨论。

2.3 其他设置

在 Web 控制台输入代码后，需要指定被 AWS Lambda 调用的函数名称。可以通过代码中的处理程序（Handler）区域完成这个指定。因为用户可以在压缩文件中上传多个文件，处理程序的命名规则如下：

```
<file name without extension>.<function name>
```

例如，Node.js 处理程序的默认值是在 index.js 文件中导出的 index.handler。Python 中，默认值是指向 lambda_funciton.py 文件中名为 lambda_handler 函数的 lambda_function.lambda_handler。当向 Web 控制台粘贴代码时，index (Node.js) 和 lambda_function (Python) 是默认的名字，处理程序（Handler）区域已经被自动配置为使用默认的名字。当使用 Node.js 时，记得要提供被处理程序使用的函数名称。

如果你希望使用代码中其他的函数，需要在处理程序中更新名字（图 2-4）。在 Web 控制台输入的代码可以包括多个函数，上传的 zip 文件中也可以包含多个文件和函数，但仅有在 Handler 中被指定的函数，才会被 AWS Lambda 调用。其他函数可以在代码内部被调用。

AWS Lambda 支持对运行环境的严格安全控制：任何在 AWS Lambda 中执行的代码都需要对应操作的权限。这是通过 AWS Identity and Access Management（IAM）的角色和策略实现的，我们在后续章节会详细讲解。当函数被执行时，它会担当配置中设定的角色。角色可以跟一个或多个策略匹配。策略描述了针对行为、资源或限制条件等的执行权限。担当一个角色允许函数在与其角色相关联的策略范围内执行。

Amazon CloudWatch Logs 是本例中唯一涉及的资源，使用 basic execution role 角色即可：在 Role 菜单中创建一个 basic execution role。

❑ 选择创建新的角色。

❑ 使用 myBasicExecutionRole 作为角色的名称。

❑ 不用选择任何策略模版，对应的区域留空白即可。

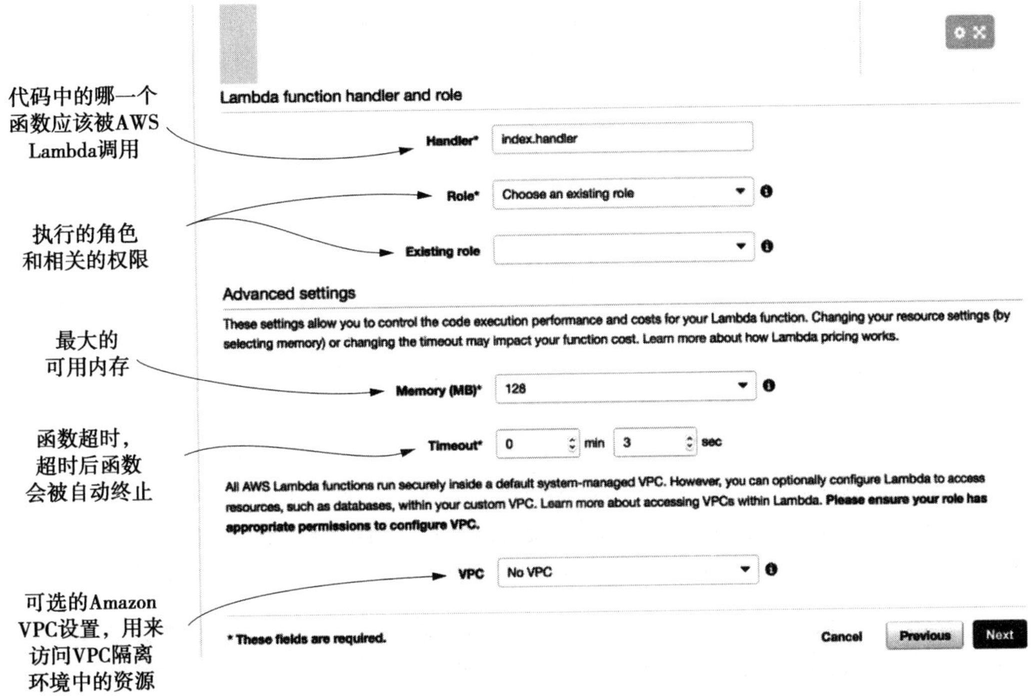

代码中的哪一个
函数应该被AWS
Lambda调用

执行的角色
和相关的权限

最大的
可用内存

函数超时，
超时后函数
会被自动终止

可选的Amazon
VPC设置，用来
访问VPC隔离
环境中的资源

图 2-4 在提供代码后，选择代码中哪一个函数是 AWS Lambda 调用的入口，选择 AWS IAM 角色以便获取正确的权限，选择或输入内存分配、超时时间等。可以指定 Amazon VPC 来访问特定 VPC 环境中的资源

下次，如果你需要同样的角色，可以选择使用已有角色，然后从 Existing role 菜单中选择。没有必要创建多个相同配置的角色，而要尽可能地重用已有角色。

💥 **提示** 现阶段的例子中，不需要选择任何策略模版，因为函数并未使用任何需要额外权限的外部资源。本书后续更加复杂的例子中，你会需要创建对特定资源进行读写的角色。这些角色不会被重用，因为它们是针对特定资源进行的定制角色。

现在我们需要完成 Lambda 函数两个重要方面的配置：

❑ 可用内存数量。这个设定同样会影响 CPU 能力的分配以及函数执行所带来的成本，所以选择你需要的尽可能小的数量。在本例的简单情况下，128MB 内存就已经足够。如果想缩短函数的执行时间，提升内存的数量可以获取更多的 CPU 计算能力。

❑ 函数被自动中止的超时时间设定。这个设定用来避免由于错误的代码导致函数被长时间执行，这将导致无法预知的成本。就我们这个简单的例子，3 秒钟就足够了。配置这个参数时，你需要确保其不要小于函数的正常执行时间。

在下一节有关函数测试的内容中，你会看到我们如何通过日志来了解函数执行的内存和时间。

在最后，可以指定一个 Amazon Virtual Private Cloud（VPC），这是 AWS 云平台提供的一个逻辑网络隔离功能。指定 VPC 可以让函数具备访问隔离网络中资源的能力。例如，置于 VPC 网络中的 EC2 虚拟机或这些虚拟机之上运行的 NoSQL 数据库，由 Amazon RDS 管理的关系型数据库等等。在配置了函数的 VPC 网络后，函数可以直接访问这些隔离环境中的资源。目前的例子中，我们选择默认的 No VPC 即可，因为我们的例子不使用任何 VPC 中的资源。

选择下一步，检查所有的配置，然后选择创建函数。恭喜你，完成了第一个函数！

2.4　测试函数

现在函数的创建工作已经完成了，我们可以直接从 Web 控制台进行测试。在控制台的左上角点击测试按钮，然后需要为所有的测试准备一个测试事件（图 2-5）。当调用 Lambda 函数时，使用 JSON 格式表述的事件对象信息会被实际的函数运行时转化为它们各自的原生对象或类型，如 JavaScirpt 对象或 Python 中的 Dict 类型。

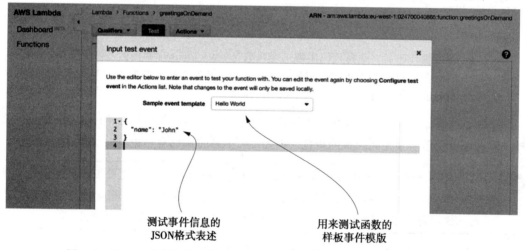

图 2-5　从 Web 控制台快速测试函数，先使用 JSON 格式配置测试用的事件

测试界面的下拉菜单有一些样板的事件，这些事件在订阅了如 Amazon S3 或 Amazon DynamoDB 等标准资源时会被接收到。我们的函数使用自定义格式的事件，所以这些样板事件模版暂时用不到。你需要编辑事件的信息，为函数提供 name 作为输入。

```
{
    "name": "John"
}
```

可以把 John 更改为你自己的名字。

点击窗口中的"Save and test"，函数会使用你所编辑的事件信息作为输入而被调用。

执行的结果会显示在窗口页面的底部（如图 2-6，你需要向下滚动页面才能看到）。显示的结果包括了函数的返回值、日志和执行情况的汇总：如实际的执行时间，计费的时间（以 100ms 为单位），内存使用量。所有这些信息同时也以原始日志的方式被输出。

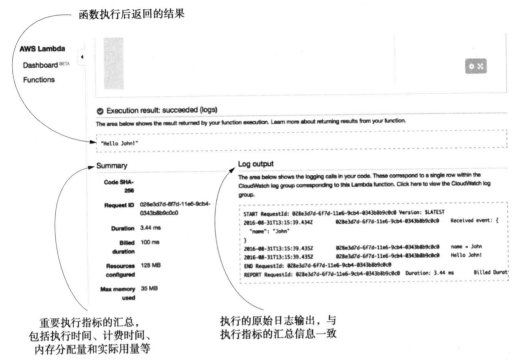

图 2-6　Web 控制台显示的测试执行结果，包括执行信息汇总和原始日志输出

如果一切正常，你将会在执行结果中看到"Hello John！"（或你自己的名字）。现在，你已经成功执行了第一个 Lambda 函数！

> **警告**　如果函数返回报错，请确保你复制的代码是完整的。检查代码最后一行的内容是否正确，Node.js 是 `callback()`，Python 是一个返回声明。

尝试多次执行这个函数，你会注意到函数的第一次执行耗时较之后的执行都长一些，这在实际的生产环境中并不会是一个问题，因为函数通常都会被多次执行。

> **提示**　如果你的函数已经被 AWS Lambda 执行过，AWS 可以释放所有的执行环境，这样再次执行这个函数会相比之前速度有所减慢。如果为了保障给用户的服务水平协议（SLA）而始终需要函数以较短的时间被执行，你可以选用定时执行（例如每隔五分钟）的 harmless 参数，这样函数所做的数据存储不会被修改，环境始终处于可用的状态。

为了测试在没有 name 信息情况下函数的执行结果，我们需要修改测试用的事件信息。在 Actions 菜单，选择"Configure test event"并从 JSON 中删除 name 字段，这样事件就是空的了：

{ }

保存并使用这个空事件进行测试，检查页面底部显示的输出信息：当无 name 信息输入给函数时，函数的逻辑（见代码清单 2-1 和代码清单 2-2）会用 World 替代名字，现在输出的内容是"Hello World！"。恭喜！你完成了每一本编程图书都应该提供的 Hello World 例子！

2.5　从 Lambda API 调用函数

我们已经从 Web 控制台测试了函数，但当有需要时，函数是否可以以 Web 界面之外的方式被使用呢？实际上，所有的 Lambda 函数都可以通过 AWS Lambda 调用 API 来被执行。要执行这样的操作，你需要使用 AWS 命令行界面。

> **安装和配置 AWS CLI**
>
> 为了安装和配置 AWS CLI 命令行工具，请参照 AWS 网站 http://aws.amazon.com/cli/ 所提供的针对 Windows、Mac 和 Linux 的安装指导。
>
> 建议从文档中的 Getting Started 链接开始，为 CLI 创建一个 AWS IAM 用户。以下是本书例子需要的安全策略：
> - ❑ AWSLambdaFullAccess
> - ❑ AmazonAPIGatewayAdministrator
> - ❑ AmazonCognitoPowerUser
>
> 当使用 aws configure 命令配置 CLI 时，需要将当前的 AWS region 设为默认值。否则，需要在每一个 AWS CLI 命令中通过 --region 的方式显式指定每条命令执行所针对的 region。
>
> 同时也建议你启用文档中所描述的 CLI 自动命令完成功能。
>
> 为了测试 AWS CLI 的安装和配置是否正确，你可以尝试执行 aws lambda list-functions 命令来获取你账户下已经创建的 AWS Lambda 函数的一个列表，连同每个函数的配置信息，如内存大小、超时、执行角色等等。
>
> CLI 的默认输出格式是 JSON，但是在初始配置 CLI 时可以使用 --output 选项进行更改。

为了调用我们刚才创建的函数，在命令行使用如下的语法（请注意 JSON 事件在单引号中）：

```
aws lambda invoke --function-name <function name> --payload '<JSON event>'
<local output file>
```

> ⚠️ **警告**　如果你使用 Windows 下的 AWS CLI 来执行 Lambda 函数调用，需要把上述的单引号更改为双引号，并重复一次[⊖]。例如，`--payload '<JSON event>'` 应该更改为 `--payload "{""name"":""John""}"`。

函数的输出被写入一个本地文件。例如，如果要问候 " John "，就在命令行输入如下的命令：

```
aws lambda invoke --function-name greetingsOnDemand --payload
'{"name":"John"}' output.txt
```

> ⚠️ **警告**　如果在配置 AWS CLI 时没有指定你创建和运行 AWS Lambda 的 region 的话，你必须在命令结尾通过 `--region` 参数指定，否则上述的命令会报错。

在命令行执行如下命令，可以测试没有 name 作为输入时函数的执行结果，返回的信息是 Hello World！

```
aws lambda invoke --function-name greetingsOnDemand-py --payload '{}'
output.txt
```

在每次调用后，可以在 output.txt 中获取函数执行的其他有关信息。这个文件被保存在命令执行所在的目录。如果有必要，你可以指定一个其他的路径保存文件，如 /tmp/output.txt 或 C:/Temp/output.txt。

> 🎯 **提示**　这个 output 文件在每次 CLI 调用后都会被覆盖，可以指定不同的文件名以避免输出信息被覆盖。

AWS CLI 内置了一个帮助系统，可以进一步提供有关函数调用方法的详细信息。为了查阅帮助，在命令行执行如下命令：

```
aws lambda invoke help
```

在第 1 章我们讨论过，可以直接通过 AWS Lambda Invoke API 调用函数，而 AWS CLI 就是这样的客户端应用（图 2-7）。

AWS CLI 可以调用和执行 Lambda 函数，同时，AWS SDK 为各类编程语言也提供了相同的调用语法，在复杂的应用中集成 Lambda 调用。具体而言，AWS Mobile SDK 中有可用来调用 Lambda 函数的具体语法。我们会在第 5 章讨论如何用 JavaScript SDK 和 Mobile SDK 来调用 Lambda 函数。

客户端应用程序所使用的编程语言与开发函数所用的编程语言可以是不同的，因为在这类解耦的场景下，通信是以 AWS Lambda Invoke API 的方式完成的。实际上，每个函数

　⊖　Windows 环境命令行中使用双引号需要采取比较特殊的处理方式。——译者注

的运行时都可以是不一样的，我们可以从语法、类库的可用程度等多个角度选择每个函数的运行时（编程语言），这样函数的开发变得更为简单。

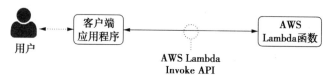

图 2-7　通过 AWS CLI 以 Invoke API 的方式调用 AWS Lambda 函数

💿 提示　我们已经了解了使用 AWS CLI 调用 Lambda 函数，同样，使用 AWS CLI 还可以创建或配置甚至编写 Lambda 函数的代码。使用 `aws lambda help` 命令了解更多选项。

总结

在本章中，我们完成了第一个 AWS Lambda 函数的创建，并学习到了以下知识：

❑ 函数如何使用事件和上下文对象。
❑ AWS Lambda 执行函数所需要的所有设置信息。
❑ 如何快速地通过 Web 控制台测试函数。
❑ 如何使用 AWS CLI 通过 AWS Lambda API 调用函数。

练习

在本章中，我们完成了一个可以发出问候语的 AWS Lambda 函数。但如果总是以"Hello"作为问候的开场白，这也难免有些无聊。如果给函数增加一个选择或者自定义问候语的功能，应该会是一个很有趣的尝试。当然，如果没有选择或者自定义信息输入，函数还是提供默认的"Hello"问候语。

创建一个名为 customGreetingsOnDemand 的新函数来实现这个功能，在输入事件中加入新的 greet 变量。

当输入 Hi 作为 greet 变量的值时，返回的结果是：

`"Hi John!"`

如何处理输入事件中没有 greeting 或 name 值时的特殊情况呢？

解答

customGreetingsOnDemand 函数的 Node.js 和 Python 的实现代码分别如下。根据你对一些特殊情况的处理方法（例如没有 greeting 或 name），实际的代码可能跟样例有纤毫之别，但都无碍大局。

传递给函数的 JSON 事件对象指定了 greet 和 name，但也可以省略其中之一，甚至两个都省略掉。

```
{
    "greet": "Hi",
    "name": "John"
}
```

代码清单　customGreetingsOnDemand（Node.js实现）

```
console.log('Loading function');

exports.handler = (event, context, callback) => {
    console.log('Received event:',
        JSON.stringify(event, null, 2));
    console.log('greet =', event.greet);
    console.log('name =', event.name);
    var greet = '';
    if ('greet' in event) {
        greet = event.greet;
    } else {
        greet = 'Hello';
    };
    var name = '';
    if ('name' in event) {
        name = event.name;
    } else {
        name = 'World';
    }
    var greetings = greet + ' ' + name + '!';
    console.log(greetings);
    callback(null, greetings);
};
```

新的 greet 参数作为事件对象的一部分被收到，与之前 name 的处理方式相似

greet 变量用于生成输出结果

代码清单　customGreetingsOnDemand（Python实现）

```
import json

print('Loading function')

def lambda_handler(event, context):
    print('Received event: ' +
        json.dumps(event, indent=2))
    if 'greet' in event:
        greet = event['greet']
    else:
        greet = 'Hello'
    if 'name' in event:
        name = event['name']
    else:
        name = 'World'
    greetings = greet + ' ' + name + '!'
    print(greetings)
    return greetings
```

新的 greet 参数作为事件对象的一部分被收到，与之前 name 的处理方式相似

greet 变量用于生成输出结果

Chapter 3 第 3 章

把函数作为 Web API

本章导读：

❑ Amazon API Gateway 简介。

❑ 以 Web API 的形式呈现函数。

❑ 自定义 Web API 和函数的集成方式。

❑ 通过 Web 控制台、浏览器或命令行测试 Web API。

❑ 在函数中使用 API Gateway 的上下文对象。

在上一章中，我们构建了第一个 AWS Lambda 函数，学会了如何配置函数、编辑代码并且通过 Web 控制台做快速测试。我们还在 AWS 的命令行界面（CLI）调用了函数。

在本章中，我们将学习用 Amazon API Gateway 把函数以一种基于 HTTP 协议的 Web API 方式对外呈现。我们会介绍如何把 Lambda 函数与 API Gateway 结合，并使用 Web 控制台、浏览器和命令行工具进行测试。我们也会创建一个新的函数，来学习如何通过 API Gateway 的上下文对象获取函数调用者的详细信息。

3.1 Amazon API Gateway 简介

你现在已经掌握了如何使用 AWS Lambda 创建一个单一功能的函数，并且能够通过 AWS 命令行界面使用 Invoke API 调用此函数。同样的语法可以与任何 AWS SDK 一起工作，那么我们如何在这些基础之上开始打造 Web API 呢？

AWS Lambda 的一大优势是可以在无须使用 AWS API、命令行或者各种 SDK 的情况下，与 Amazon API Gateway 紧密集成，轻松访问 Lambda 函数。Lambda 函数可以通过你所设计的 Web API 对外提供服务。

Web API 通常使用一个 URL 来标识访问或请求的路径（endpoint），如 https://my.Web api.com，Web API 使用 HTTP 动词（GET、POST、PUT 和 DELETE）与上述的路径进行交互。

Amazon API Gateway 和 AWS Lambda 相结合可以构建 RESTful API，但这不是本书关注的重点。建议读者使用 REST 架构风格设计 Web API，并借助本书内的指导来完成具体的实现。

> 💡 提示　如果希望了解有关 RESTful API 设计的更多信息，我们推荐阅读 Roy Thomas Fielding 的博士论文"Architectural Styles and the Design of Network-based Software Architectures"：https://www.ics.uci.edu/~fielding/pubs/dissertation/top.htm。

一些后端函数是通过 AWS Lambda 或基于网络的 HTTP 调用（不论是否内置于 AWS 平台）来实现的，借助 Amazon API Gateway，我们可以把 Web API 和这些后端函数对接起来。当然你同样可以对接到其他 AWS API 或模拟的（mock）实现上，但本书将着重介绍 Lambda 函数与后端的关联，而不涵盖其他的实现形式。

> 💡 提示　如果你有计划把遗留下的基于 HTTP 的 API 迁移到 AWS Lambda，可以先使用 Amazon API Gateway 作为一个链接现有实现的代理接口，然后再逐一从后端往 AWS Lambda 迁移。这会在迁移过程中为客户端提供一个一致性的 API 调用接口。

借助 Amazon API Gateway，我们还可以构建不同阶段（stage）的 API。Stage 通过域和资源定义了部署后的 API 访问路径，并且可以用于指明不同的 API 运行环境，例如生产、测试或开发环境，以及不同的 API 版本，如 v0、v1 等等。

每个阶段都会用一个 HTTP 动词（如 GET、POST、PUT 或 DELETE）映射 URL 路径的接口（通常被指定为资源）。动词所关联的方法可以使用 Lambda 函数来实现，它提供了一个无服务器的后端，相比传统的 Web 服务器架构（图 3-1）更容易管理和扩展。AWS 自动为你生成一个唯一域名，你也可以使用自定义域名替代之。

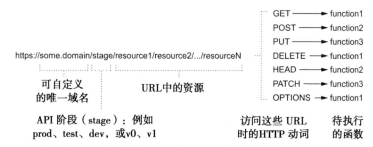

图 3-1　Amazon API Gateway 如何把 URL 和 HTTP 动词映射到 AWS Lambda 函数的执行体

例如，我们尝试通过 Web API 实现一个简单的书店应用，存储多本图书的信息，如表 3-1 所示。

表 3-1　一组书店应用的 Web API

资　　源	HTTP 动词	行　　为
/books	GET	返回书籍清单，包含一个特定的清单分页参数
/books	POST	创建一本新书，通过参数指定书籍的作者、ISBN 等，并返回新书 id
/books/{id}	GET	返回指定 id 的书籍信息
/books/{id}	PUT	创建或更新指定 id 的书籍信息
/books/{id}	DELETE	删除指定 id 的书籍信息

借助 Amazon API Gateway，我们可以把上述的行为对应到具体的由 AWS Lambda 实现的函数（表 3-2）。

表 3-2　一组书店应用 Web API 的 AWS Lambda 函数实现

资　　源	HTTP 动词	方法（使用 AWS Lambda 函数）
/books	GET	getBooksByRange
/books	POST	createNewBook
/books/{id}	GET	getBookById
/books/{id}	PUT	createOrUpdateBookById
/books/{id}	DELETE	deleteBookById

如果我们给书店应用 API 做了两个阶段——prod 用于生产环境，test 用于测试——那么在 prod 阶段中，你可以用 HTTP GET 方法通过 https://some.domain/prod/books 获得书籍清单，在 test 阶段中，你可以用一个 id 为 5 的 HTTP DELETE 方法，通过 https://some.domain/test/books/5 删除书籍。

3.2　创建 API

从简单的开始，我们创建一个能够调用 greetingsOnDemand 函数的最基本 Web API，如表 3-3 所示，我们使用一个带有查询参数的 HTTP GET 来获取结果。你会在本书后续创建许多 API，/greeting 资源是其中的一部分。

表 3-3　通过 Web API 实现打招呼功能

资　　源	HTTP 动词	方法（使用 AWS Lambda）
/greeting	GET	greetingsOnDemand

转到 Amazon API Gateway 的 Web 控制台的 Application Services 部分。尽管并没有严格的限制，但是通常我们建议将 Lambda 函数和 API Gateway 置于相同的区域。选择 Get Started。如果你在这个区域内已经有 API，选择创建 API（Create API）。

> 🔔 **警告**　在首次使用 API Gateway 的控制台时，系统会提示你创建一个示例 API。因为本书会提供创建 API 的细节，所以你可以选择 New API 来跳过这些步骤。

现在我们可以创建一个通用的 API 应用，这个 API 可以在当前使用，也可在日后按需扩展。输入"My Utilities"作为 API 的名称，保留默认选项，不复制任何已有的 API。输入"A set of small utilities"作为描述，然后点击 Create API（图 3-2）。

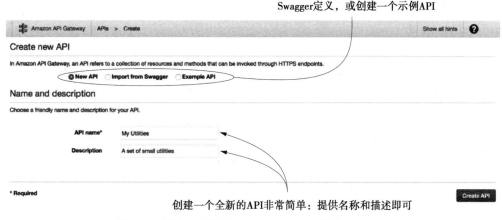

图 3-2　创建一个使用 AWS Lambda 函数的 Web API

每一个 API 都有一个自定义的路径（endpoint），你可以使用自己专有的域名并且根据需要添加 SSL/TLS 证书。在这个路径之中，你可以创建多个阶段（stage）和资源来构成最终用户访问的 URL。作为 URL 的一部分，资源以路径的方式展现，并且可以嵌套。

让默认的资源（/）为空，并在 Actions 菜单中选择 Create Resource，为 /greeting 创建一个资源，输入 Greeting 作为名称。系统自动生成了资源的路径（小写的 greeting），这对我们的例子来说足够了，请点击 Create Resource 继续下一步（图 3-3）。

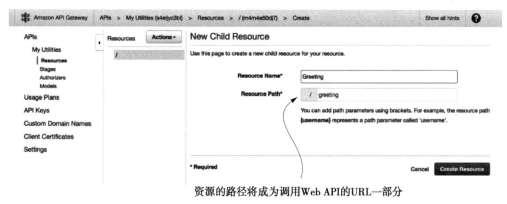

图 3-3　为 API 创建一个新的资源，资源由路径来指定，并且可以嵌套

/greeting 资源此时会显示在控制台的左侧，现在我们可以为资源添加一个方法（method）。选中 /greeting 后（创建资源后默认被选中），在 Actions 菜单里点击 Create Method，从列表中选择 HTTP 动词 GET，在列表右侧打钩确认选择。

> 💡 **提示**　为了简化复杂的配置，除了手动指定每一个 HTTP 动词（GET、POST、PUT 等）外，我们还可以使用 ANY 方法，为所有的请求触发 API 集成。实际被使用的方法会传递到函数内，由后者根据实际传入的 HTTP 动词来采取不同的逻辑。

3.3　创建集成

现在我们可以选择集成的类型。Amazon API Gateway 可以集成多种形态的后端，包括遗留的 Web Services 或模拟（mock）实现。为了测试和 AWS Lambda 集成并实现无服务器后端，这里我们选择 Lambda Function。

选择创建第一个函数时所用的区域。实际上 Amazon API Gateway 所在的区域跟它背后集成的 AWS Lambda 函数不必同属一个区域，但是为了简单起见，我们还是把它们放到一块儿。

在 Lambda Function 文本框处，输入早前创建的函数的名称首字母（如 greetingsOn-Demand 的首字母 g）。如果你的账号下有很多函数，就请输入更多字母来缩小匹配列表的范围，然后点击 Save（图 3-4）。在出现的对话框中，确认并授权 API Gateway 调用这个函数。

图 3-4　在资源上创建一个新的方法，然后选择集成类型，在本例中我们使用 Lambda 函数

现在你可以在屏幕上看到一个完整的流程，它代表着在 /greeting 资源上执行 HTTP GET 请求方法的流程（图 3-5）。

从左侧开始，顺着客户端发出的执行请求，我们可以理出一条清晰的顺时针次序：

①客户端调用了 API，顶部有一个来自 Web 控制台的测试链接，用来快速测试 API 集成的效果。

②在 Method Request 区域来选择你希望输入的参数。

③在 Integration Request 区域把输入的参数映射为 AWS Lambda 所需要的 JSON 格式。

④后端的实现，在本例中使用的是 Lambda 函数 greetingsOnDemand。

⑤ Integration Response 区域，把来自 AWS Lambda 的返回信息解析并映射成为不同的 HTTP 返回状态（如 200 OK）和格式（如较为常见的 application/json）。同时也需要考虑把 AWS Lambda 返回的错误信息，映射为对应的 HTTP 错误码（如 4xx 或 5xx HTTP 错误码）。

⑥ Method Response 区域进行 HTTP 相应的自定义操作，包括 HTTP 的标头。

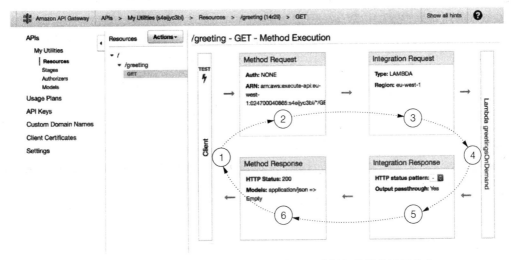

图 3-5　方法执行的完整流程，从客户端到后端服务并最终返回信息

在我们的实现中，需要使用一个 name 参数，选择 "Method Request" 然后展开 "URL Query String Parameters" 字段，添加 name 作为查询字符串，打钩后完成确认保存。

点击 Method Execution 返回，我们现在需要把 name 参数转化为 AWS Lambda 所需要的 JSON 语法格式。选择 Integration Request，然后展开 Body Mapping Templates 区域，添加一个映射模板。在 "Request body passthrough" 的一栏里，如果选择推荐的选项 When there are no templates defined（无定义模板），这将在缺少模板的情况下，把来自 HTTP 请求的主体（如 HTTP POST 中的表单内容）直接传递到后端集成（如本例中的 Lambda 函数）。我们暂时用不到这项功能，因为我们将创建一个属于自己的模板。选择 "Add mapping template"（添加映射模板）然后填写"application/json"作为内容的类型（虽然它是推荐值，但你还是得手动输入文本框）。在文本框右侧打钩后完成确认保存。

在随后出现的模板区域中，不要使用下拉菜单来生成模板。模板生成菜单主要用于创建"模型式数据结构"的场景。模型式数据结构通常由 Amazon API Gateway 采用 JSON 数据格式定义，这在同一个数据的模型式数据结构被不同方法调用时非常有用。例如，一个关于书籍的模型式数据结构通常包括书名、作者、ISBN 和其他需要我们管理的字段。

> 📷 **注意** 在这个例子中我们不会使用模型式数据结构。但请记住，使用模型式数据结构是一项非常好的设计原则，特别是当我们希望从 API 生成一个 SDK，提供给强类型编程语言使用的时候，它将使你的代码保持简洁和易于更新。

现在，写入下述的模板：

```
{ "name": "$input.params('name')" }
```

它会构建一个 JSON 格式的对象，其 name 键值等于你刚才配置的 name 参数，$input 变量是可以在模板和模型式数据结构中被使用的变量集合的一部分。具体而言，$input. params('someParameter') 返回的是引用中所指定的输入参数的值。要详细了解 Amazon API Gateway 如何使用变量，请访问：http://www.mng.bz/11iJ。

> 🎯 **提示** JSON 键和 HTTP 参数可以是不同的名称，但我们建议尽可能使用一样的名称，或者采用一个统一的命名规范，如在每一个 HTTP 参数后都添加 Param（例如 nameParam）。

确认并保存，我们的集成已经完成了。现在我们可以开始在 API Gateway 的控制台中进行测试了。

3.4 测试集成

返回顶部的 Method Execution，点击 client 区域顶部的 Test 按钮。

现在我们可以为 name 参数提供一个具体的值，我们采用 John 或其他的名字，点击 Test 按钮，我们会在 Response Body 区域看到"Hello John！"字样的返回信息（图 3-6）。

恭喜！我们成功地通过 HTTP 方式调用了 Lambda 函数，但现在还是在一个测试环境，而且也没有完全遵循 Web API 的语法：我们把 Response Headers 里的 Content Type 设置为 application/json（可通过展开 Web 控制台里的那个区域查看），但是返回的主体却是一个字符串，这并不是一个合法的 JSON 输出。

虽然我们可以自行调整 Lambda 函数的输出格式，但 API Gateway 的强大集成功能还可以修改后端的输出。

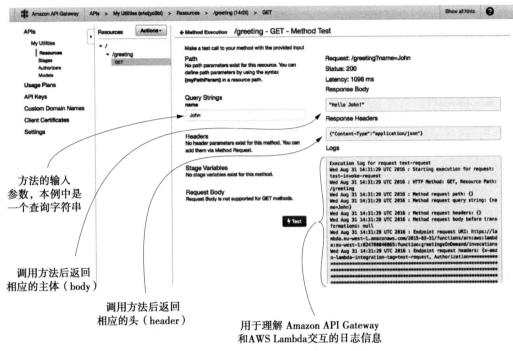

方法的输入
参数，本例中是
一个查询字符串

调用方法后返回
相应的主体（body）

调用方法后返回
相应的头（header）

用于理解 Amazon API Gateway
和AWS Lambda交互的日志信息

图 3-6　在 Amazon API Gateway 的 Web 控制台测试 API 的方法

 提示　这是一个非常有用的功能，在 API Gateway 管理集成相比修改后端代码要容易很多。这一功能很强大——如果后端服务是靠第三方管理的，或者是基于某个特别难改的古董级网络服务，又或者在其他客户端直接调用后端资源，而你又懒得去改这些交互关系的时候，你自然会感恩 API Gateway 的集成功能。

3.5　改变响应信息

现在，通过展开测试结果的日志就能看到，你还没有对响应信息做出任何修改（图 3-7）。

让我们来做一些改变，返回顶部的 Method Execution，选择 Integration Response。展开仅有的一个响应（在 Method Response 步骤默认只配置了一个），再展开 Body Mapping Templates。选择 application/json 并把 Output passthrough 改为 JSON 输出，使用下述映射模板，用法跟之前的 Input passthrough 类似：

```
{ "greeting": "$input.path('$')" }
```

$input.path 中的 $ 代表了 API Gateway 收到响应的全部信息，其作为 greeting 的键值被置入。

警告　目前请勿使用 "Add integration response" 选项。它的作用是根据 Lambda 函数返回值的模式，来向客户端返回不同的 HTTP 状态码（例如 210、302、404 等等）。

图 3-7　AWS API Gateway 的详细日志展示了来自 AWS Lambda 函数的响应（主体）并未被改变

保存，然后返回 Method Execution，在 query strings 处输入一个你喜欢的名字，再运行一遍测试。点击 Test 按钮，启动新的测试并覆盖之前的返回信息，现在响应主体已经完全兼容 JSON 语法。

现在尝试发送一个空的名字作为参数做测试。如果提供姓名，默认的情况应该是返回"Hello World！"。但实际情况是仅有"Hello！"被返回，原因是发送给 Lambda 函数的 JSON 数据体中的 name 键总是存在，这等同于我们在输入的 mapping template 里把 name 的值设置成空字符串。

因此，为了获取预期的函数返回信息，我们可能需要修改 Lambda 函数，来处理 name 为空的情况，这与处理 name 键不存在的情况的方式类似。但我们可以在 API Gateway 集成中完成这样的修改，而不去直接修改后端实现函数，就像我们之前对返回结果的调整一样。

为了改变 REST API 的默认行为，返回 Method Execution，选择 Integration Request。修改 mapping template，用 #if ... #end 语句判断当 name 参数的值不为空的时候才传入 name 健。为了让 template 更易于阅读，避免冗余，使用 #set 把输入参数 name 的值赋给 $name 变量。

```
#set($name = $input.params('name'))
{
#if($name != "")
  "name": "$name"
#end
}
```

确认修改后保存。使用空的名字和非空的名字做几次测试，来看看结果是否正确。输入空的名字后，返回的结果应该是"Hello World"。

> **注意** 你可以已经注意到了，用于输入和输出的 mapping template 的语法是相似的。Amazon API Gateway 使用 Velocity Template Language（VTL）来描述 mapping template，详细信息可以阅读 https://velocity.apache.org。

现在所有的测试工作都已经完成，API 可以发布了！从 Actions 菜单选择 Deploy API，可将 API 对外公开发布。

因为这是此 API 的首次发布，我们需要创建一个新的阶段（stage）。使用 prod 作为阶段的名称（这会体现在 Web API 中的 URL 中），输入 Production 作为阶段的描述，"First deployment"作为部署的描述（图 3-8）。

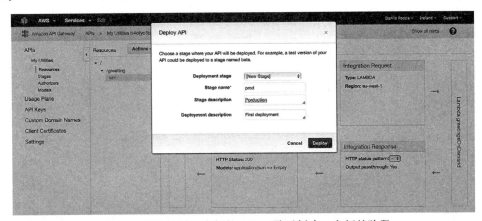

图 3-8　首次部署一个新的 API：需要创建一个新的阶段

恭喜你，你已经成功通过 Amazon API Gateway 对外发布了第一个 API。使用 Amazon API Gateway，我们可以获取其他重要的功能，例如启动缓存，限流，与 Amazon Cloud-Watch 进行性能指标和日志服务的集成（图 3-9）。你也可以选择生成针对多种编程语言的 SDK，或采用文本格式导出（export）API。

现在查看 Deployment History 栏（图 3-10），你可以看到这个 API 的所有部署历史，并且可以在出现问题时轻松回滚到之前的任何版本。你也可以使用部署历史来把部署发布到另一个阶段（stage），例如，把在测试分支中已经测试和验证过的部署提交到发布分支中。

> **提示** 通过 SDK Generation 面板，你可以为不同平台（Android、IOS、JavaScript）自动生成所选 API 阶段的 SDK。尝试生成一个 JavaScript 的 SDK，完成后你可以从浏览器下载。

在这里可以修改设置、生成多平台
SDK，把 API 输出成文本格式

调用 prod 阶段 API 的 URL，你需要在 URL
结尾加上 greeting 这个资源的名称

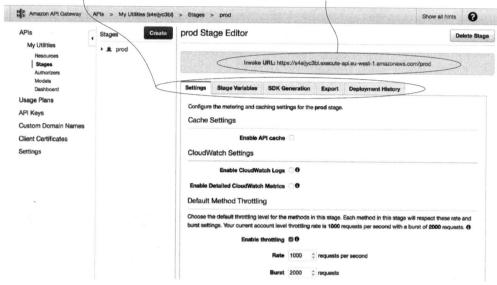

图 3-9　针对特定 API 阶段（stage）的缓存、日志配置和限流。调用此阶段 API 的 URL 在
　　　　图的上方，必须在这个 URL 之后添加资源才能完成一次正确的调用

API的部署历史

部署历史允许用户快速完成旧版本的回滚，或者
向另外的阶段（stage）执行相同的部署。例如，
　把测试环境的部署快速向生产环境复制

图 3-10　部署历史可以配合阶段（stage）使用，例如：回滚到上一次部署，或在不同的阶
　　　　段中完成相同的部署

现在我们可以在浏览器中测试 API。因为我们使用的 HTTP GET 方法是浏览器默认使用的，所以测试就相对简单。在左边的 Stages 区域里，展开下方的名称为 prod 的阶段，可以看到此阶段下已经部署的所有资源和方法的配置（图 3-11）。

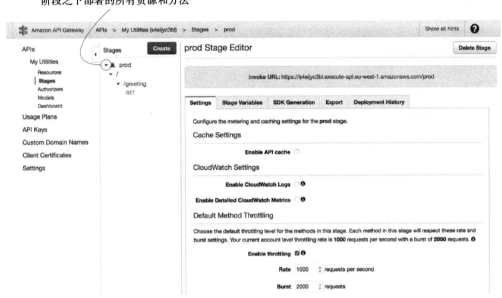

图 3-11　选择靠近阶段（stage）名称的箭头，可以看到这个阶段之下已经部署的所有资源和方法

选择 /greeting 下的 HTTP 动词 GET（图 3-12），你可以更改方法的设置，但是现在，我们使用阶段自带的默认设置。上方的 Invoke URL 已经被更新为此方法的完整 URL。

> ⚠ **警告**　如果你没有为 /greeting 添加 GET 方法，调用 URL 会链接到当前这个阶段的根目录，并且最后会漏掉 /greeting。如果在浏览器中使用这个 URL，你会收到一个警告，因为根目录下的 / 资源并没有与任何方法绑定。

复制页面顶部的 Invoke URL，你也可以直接点击 Invoke URL 的链接，但是这样会直接在浏览器当前页面打开。比较好的方式是打开一个新的浏览器页面，复制 Invoke URL 到地址栏。你会看到"Hello World！"以 JSON 格式被返回并呈现出来，因为这次调用并没有传入 name 参数。

在之前使用的 URL 末端添加"?name=John"来指定一个 name 为查询变量。请注意，如果你使用其他的名字，有些字符可能需要进行 URL 编码，所以现在我们采用最基本的单字名字。你会得到 JSON 格式的"Hello John！"作为调用的返回值。

根据所安装的插件不同，有些浏览器对 JSON 内容格式化的方式也会不同。为了验证，你也可以在命令行使用类似 curl 这类开源的、使用 URL 语法传输数据的工具测试 API， curl 在绝大部分的 Linux 和 Mac 上都是默认安装的:

选择 GET 后,可以查方法相关的设定,通常
是从阶段(stage)继承而来,也可以修改
自定义;更新 Invoke URL 会在末端加上 /greeting

图 3-12　当选择方法时(如 GET),Invoke URL 会被自动更新到这个被选中的方法之上,
　　　　你可以修改方法相关的设定,或者采用继承而来的默认值

```
curl https://<your endpoint>/prod/greetings
curl https://<your endpoint>/prod/greetings?name=John
```

> 💡 **提示**　如果你使用的系统中没有安装 curl,取决于你的操作系统版本和发行版,你可以
> 使用一些包管理器来安装 curl;对于绝大多数系统,包括 Windows 在内,也可以
> 直接从这个网址 http://curl.haxx.se 找到相应的安装包并下载安装 curl。

有了 curl 这个工具,我们就可以尝试其他的 HTTP 方法,例如 POST 和 DELETE,但
这些在我们眼前这个简单的 API 中还没有使用到。如果你计划在未来开发更复杂的 API,
curl 绝对是进行测试和原型开发的好帮手。

> 📷 **注意**　因为在 Method Execution 中我们没有选择任何授权方式,所以这个 API 是完全对外
> 公开的。为了进行认证,你可以通过 AWS IAM 使用 AWS 安全凭证,也可以自定
> 义一个授权器。有趣的是,很多情况下定制的授权器也是通过一些特定的 Lambda
> 函数作为后台的实现,这个函数评估你提供的输入参数,并返回一个正确的 AWS
> IAM 策略,给予 API 需要的授权。我们会在第 4 章中介绍 AWS IAM 策略。

3.6　把资源路径作为参数

我们的 /greeting API 方式使用了类似"/greetings?name=John"这样的语法,通过
查询变量把 name 信息传递给 greet。我们把上文中使用的查询变量 name 替换为一个唯一的
标识符(Unique Resource Identifier,URI),例如叫做"JohnDoe123"的用户名可以在数据
库中标识唯一一个用户,那么,我们可以认为"/user/JohnDoe123"是一个代表该用户的唯

一资源。那是否可以用"/user/JohnDoe123/greet"这样的语法来直接对该用户发出问候呢？

> ⚠️ 警告　作为遵循 REST 风格设计模式的 Web API，URL 应该针对一个唯一的资源，通常是 ID。之前例子中的 name 并不满足这样的要求。RESTful 风格中，更常见的表示方式是"/book/{bookId}"或"/user/{username}"。我们使用"/user/{username}/greet"来规避对函数的修改，保持简洁，但我们仍需符合 RESTful 的要求。不过这里提醒一下读者，RESTful API 的设计并不是本书的关注点。

使用 API Gateway，我们可以把资源的路径配置为一个可供方法执行体使用的变量。在控制台左侧选择 Resources，从 / 开始（必须选中），创建一个 User 资源（保留资源路径中默认的 user 值），选中新建的 /user 后，创建一个附属资源，使用 Username 作为资源名称，"{username}"作为资源的路径。因为资源的路径是被括号包括的，API Gateway 会认为这是一个变量。注意资源是可以嵌套的，这些资源组合在一起构成了访问 Web API 的 URL 路径。

> 🎯 提示　可以在变量名字后添加"+"的方式来使用万能路径变量。例如"/user/{username+}"被认为是任何从"/user/"开始的请求，比如："/user/JohnDoe123/goodbye"。

现在，确保"Username"资源是被选中的，创建一个"Greet"资源（在资源路径中使用默认的"greet"值），然后在 /greet 资源下添加一个 GET 方法。你的配置应该跟图 3-13 类似。

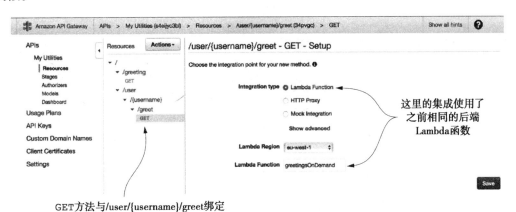

图 3-13　为 greetingsOnDemand 函数使用资源路径作为变量

现在我们把这个方法跟之前同样的 Lambda 函数集成，步骤和先前创建 /greeting 的方法非常雷同，但是有一个重要的变化：必须把 API Gateway 上的 username 参数映射到函数事件中的 name 键上。在之前的方法中，两个参数都叫做 name，现在它们不同了。为了实现这个匹配，我们需要修改 mapping template。

```
#set($name = $input.params('username'))
{
#if($name != "")
  "name": "$name"
#end
}
```

你可以在 Integration Response 里使用和之前相同的 mapping template，因为它只是把 Lambda 函数的返回结果打包成 JSON 格式而已。

> 🎯 **提示** 在 Method Request 里，你可以看到一片新的 Request Paths 区域，展开后就能看到已经配置了 `username` 参数。所以你不需要额外在 method request 中添加此参数，因为它们会从关联方法的资源中自动被提取。

在 Web 控制台上测试方法时，你会得到类似图 3-14 的输出结果。

把更新后的 API 部署在相同的 prod 阶段中，在部署描述中输入类似"Greeting by username added"这样的语句，使用 `curl` 从命令行测试这个新的方法：

```
curl https://<your endpoint>/prod/users/JohnDoe123/greet
```

图 3-14 在 Web API 中使用资源路径作为参数

> 🔟 **注意** 在更加复杂的情况下，我们可以在 Lambda 函数中添加相应的处理逻辑，来判断不

同形态的 `username` 值。例如，如果输入的事件参数里包含了 `username`，那么 Lambda 函数可以在数据库中检索用户的名字，并用它作为输出的问候语。

3.7　使用 API Gateway 的上下文对象

现在我们尝试把 Lambda 函数与 API Gateway 提供的上下文对象进行集成，构建一个可以返回调用方公共 IP 地址的 Web API。我们可以把这个 API 称为 "What is my IP？"。

我们如何获取调用 API 方的 IP 地址呢？在 API Gateway 的参考文档中，我们能找到可在 mapping templates 中使用的所有变量：http://www.mng.bz/11iJ。

我们会发现在 `$context.identity.sourceIp` 这个变量中包含了 API 调用方的 IP 地址，这正是我们需要的！使用这个变量并实现 "What is my IP？" 这一 API，总共分两步：

① 把该变量的值从 API Gateway 传递给后端的 AWS Lambda 函数。

② 实现一个非常基础的 Lambda 函数，在输入中获取这个值并发送同样的值作为输出结果。

让我们从 Lambda 函数开始，创建一个名为 `whatIsMyIp` 的函数，采用如下的 Node.js 或 Python 代码[⊖]：

代码清单3-1　`whatIsMyIp`的Node.js实现

```
exports.handler = (event, context, callback) => {
  callback(null, event.myip);
};
```

代码清单3-2　`whatIsMyIp`的Python实现

```
def lambda_handler(event, context):
    return event['myip']
```

给函数提供一个有意义的描述，然后使用默认的内存和超时设置。基础的执行角色仍旧可以满足要求，因为这个函数并不需要跟其他的 AWS 服务进行交互。

在进行 API 集成之前，我们先简单测试这个函数：在 AWS Lambda 控制台，你可以使用一个测试用的事件来模拟函数可能从 API Gateway 获得的输入信息：

```
{
  "myip": "1.1.1.1"
}
```

你会得到（"1.1.1.1"）作为函数的输出。

在 API Gateway 控制台，选择之前创建的 My Utilities API。

选择根资源 /，然后选择创建新资源，使用 "My IP" 作为资源的名字，使用默认的 "/

⊖　获取 IP 地址后 Lambda 可以执行更加复杂的运算，比如获取地理位置，测试网络速度等等，此处直接返回是为了简化而已。——译者注

my-ip"作为资源的路径,并且点击创建资源。

选中 /my-ip,选择创建方法,并选中 GET。记得打钩确认。现在你的 API 应该包含了几个资源,如表 3-4:

表 3-4　在 My Utilities API 中添加 What is My IP

资　　源	HTTP 命令	方法（使用 Lambda）
/greeting	GET	greetingsOnDemand
/user/{username}/greet	GET	greetingsOnDemand
/my-ip	GET	whatIsMyIP

这个 API 调用映射到 Lambda 函数,所以选择该区域和其下 whatIsMyIp 函数,并确认 API Gateway 的调用权限。

现在我们需要把调用方的 IP 地址从 API Gateway 的上下文对象中提取出来,并把它以 JSON 格式置入用来进行函数调用。这与之前我们在 /greeting 资源上所执行的操作几乎是一样的,但是这次并不需要在 method request 中执行任何操作,因为我们需要的参数（源 IP 地址）对于函数调用方而言是不可见的。

但是我们仍旧需要配置 Integration Request 来使用上下文对象中的值。选择 Integration Request,展开 Body Mapping Templates,我们需要构建一个 JSON 数据体来包括 whatIs-MyIp 函数所需的源 IP 地址。

添加一个 mapping template,从 API Gateway 的上下文对象提取源 IP,然后把这个值放入事件参数的 myip 键中。

```
{
  "myip": "$context.identity.sourceIp"
}
```

> 💡提示　$context 变量会返回关于 API Gateway 如何接收 Web API 调用的一些有用信息。例如,$context.resourcePath 包含了资源的路径,$context.stage 包含了使用的阶段。我们可以在集成中使用这些变量,根据路径或阶段的使用情况,调整函数的行为。

保存,返回 Method Execution,并运行测试。

我们会在返回的信息中看到"test-invoke-source-ip",这是因为从 Web 控制台发起的测试调用并不包含真实的 IP 地址。

在之前使用 API Gateway 的过程中,我们会发现应该返回的 Content-Type 是" application/json",但实际返回值却不是 JSON 格式。

我们采用类似 /greeting API 的处理方法,在 Integration Response 中修复这个问题。使用类似下述的 mapping template:

```
{ "myip": "$input.path('$')" }
```

如果你只希望简单地输出 IP 地址信息，而不包括任何 JSON 语法，我们可以把 Method Response 的 Content-Type 改为"text/plain"。或者我们也可以支持多种 Content-Type，这取决于具体的要求。

现在把 API 部署到生产环境，同样在 Stages 里选择 prod，并为 API 提供一个有意义的描述信息（例如，What is my IP added）。

在部署历史中，你可以看到我们已经在生产环境中进行了两次部署，并且最近的这次被勾选上了。如果需要，我们可在任何时候回滚到上一版本。

现在使用 Invoke URL 在浏览器中测试 API，记得点击 GET 方法，在 URL 末端加上"/my-ip"，否则会返回错误。

根据你的习惯，你还可以使用 curl 的命令行界面：

```
curl https://<your endpoint>/prod/my-ip
```

这会返回你的公共 IP 地址。你可能已经见过好多类似的 Web API 实现。我们这个例子的独特之处在于它是一个完全的无服务器实现，可用性和可扩展性全部都由 AWS Lambda 来管理，并且总体的成本更低。除非调用的次数超过了 AWS 免费资源包的上限（大约是每月 100 万次），否则你根本不必支付任何费用。

回顾一下，现在我们已经创建了两个 AWS Lambda 函数：greetingOnDemand 和 whatIsMyIp。我们把这两个函数以 Web API 的方式对外公开，使用标准的工具，例如 Web 浏览器或者 curl 命令行来调用，这些工具并不知晓 AWS Lambda 的具体实现，也不知晓任何 AWS API（图 3-15）。

图 3-15　通过 API Gateway，让外界使用 Web API 公开访问 Lambda 函数

具体而言，我们可以通过 API Gateway 使 Lambda 函数所创建的 Web API 被公开访问，我们实现的 API 将返回 JSON 内容，这种格式对于其他应用程序调用 API 来说是很普遍的。

内置的 Lambda 代理集成模版

为了简化 Lambda 函数与 API Gateway 的集成，一个新的集成作为可选项被整合了进来。如果你在 Lambda 的控制台把 API Gateway 作为函数的调用触发器，这个新的集成选项就会被自动加入。

它提供了把调用 Web API 的所有参数（如查询、路径参数、HTTP 头、HTTP 方法等等）传递给 Lambda 函数的标准方式，同时提供了一个默认的返回信息（包括响应的 HTTP

返回码、header 和 body）。使用这个模版，你只需要关注 Lambda 函数的实现，直接借用 API Gateway 上的默认配置即可。当然了，本章中我们使用的定制 mapping templates 的方式，也仍旧是一个不错的选择。

建议学习这个新的模版，并在项目中使用，它能简化开发的工作流。

总结

在本章中我们首次把 AWS Lambda 函数以 Web API 的方式对外发布，并且学习了：

❑ 把 Lambda 函数与 API Gateway 中的方法进行集成。
❑ 使用 HTTP 协议向函数传递参数的多种方式。
❑ 把 Web API 的返回信息格式化。
❑ 快速通过 Web 控制台测试 API Gateway 的集成功能。
❑ 在 Lambda 函数中使用由 API Gateway 提供的上下文对象。

在下一章中，我们会深入探索如何把多个函数放在一起使用，有些函数由客户端直接调用，其他的则是通过特定资源的订阅来触发，由此我们将构建一个事件驱动的应用程序。

练习

回顾之前章节中的练习，请尝试使用 API Gateway 把 customGreetingsOnDemand 函数作为 Web API 发布，使用以下两种语法：

```
https://<your endpoint>/<stage>/say?greet=Hi&name=John
https://<your endpoint>/<stage>/users/{username}/say/{greet}
```

如果输入名字是 John，问候语是 Hi，第一个调用语法的返回值应该如下：

```
{ "greeting": "Hi John!" }
```

在第二种语法中，若输入名字是 JohnDoe123，问候语是 Hi，那么调用的 URL 是：

```
https://<your endpoint>/<stage>/users/JohnDoe123/say/Hi
```

返回值应该如下：

```
{ "greeting": "Hi JohnDoe123!" }
```

你考虑过在输入信息中没有问候语或者名字的特殊情况吗？对于此类情况的处理，应该是在函数还是 Web API 集成中完成？

解答

我会建议在 Web API 集成中处理输入信息中缺失若干参数的特殊情况，尽可能把函数保持在之前章节使用的最简单的状态。

在 API Gateway 上需要创建两个方法，具体取决于 Web API 支持何种语法：

❑ 一个是 /say，使用 GET 方法，请不要忘记在 Method Request 中添加两个查询字符串参数：greet 和 name。

❑ 另一个是 /user/{username}/say/{greet}，使用 GET 方法。需要创建不同的资源，按步骤完成路径的构建。例如：首先是 /user，然后是 /{username} 等等。考虑到 username 和 greet 两个参数是通过请求路径的方式传递的，我们不需要在 Method Request 方法请求中进行配置了。

这两个方法都使用相同的 customGreetingsOnDemand 函数。这是一个有趣的模式：你可以根据调用的方式，创建一个 Lambda 函数，把这个函数与 Web API 多种类型的资源集成。

使用两个可选的参数（greet 和 name 都可以省略）构建一个有效的 JSON 输入，相比之前仅有一个参数的情况要困难一些。下面的代码可供参考，它对于上述第一种语法提供了在 Integration Request 里可行的 mapping template：

代码清单　customGreetingsOnDemand 的映射模板（仅有查询参数）

```
#set($greet = $input.params('greet'))
#set($name = $input.params('name'))
{
#if($greet != "")
  "greet": "$greet"
  #if($name != "")
  ,
  #end
#end
#if($name != "")
  "name": "$name"
#end
}
```

在第二种语法中，使用 username 请求路径参数，需要在第二行把 name 替换为 username，代码如下：

代码清单　customGreetingsOnDemand 的映射模板（包含路径参数）

```
#set($greet = $input.params('greet'))
#set($name = $input.params('username'))
{
#if($greet != "")
  "greet": "$greet"
  #if($name != "")
  ,
  #end
#end
#if($name != "")
  "name": "$name"
#end
}
```

如果在函数中管理这两个参数的默认值，需要同时检查这两个参数是否存在，并且不是空的字符串，然后我们就可以简化映射模板来构建函数的 JSON 输入：

```
{ "greet": "$input.params('greet')",
  "name": "$input.params('name')" }
```

Integration Response 应该与之前使用 greetingsOnDemand 函数时完全一致。

关于代码放置于何处，在函数和 API 集成里进行取舍是一项艺术。我的建议是把与业务相关的所有逻辑全部放在函数中（因为函数的用途很广，不局限于 Web API），并使用 Web API 的集成功能来管理输入和输出的格式。

第二部分 *Part 2*

构建事件驱动的
应用程序

　　在具备了一定基础知识后，我们现在可以
尝试用 Lambda 函数做一些有趣的应用。在这
一部分，你会深入学习安全概念，以及理解如
何为函数赋予正确的操作执行权限。接下来，
你会学习在 Lambda 函数中使用外部模块、
库甚至是二进制文件。在深入了解 Amazon
Cognito 之后，你会学习构建一个完整的认证
服务和媒体共享应用程序。在这一部分的最后
一章，我们会一起回顾所学内容，理解分布式
架构下事件驱动应用程序的优点和影响。

Chapter 4 第 4 章

管 理 安 全

本章导读：

❑ AWS Identity and Access Management 服务概述。

❑ 开发允许或禁止访问 AWS 资源的安全策略。

❑ 使用策略变量，增加灵活性。

❑ 使用角色来规避硬编码（hard code）的 AWS 安全凭证。

❑ 在 Lambda 函数中使用角色。

在之前的章节中，我们创建了第一个 Lambda 函数。一开始，我们通过命令行来直接调用 Lambda 函数；然后我们通过 Amazon API Gateway，把函数以 Web API 的方式对外发布。

本章我们将介绍 AWS 提供的安全框架，它们绝大多数都是建立在 AWS Identity and Access Management（IAM）之上。我们将学习如何保护这些在 AWS Lambda 和 Amazon API Gateway 上开发运行的函数。例如，任何与 AWS 服务进行的交互操作（比如 AWS Lambda 和应用所使用的资源）都需要得到保护，避免未经授权的访问（图 4-1）。我们也将回顾之前开发的函数，看看如何使得这些函数变得更安全。

这些安全功能的设计目的是让开发者专注在业务功能的实现之上，通过 AWS IAM 提供的功能，在不增加额外支出的前提下简化应用安全的复杂度。我们下一章介绍的 Amazon Cognito 服务，针对用户认证和唯一标识符生成的功能是完全免费的，这也是选择这些服务的原因之一。Amazon Cognito 的同步功能是收费的，但是我们在本书中不会用到它。

让我们从如何管理 AWS 的用户身份开始学习吧。

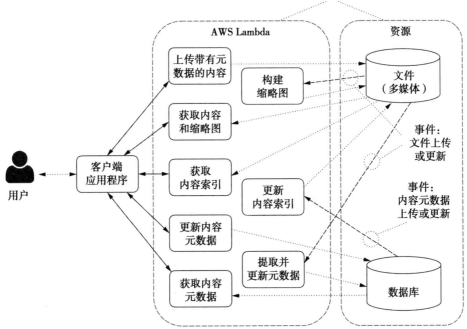

图 4-1　为了避免未经授权的访问，我们需要保护应用程序和它们所使用的各类 AWS 资源。
所有跨越 AWS Lambda 和资源服务（加深的虚线）的访问，都应该通过适当的认证
和授权

4.1　用户、组和角色

我们经常需要通过调用 AWS API 来使用 AWS 提供的服务。调用 AWS API 可以采用
我们在第 1 章和第 2 章中用过的 AWS CLI 命令行工具，也可以用我们最偏爱的编程语言的
SDK，抑或使用我们在第 2 章和第 3 章构建 Web API 示例程序时使用的 Web 控制台。

在所有交互过程中，AWS 需要知道是"谁"在进行 API 调用（这个过程我们称之为身
份认证），AWS 还需要知道这个调用者是否拥有对该资源进行相关操作的权限（这个过程我
们称之为访问授权）。

为了进行必要的认证，AWS API 的调用需要包含安全凭证。安全凭证可能是临时的，
有效时间会被限制，每隔一段时间需要重新生成（用安全性术语来说叫做轮换）。

在我们创建一个新的 AWS 账号之后，它只有一个根账户的安全凭证，这个安全凭证可
以访问账号里包括计费信息在内的所有资源。我建议用户只在首次登录时使用根账户，然
后建立其他低权限的用户（以及角色，我们下一章会涉及这个概念，最小权限原则是 AWS
安全最佳实践之一）以供日常使用，把根账户的登录信息和密码妥善保存，以备不时之需。

> 🎯 提示 使用多因素认证（MFA）来保护根账户凭证是一个值得推荐的实践，可以使用硬件的 MFA 设备，或者安装在智能手机上的虚拟 MFA 设备。有关 MFA 的更多信息，请访问：https://aws.amazon.com/iam/details/mfa/。

借助 AWS Identity and Access Management，我们可以按公司的组织架构在 AWS 中创建对应的群组和用户。我们可以看图 4-2 中的例子。

> 🎯 提示 用户可以按需加入一个或者多个群组。例如：用户 1 可以同时存在于开发群组和测试群组中（身兼多职）。

在 AWS 控制台可以执行群组和用户的创建操作。启动浏览器，输入 https://console.aws.amazon.com，使用你的 AWS 账号登录后，从 Security & Identity 分类中选择 Identity & Access Management（IAM）。

在稍后打开的 AWS IAM 控制台（图 4-3）上，我们可以看到包括 IAM 资源汇总、IAM 用户登录网址（这个可以定制），以及一些改进当前账号安全性的提示信息。

除了群组和用户之外，我们还可以创建角色。角色和群组之间的主要区别是：

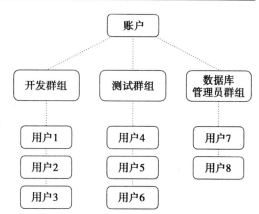

图 4-2 AWS 的账户体系之下可以创建用户和群组，如果有必要，用户可以加入一个或者多个群组

❑ 用户可以加入到群组中，继承群组之上的各类权限。

❑ 用户、应用程序或各类 AWS 服务可以被赋予（assume）一个角色，继承角色之上的各类权限。

AWS Lambda 可以使用角色：函数可以被赋予角色，具备执行其操作所必需的权限。例如：函数可能需要一个适当的角色，来获取对诸如 Amazon S3 ⊖ 等存储服务的读写权限。有关 AWS 体系中用户、群组和角色之间的关系，请看图 4-4。

为了使用户、群组和角色产生作用，我们需要把它们与一个或者多个策略进行关联（图 4-5）。策略赋予真正的访问权限，描述了这些用户、群组或角色可以（或禁止）执行的某些操作。默认情况下，所有都是禁止的，你必须创建至少一个策略。通过策略，我们能给予这些用户、群组或角色所需要的访问授权（authorization）。

我们需要通过安全凭证来完成身份认证。安全凭证可以被分配给根账户，但是先前说过，根账户最好只用来创建第一个管理员账户。用户可以拥有永久性的安全凭证，但系统也可以

⊖ Amazon S3 是一个对象存储服务，可以通过 REST API 来访问。存储的对象被保存在特定的存储桶中，每一个对象都有一个唯一的标识符。——译者注

定期更新它们以确保安全。角色不会被分配到安全凭证，但是，当一个角色被赋予到某个用户、应用程序或者 AWS 服务后，它们就可以获得一个临时安全凭证，该安全凭证可以用于访问角色关联的策略中限定的 AWS API 和资源（图 4-6）。临时凭证有有效期，AWS CLI 或 SDK 会自动更新失效的临时凭证。如果你是通过其他渠道获取的临时令牌，则需要手动更新。

在这里可以管理群组、
用户、角色和策略

该账号下的IAM
用户登录链接

有关改进当前账户安全性的有用建议

图 4-3　AWS IAM 控制台操作界面，包括了 IAM 资源汇总、IAM 用户登录网址和当前账号的安全性提示

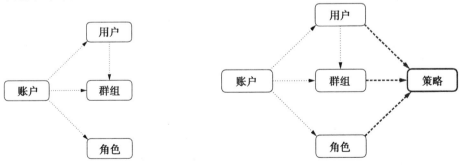

图 4-4　这是 AWS 账号体系中用户、群组和角色的关系图。用户可以被加入到群组，但是该群组的权限不会和某一特定用户绑定。角色可以被赋予用户、应用程序或其他 AWS 服务

图 4-5　与用户、群组和角色相关联的策略，可以用来描述这些账户允许（或禁止）执行某些操作

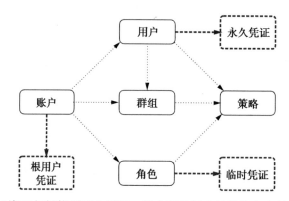

图 4-6　AWS IAM 资源如何使用安全凭证。用户可以拥有长效的安全凭证，但安全起见建
　　　　议每隔一段时间就更新一下。角色被赋予后，产生临时安全凭证，由 AWS CLI 或
　　　　SDK 管理和自动更新

用户（和根账户）的安全凭证由以下两项组成：

❑ 一个访问密钥的 ID（access key ID）

❑ 一个访问密钥的私钥（secret access key）

所有的 AWS API 调用都包含访问密钥的 ID，但是访问密钥的私钥只用来对 API 调用进行签名，而不会被直接包含在访问请求中。通常我们不必了解 AWS API 签名的实现细节，因为这些都是通过 AWS CLI 和 SDK 自动完成和管理的。

> **注意**　如果你希望了解 AWS API 签名的工作方式，AWS 当前使用的 Signature Version 4 的详细流程可以在以下网址找到：http://docs.aws.amazon.com/general/latest/gr/signature-version-4.html。

临时性的安全凭证由 AWS Security Token Service（STS）负责生成，但通常用户不需要直接跟这个服务打交道，因为 AWS 的服务（例如 Amazon Cognito）、CLI 和 SDK 都会替我们管理临时安全凭证。相比永久性的安全凭证，临时性安全凭证的构成有些微小的差别：

❑ 一个访问密钥的 ID

❑ 一个访问密钥的私钥

❑ 一个安全（会话）令牌

现在我们已经全面了解了 AWS 如何使用用户、群组和角色来增强操作的安全性，下面来看看如何借助策略实现对 AWS 资源的访问授权。

4.2　理解策略

总体上来说，策略描述的是一种效用（effect），即对于指定的资源，我们允许或者禁止对它进行哪些动作（action）（图 4-7）。在策略的定义里，动作指的是我们是否允许某些

AWS 服务来调用该资源的 API 请求。我们可以用星号来表示允许服务访问所有的动作，或者所有满足特定起始字符串（例如，Describe*）的动作，但是这样做通常有一定的风险，我们应该避免使用星号通配符，而是把所有需要的动作都在策略中列出。策略中的资源取决于动作所涉及的服务。例如，像 Amazon S3 这样的存储服务，资源是存储桶（bucket），或者可能是存储桶中的一个前缀；如果是 DynamoDB 这样的数据库服务，资源就是数据表或者索引。

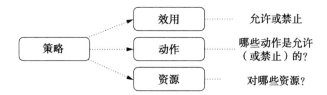

图 4-7　策略工作原理概要。策略的效用是对于特定资源规定了允许或禁止的动作

有三种类型的策略，每一类都代表了对 AWS 资源访问授权的一种方式（图 4-8）：

❏ 基于用户的策略可以跟用户、群组或者角色关联，描述了一个用户（或应用程序、AWS 服务）可以做什么。

❏ 基于资源的策略可以跟 AWS 资源直接关联，描述了谁可以针对这些资源执行什么操作。例如：S3 存储桶策略可以授权对 S3 存储桶的访问。

❏ 信任策略规定了谁可以被赋予角色。AWS Lambda 被赋予的角色有特定的信任策略，使得该函数的实例拥有该角色。针对 Amazon Cognito 也是同样的情况，我们在下一个章中会讲到。

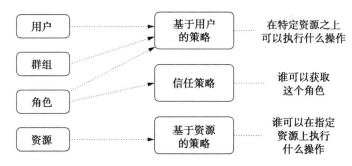

图 4-8　不同类型的策略在用户、群组、角色和资源之间的使用方式

策略通过 JSON 结构来描述。在图 4-9 中我们可以看到构成策略的各种元素。其核心是一条条包含了效用、动作、资源的声明语句，有时候也可以增加一个限制性的条件来进一步控制策略的范围。例如：我们可以限定只有某些包含特定 HTTP Referrer Header 信息的请求可以访问 Amazon S3 内的资源。对于基于资源的策略和信任策略，主体（principal）都是描述了被该策略允许或禁止的用户。

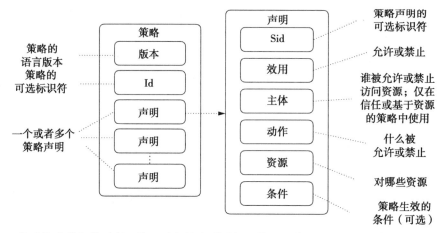

图 4-9 构成策略的各种元素：核心元素是声明语句，描述了谁可以针对什么资源执行什么操作

策略可以直接跟用户、群组或角色绑定，为了简化策略的配置，当同样的策略在多个角色之上应用时，我们可以使用托管策略（managed policy），来解决类似策略同时被 Lambda 函数和经过 Amazon Cognito 认证的用户绑定的问题。可以在 AWS IAM 控制台点击策略（Policy）链接创建托管策略（图 4-10）。托管策略可以有版本。

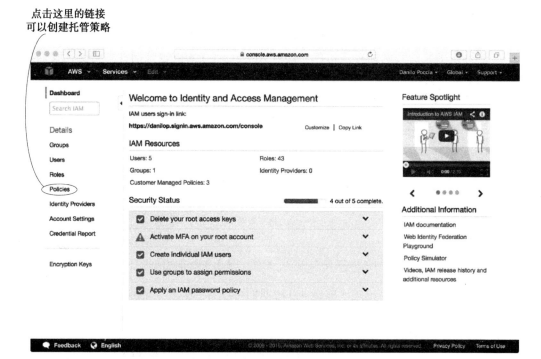

图 4-10 在 AWS IAM 控制台创建托管策略，这类策略可以跟角色、群组或用户关联，并且可以使用版本来管理

4.3　实践策略

在第一个例子中，我们来为 Amazon S3 的资源制定一个策略。我们的重点是学习如何编写一个策略，暂时并不需要真的去创建和使用这个策略。等到下一章我们再创建策略。

> **注意**　Amazon S3 存储桶并没有内建的层级结构，但是我们可以浏览存储桶中的对象，使用类似 "/" 的分隔符号，来像文件系统那样重新组织和排列内容。例如：我们可以把 S3 存储桶中所有前缀是 `folder1/folder2/` 的对象列出。注意在前缀开始时并没有 "/" 符号。由于篇幅限制，Amazon S3 的其他功能无法在这里一一列出，我们在需要时会做介绍。

以下代码清单制定了一个允许读写 Amazon S3 存储桶的用户策略。

代码清单4-1　允许对Amazon S3存储桶读写的策略代码

在中括号内使用 JSON 语法编写声明，可以是多个声明

第二条效用是 '允许' 的声明语句

```
{
    "Version": "2012-10-17",
    "Statement": [
        {
            "Effect": "Allow",
            "Action": [
                "s3:ListBucket",
                "s3:GetBucketLocation"
            ],
            "Resource": "arn:aws:s3:::BUCKET"
        },
        {
            "Effect": "Allow",
            "Action": [
                "s3:PutObject",
                "s3:GetObject",
                "s3:DeleteObject"
            ],
            "Resource": "arn:aws:s3:::BUCKET/*"
        }
    ]
}
```

版本用来记录对策略语法的修订，如果修订导致策略语法跟之前出现不兼容，就需要引入一个新的版本号

作用可以是允许或禁止，如果多个声明中出现了冲突，禁止总是可以覆盖允许

一系列 Amazon S3 API 之上的动作，可以列出 S3 之上的对象，获取 S3 所在的区域

这里描述了哪个 Amazon S3 存储桶是作用对象，如果需要多个存储桶，可以用 JSON 列表结构表述

三个被允许的动作是：写入（PutObject），读取（GetObject）和删除（DeleteObject）

在这里我们可以限定这条声明语句中的动作只对包含特定前缀的 S3 存储桶有效。但在这个例子中，* 号通配符表示所有的存储桶

> **注意**　上述策略中的动作来源于 AWS API，在这个例子中，我们用的是 Amazon S3 REST API。有关在 Amazon S3 之上所有可执行的操作，请访问：http://docs.aws.amazon.com/AmazonS3/ latest/API/APIRest.html。

如果需要通过 Web 控制台来访问存储桶，需要赋予获取当前账号下所有存储桶列表的权限（策略如代码清单 4-2 所示，修改用粗体显示）。

代码清单4-2 添加访问Amazon S3 Web控制台所需要的权限

```
{
  "Version": "2012-10-17",
  "Statement": [
    {
      "Effect": "Allow",
      "Action": "s3:ListAllMyBuckets",
      "Resource": "arn:aws:s3:::*"
    },
    {
      "Effect": "Allow",
      "Action": [
        "s3:ListBucket",
        "s3:GetBucketLocation"
      ],
      "Resource": "arn:aws:s3:::BUCKET"
    },
    {
      "Effect": "Allow",
      "Action": [
        "s3:PutObject",
        "s3:GetObject",
        "s3:DeleteObject"
      ],
      "Resource": "arn:aws:s3:::BUCKET/*"
    }
  ]
}
```

Amazon S3 Web 控制台需要列出所有 bucket 的权限

为了把读写权限限制在包含特定前缀的存储桶之上，我们可以这样做：

❑ 为存储桶上的动作（如 ListBucket）增加一个条件。

❑ 为操作存储桶的动作，如"PutObject"、"GetObject"、"DeleteObject"增加一个前缀。

我们在如下代码提供了一个限制访问特定前缀的例子。

代码清单4-3 限制包含特定前缀的Amazon S3存储桶的访问

```
{
  "Version": "2012-10-17",
  "Statement": [
    {
      "Effect": "Allow",
      "Action": [
        "s3:ListAllMyBuckets",
        "s3:GetBucketLocation"
      ],
      "Resource": "arn:aws:s3:::*"
    },
    {
      "Effect": "Allow",
      "Action": "s3:ListBucket",
      "Resource": "arn:aws:s3:::BUCKET",
      "Condition": {"StringLike": {"s3:prefix": "PREFIX/" }}
```

针对作用于所有存储桶的动作，类似 ListBucket，我们可以通过添加条件的方式把作用范围限制在指定的前缀

```
    },
    {
      "Effect": "Allow",
      "Action": [
        "s3:PutObject",
        "s3:GetObject",
        "s3:DeleteObject"
      ],
      "Resource": "arn:aws:s3:::BUCKET/PREFIX/*"
    }
  ]
}
```

对于作用于单一对象的动作，类似"PutObject"、"GetObject"、"DeleteObject"，我们可以在资源中指定访问前缀

> 提示 如果我们仅仅想赋予只读的权限，把上述代码中允许动作中的 PutObject 和 DeleteObject 去掉即可。

现在我们来看一些用于控制对 Amazon DynamoDB 进行访问的策略。

> 注意 Amazon DynamoDB 是全托管的非关系型（NoSQL）数据库。用户可以使用 AWS API、CLI 或 Web 控制台来扩展 DynamoDB 数据表的容量和吞吐量（每秒的读写）。数据表并没有固定的 schema，但是需要指定一个主键。主键可以是个单一的哈希值（hash key），或是由哈希值和 range key 组合而成。Amazon DynamoDB 的功能无法在这里一一叙述，我们会在需要时介绍。如果想深入学习 Amazon DynamoDB，《Amazon DynamoDB 开发者指南》是一本非常好的入门手册：http://docs.aws.amazon.com/amazondynamodb/latest/developerguide/Introduction.html。

下面的代码赋予了 DynamoDB 中指定数据表读写访问的权限。

代码清单4-4 允许对DynamoDB数据表读写的策略代码

```
{
  "Version": "2012-10-17",
  "Statement": [
    {
      "Effect": "Allow",
      "Action": [
        "dynamodb:GetItem",
        "dynamodb:BatchGetItem",
        "dynamodb:PutItem",
        "dynamodb:UpdateItem",
        "dynamodb:BatchWriteItem",
        "dynamodb:DeleteItem"
      ],
      "Resource":
        "arn:aws:dynamodb:<region>:<account-id>:table/<table-name>"
    }
  ]
}
```

从表中读取一条记录

通过单次 API 调用批量读取记录

向表中写入一条记录

添加或更新记录

通过单次 API 调用批量删除记录

删除记录

为了指明一个数据表，需要提供 AWS 区域、AWS 用户 ID 和数据表的名称

在声明中我们使用 Amazon Resource Name（ARN）来指明一个特定的资源。S3 的存储桶名称是全局唯一的，因此只需要一个存储桶名称就能够指定资源。DynamoDB 的数据表名称在同一个区域的某一 AWS 账户下是唯一的，所以在策略中需要包含 AWS 账号、区域和数据表的名称，才能完成一个明确唯一的针对 DynamoDB 的资源指定。

可以通过检索我们所选择区域的区域代码来完成 DynamoDB 数据表的 ARN 名称的构建，区域代码可以在这里找到：http://docs.aws.amazon.com/general/latest/gr/rande.html#ddb_region。

例如：如果你在美国东部（北弗吉尼亚）使用 DynamoDB，区域代码就是 us-east-1，如果是欧洲区（爱尔兰），区域代码就是 eu-west-1。

AWS 用户 ID 可以在 Web 控制台上获取。打开浏览器，访问 https://console.aws.amazon.com/，使用 AWS 账号登录，点击右上角你的名字，在下拉菜单中选择"My Account"，就可以获取你的 AWS 用户 ID 了（图 4-11）。

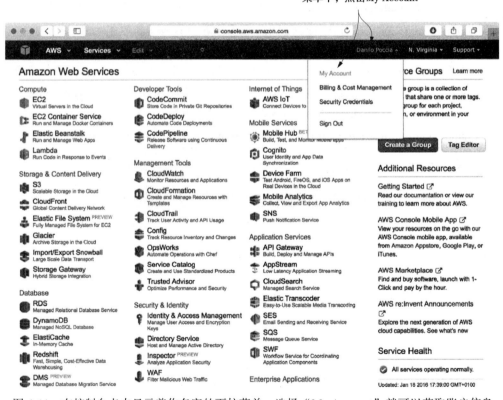

图 4-11　在控制台点击显示着你名字的下拉菜单，选择"My Account"就可以获取账户信息

你会看到一个包含账户设置的面板（图 4-12）。

最后，一个用来描述 DynamoDB 中某个表的 ARN 应该类似这样：

```
"arn:aws:dynamodb:us-east-1:123412341234:table/my-table"
```

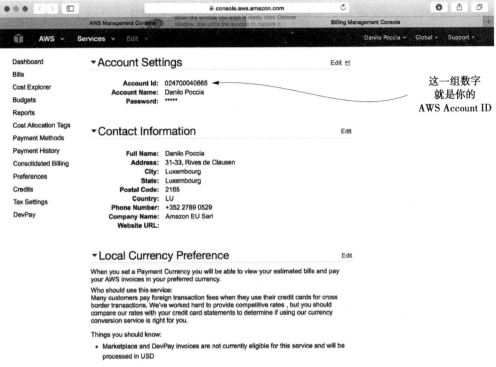

图 4-12　在账户页面，账户 ID 位于 Account Settings 区域的顶部

代码清单 4-5 在之前的基础上增加了查询的动作，查询不是针对整个数据表的，否则的话会带来很高的 I/O 开销。

代码清单4-5　添加Amazon DynamoDB的查询权限

```
{
  "Version": "2012-10-17",
  "Statement": [
    {
      "Effect": "Allow",
      "Action": [
        "dynamodb:GetItem",
        "dynamodb:BatchGetItem",
        "dynamodb:Query",                     查询 DynamoDB 数据表
        "dynamodb:PutItem",
        "dynamodb:UpdateItem",
        "dynamodb:BatchWriteItem",
        "dynamodb:DeleteItem"
      ],
      "Resource":
        "arn:aws:dynamodb:<region>:<account-id>:table/<table-name>"
    }
  ]
}
```

> 提示　如果想改为只读访问，去掉之前策略中的 `PutItem`、`UpdateItem` 和 `Delete-Item` 动作即可。

最小权限原则

在创建 IAM 策略时，请遵循标准的安全建议，仅提供执行操作所需的最小权限。在具体工作中，通常是从一个最小的权限范围开始，如果需要，再扩大授予额外的权限，而不是一开始就划定一个很宽泛的权限范围，之后再设法修补删除。

Jerome Saltzer 在 ACM 通讯杂志中说过"系统中的每一个程序和每一个特权用户，都应该在最小权限的情况下执行操作"，这篇文章的电子版可以在这里下载：http://dl.acm.org/citation.cfm?doid=361011.361067。

4.4　使用策略变量

有些情况下我们可能希望在策略中使用一些可变的参数值，比如"谁在发起请求"或"如何发起请求"这样的值就是不确定的、可变的。策略中可以加入动态的变量，这些变量在每次请求抵达时动态地计算加载，我们称之为策略变量。

> 警告　为了使用策略变量，策略中必须使用 `Version` 元素，并设定为 2012-10-17，否则，类似 `${aws:SourceIp}` 这样的变量会被当做字符串，而不是被期待的值所替代。之前版本的策略语言不支持变量。

表 4-1 列举了一些可供参考的策略变量。

表 4-1　一些可用于增强策略的常见的策略变量

策略变量	描述和用例

`aws:SourceIp`	针对 API 发起请求的来源 IP 地址，可以用在"IpAddress"条件中，来限制请求访问的来源范围：
	
	```"Condition": {```
	``` "IpAddress" : {```
	``` "aws:SourceIp" : ["10.1.2.0/24","10.2.3.0/24"]```
	``` }```
	```}```
	
	为了在策略中排除一个 IP 地址范围，也可以使用"NotIpAddress"条件：
	
	```"Condition": {```
	``` "NotIpAddress": {```
	``` "aws:SourceIp": "192.168.0.0/16"```
	``` }```
	```}```
	
	上述的条件仅仅适用于请求的发起方是一个普通用户（API 调用）的情况，不适用于请求发起方是另外的 AWS 服务（例如 AWS CloudFormation）的情况。

（续）

策　略　变　量	描述和用例

aws:CurrentTime	请求的当前时间；可以用于赋予或禁止特定时间段内的请求。
	下面这个条件限定了请求时间只有 2016 年 1 月才有效：
	
	```"Condition": {```
	``` "DateGreaterThan":```
	``` {"aws:CurrentTime": "2016-01-01T00:00:00Z"},```
	``` "DateLessThan":```
	``` {"aws:CurrentTime": "2016-02-01T00:00:00Z"}```
	```}```

aws:SecureTransport	这个布尔类型的变量会告诉 AWS API 请求是否来自一个安全的 HTTPS 传输通道。这对于要求采用 HTTPS 方式访问的 S3 资源特别有用。例如：
	
	```"Statement": [{```
	``` "Effect": "Allow",```
	``` "Principal": "*",```
	``` "Action": "s3:GetObject",```
	``` "Resource": "arn:aws:s3:::your-bucket/*",```
	``` "Condition": {```
	``` "Bool": {```
	``` "aws:SecureTransport": "true"```
	``` }```
	``` }```
	```}]```

aws:MultiFactor-AuthPresent	这个布尔类型的变量告诉你是否这个请求经过了多因素认证（无论是硬件还是软件的 MFA）。例如：
	
	```"Condition": {```
	``` "Bool": {```
	``` "aws:MultiFactorAuthPresent": "true"```
	``` }```
	```}```

aws:Referer	referer 这个变量用来限制请求中的 HTTP referer 这个头部信息。通过这个限制条件，我们可以只接受某些特定来源的访问请求。比如，你在 S3 上存放了一些静态网页所需的素材（如图片、CSS 或者 JS 文件），这时候可以允许每个人都读取这些素材，但是静止别的网站引用你的这些素材。以下是个示例：
	
	```"Statement": [{```
	``` "Effect": "Allow",```
	``` "Principal": "*",```
	``` "Action": "s3:GetObject",```
	``` "Resource": "arn:aws:s3:::your-bucket/*",```
	``` "Condition": {```
	``` "StringLike": {"aws:Referer": [```
	``` "http://www.your-website.com/*",```
	``` "http://your-website.com/*"```
	```] }```
	``` }```
	```}]```

注意　完整的策略变量可以在这里获取：http://docs.aws.amazon.com/IAM/latest/UserGuide/reference_policies_variables.html#policyvarsinfotouse。

通过 Amazon Cognito 做认证的用户还有另一些使用策略变量的有趣场景，我们会在学习完角色知识后在下一章中涉及这个话题。

4.5　赋予角色

角色可以被赋予用户、应用或 AWS 服务，在授予特定权限的同时，避免了把需要访问资源的凭证硬编码进应用中。例如：像 Amazon EC2（在 AWS Cloud 中提供虚拟服务器）或 AWS Lambda 这样的服务，都可以被赋予一个 IAM 角色。在这样的情况下，赋予角色意味着你在服务（EC2 或 Lambda 函数）上运行的代码拥有了访问特定资源的临时性安全凭证，比如读取 S3 存储桶，或者写入一个 DynamoDB 的数据表。

在 EC2 实例或 Lambda 函数中的代码，如果他们使用了 AWS SDK，那么这些代码就会自动使用角色提供的安全凭证，以获取需要的访问授权：AWS SDK 会自动生成和更新临时安全凭证，并不需要用户参与。如果使用角色，开发者不需要把 AWS 安全凭证硬编码进代码中，也不需要写入随程序分发的配置文件。这样避免了安全凭证的泄露，或者无意中把安全凭证公之于众：常见的一个错误就是把安全凭证作为代码的一部分提交到 GitHub 或者 Bitbucket。

角色有两个与之关联的策略：

❏ 一个是基于用户的策略，描述了角色给予的权限。

❏ 一个是信任策略，描述了谁可以被赋予这个角色，例如：一个在相同 AWS 账号下的用户，或者不同的账户，或者一个 AWS 服务。这个策略也被称之为角色的信任关系。

例如，在第 2 章中，当我们创建第一个 AWS Lambda 函数 greetingsOnDemand 时，我们创建了一个 Lambda basic execution 角色并将其赋予了函数。现在我们仔细看一看这个角色的设定。

在 AWS IAM 控制台，选中左侧的 Role 后，可以获取更多信息，如图 4-13。我们建议读者经常查看那些由 AWS 控制台创建的角色，深入理解角色可以做什么，不能做什么。

可以在窗口的顶部使用文本框搜索角色：

❏ 基于用户的角色描述了权限，对于之前的函数，我们需要对 CloudWatch 日志服务写入权限（代码清单 4-6）。

❏ 信任策略描述了谁可以被赋予权限，在这个例子中，指的就是 Lambda 服务（代码清单 4-7）。

点击这个链接可以
查看和管理角色

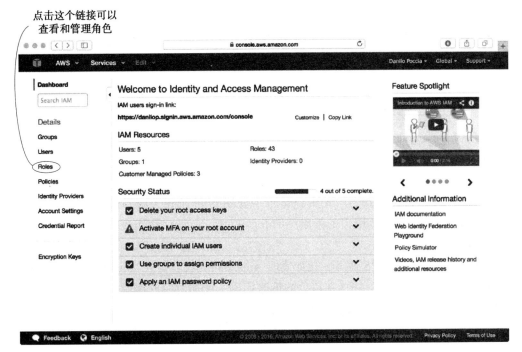

图 4-13 可以在 Web 控制台查看和创建新的角色。经常查看那些由 AWS 控制台创建的角色，了解这些角色被允许做什么

代码清单4-6 Lambda basic execution role所规定的权限

```
{
    "Version": "2012-10-17",
    "Statement": [
        {
            "Effect": "Allow",
            "Action": [
                "logs:CreateLogGroup",
                "logs:CreateLogStream",
                "logs:PutLogEvents"
            ],
            "Resource": "arn:aws:logs:*:*:*"
        }
    ]
}
```

在这个基于用户的策略中，声明允许访问的动作和资源

这里是将日志写入 Amazon CloudWatch 所需的动作

这里用星号通配符表示允许操作的是所有 Amazon CloudWatch 管理的资源

代码清单4-7 Lambda basic execution role的信任关系

```
{
    "Version": "2012-10-17",
    "Statement": [
        {
            "Sid": "",
            "Effect": "Allow",
            "Principal": {
```

信任策略中声明了允许对角色的访问

```
        "Service": "lambda.amazonaws.com"
      },
      "Action": "sts:AssumeRole"
    }
  ]
}
```

有权访问（被赋予）角色的主体，
本例中就是 AWS Lambdas 服务

AWS Security Token Service (STS)
中赋予角色的 API 动作，AWS Lambda 通
过这个动作来获得角色

了解 AWS Lambda 如何使用角色，可以帮助我们对整个过程有更深入的认识。gree-tingsOnDemand 函数由 AWS Lambda 服务执行，这个服务拥有对 "Lambda basic execu-tion" 角色的信任关系，因此，函数自动获得了针对 CloudWatch 日志的写入访问权限，可以在 Node.js 中使用 console.log()，或在 Python 中使用 print 把相关的日志信息写入。如果我们把代码清单 4-6 这个基于用户的策略中的 logs:PutLogEvents 动作去掉，那么函数就无法继续写入日志了。

如果需要访问别的 AWS 服务，比如读取 Amazon S3 或者写入 Amazon DynamoDB，我们就可以使用本章学到的语法，在角色的策略代码中增加对应的声明。以后我们构建事件驱动的无服务器应用时，将有机会完成一个高度定制的策略。

总结

本章我们讨论了 AWS 的安全机制，以及如何保护我们的 AWS Lambda 应用，具体而言，我们学习了：

❑ 使用 AWS Identity and Access Management（IAM）创建用户、群组和角色。
❑ 用 AWS 临时凭证进行身份认证。
❑ 编写相关策略授权访问 AWS 资源。
❑ 使用策略变量在策略中加入可变值。
❑ 通过角色为 Lambda 函数授权。

下一章，我们将要学习使用移动设备或网页中的 JavaScript 调用 Lambda 函数，并学习如何让函数订阅 AWS Cloud 中的各类事件。

练习

开发一个基于用户的策略，使之可以令用户在名为 **my-bucket** 的存储桶上，对含有 **my-prefix/** 前缀的内容拥有只读权限。

解答

从代码清单 4-3 开始，去掉 `PutObject` 和 `DeleteObject` 的写操作。

```
{
  "Version": "2012-10-17",
  "Statement": [
    {
      "Effect": "Allow",
      "Action": [
        "s3:ListAllMyBuckets",
        "s3:GetBucketLocation"
      ],
      "Resource": "arn:aws:s3:::*"
    },
    {
      "Effect": "Allow",
      "Action": "s3:ListBucket",
      "Resource": "arn:aws:s3:::my-bucket",
      "Condition": {"StringLike": {"s3:prefix": "my-prefix/" }}
    },
    {
      "Effect": "Allow",
      "Action": [ "s3:GetObject ],
      "Resource": "arn:aws:s3::: my-bucket/my-prefix/*"
    }
  ]
}
```

使用独立的函数

本章导读：

❑ 在函数中导入自定义库。

❑ 让函数订阅其他 AWS 服务发出的事件。

❑ 创建 S3 存储桶或 DynamoDB 数据表这类后端资源。

❑ 在函数中使用二进制库。

❑ 实现一个无服务器的面部识别函数。

❑ 调度函数的循环执行。

在上一章中，我们学习了如何在 AWS 平台进行安全管理。很多诸如角色和策略这样的概念都是来自 AWS IAM，我们可以借助这些概念来帮助 Lambda 函数获得访问其他资源的必要授权。

在本章中，我们会借助这些知识编写一个独立的函数，它可以被设置成周期性执行，或者由来自其他 Amazon 服务如 S3 产生的事件触发执行。这是构建一个基于组合多个函数的事件驱动型应用程序的第一步。

5.1　在函数中打包库和模块

到目前为止，我们编写的所有函数还很初级，没有用到 AWS Lambda 之外的模块，例如用于 Node.js 和 Python 的 AWS SDK。但是为了实现更加复杂和高级的功能，我们必要时需要引用这些强大的库。

对于标准的包管理器，例如 Node.js 的 npm 或 Python 中的 pip，可以在本地开发环境保存函数代码的目录中直接安装其管理的模块（module），这是 npm 的默认行为。对于 pip 来说，必须使用 -t 参数指定当前目录（例如 "-t."）。接着我们需要生成一个包含了函数代码（在根路径）和所有依赖模块的 zip 压缩文件。这个压缩文件作为部署包，可以在 AWS 管理控制台直接发布到 AWS Lambda（如果文件小于 10M），或者保存到 Amazon S3 中。

> **警告**　在安装的过程中，有些特殊的 Node.js 或 Python 模块会使用类似 C/C++ 编译器来构建原生二进制可执行文件，这比普通跨平台代码的执行效率要高。如果需要使用这类模块，请参考 5.3 节里关于函数中如何引用二进制文件的内容。

例如，为了在 Node.js 代码中引入一个流行的 async 模块（有关 Node.js 的 async 模块，请查看 https://github.com/caolan/async），我们可以在函数源代码所在目录执行如下命令：

```
npm install async
```

> **注意**　如果需要在开发环境中下载和安装 Node.js 和 npm 包管理器，请访问 https://nodejs. org/。

> **提示**　在 Node.js 中，我们通常创建 package.json 文件来描述当前项目中函数和模块的依赖关系。npm install 会自动从 package.json 中提取所有所需模块的名称，并逐一下载。有关 package.json 更详细的信息，请参考：https://docs.npmjs.com/getting-started/using-a-package.json。

在 Python 中，如果想引入 requests 库（这个库常常用于外部 HTTP 交互，更多信息请参考 http://docs.python-requests.org），我们可以在函数源代码所在目录执行如下命令：

```
pip install requests -t .
```

> **注意**　如果需要在开发环境中安装 pip 包管理器，请参考这篇安装指南：https://pip.pypa. io/en/stable/installing/。

> **警告**　"pip install requests -t." 命令在 Mac OS X 上会失败。当出现这样的问题时，使用稍后介绍的 Virtualenv 工具来准备你所需要的 Python 部署包。

有些情况下，你可以把 "." 替换为你所使用函数的完整路径。

> **提示**　Python 还有一种创建部署包的方式，特别是环境中多个模块共存的情况下，那就是 Virtualenv（更多信息请访问 https://virtualenv.readthedocs.org/）。它可以用来创建隔离的 Python 环境。要想使用它，需要在函数中加入 site-packages 文件夹中的内容。

创建部署包

创建部署包的常见错误是从保存函数代码的上级目录开始打包 zip 压缩文件，而实际上函数代码必须存在于这个压缩文件的根目录下。我通常的建议是从包含函数源代码的文件夹开始创建压缩文件。

例如，如果函数使用了 Node.js 运行时和 async 模块，我们的目录结构应该是这样的：

```
MyFunction/
    index.js
    node_modules/
        async/
            ...
```

在这样的情况下，在 MyFunction 文件夹内，我们创建一个版本号为 1.2 的 zip 包，Linux/Unix 环境下的命令是这样的：

```
zip -9 -r ../MyFunction-v1.2.zip *
```

Windows 或图形化 zip 工具的操作方式类似。

我们来仔细展示如何打包一个包含 Lambda 函数的自定义模块，使用了一个常见的场景：对新建或更新 Amazon S3 对象事件做出响应和处理。

5.2 让函数订阅事件

在事件驱动型的应用程序中，后端逻辑通常都是由数据变化之类的事件触发执行，例如一个用户把高清图片上传并分享给其他用户。为了以不同的分辨率显示图片，我们需要生成缩略图。这些图片往往含有类似拍摄者或图片描述这样的元数据，我们需要将其保存在数据库中。

在传统的应用程序中，我们通常开发一个前端组件，定义一套工作流来管理上传、图片处理和数据存储（图 5-1）。

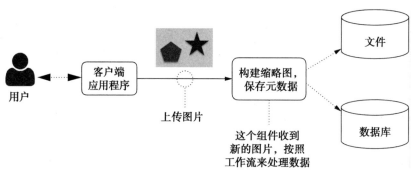

图 5-1　为了管理由图片上传所触发的工作流，我们需要实现一个前端层，并把有关的操作逻辑置于其中

而在 AWS Lambda 的环境下，图片对象和有关的元数据保存在 Amazon S3 中，担任元数据信息处理工作的函数依靠 Amazon S3 内图片对象的新建或更新事件触发（图 5-2）。客户端应用程序直接向 S3 存储桶上传即可，客户端不需要管理任何与上传有关的逻辑，只要对新内容做出响应处理就行了。

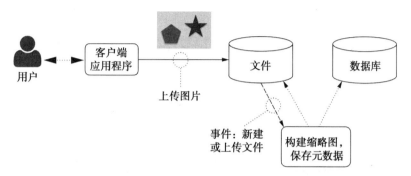

图 5-2　借助 AWS Lambda，客户端直接把文件上传到 Amazon S3 即可，后续的逻辑由上传事件触发的 Lambda 函数完成处理

5.2.1　创建后端资源

我们为当前的例子创建一个 S3 存储桶。存储桶的名称是全局唯一的，必须选择一个可用的名字。如果有一个常用的昵称，就可以把存储桶命名为"<your-nickname>-pictures"这样的组合，以避免跟其他已有的名字产生冲突。

我们使用 AWS CLI 创建存储桶。切记配置 AWS CLI 时，将所操作的区域和 AWS Lambda 函数所使用的区域设为相同。使用下列命令创建存储桶：

```
aws s3 mb s3://bucket-name
```

或者，在 AWS 控制台找到 Storage & Content Delivery 区，选择 Create Bucket，然后插入存储桶的名称和我们希望选择的区域，点击 Create 完成创建。

> ⚠️警告　确保 S3 存储桶跟 Lambda 函数处于同一个 AWS 区域，否则我们不能把 S3 存储桶配置为 Lambda 函数可以响应的事件源。如果 AWS Lambda 函数位于 US East，则为 Amazon S3 选用 US Standard。

使用 DynamoDB 来保存与图片有关的元数据。我们需要创建一个供函数使用的数据表。在 AWS 控制台的 Database 区中选择 DynamoDB，然后点击 Create 创建表。使用"image"作为数据表的名称，"name"作为主键分区键（图 5-3），然后点击 Create。几秒钟后新数据表就创建完成，并且可以使用了。在数据表的 Overview 标签里，记录下显示出来的 Amazon Resource Name（ARN）。我们稍后需要在 AWS IAM 中针对这个 ARN 表做资源访问授权。

现在我们需要做的是创建一个 Lambda 函数，当 S3 存储桶内新建或更新的文件名称中带有 `image/` 前缀时，调用 Lambda 函数。

图 5-3 为图片的元数据创建一个 DynamoDB 数据表，需要提供数据表名称、主键分区键等

为了让这个例子更有趣，S3 图片对象的元数据可以包括如下信息：
- ❑ `width`，缩略图的最大宽度（以像素为单位）
- ❑ `height`，缩略图的最大高度（以像素为单位）
- ❑ `author`，图片的作者
- ❑ `title`，图片的题目
- ❑ `description`，图片的描述

基于这些元数据（或者它们的默认值），函数会完成如下任务：
- ❑ 生成图片的缩略图，保存在同一个存储桶中，在图片对象名称中添加 `thumbs/` 前缀。
- ❑ 从刚才创建的 DynamoDB 表中提取随图片保存的元数据，包括指向缩略图的链接。

5.2.2 把函数打包

`createThumbnailAndStoreInDB` 函数的 Node.js 版代码如代码清单 5-1 所示，这个函数使用了包括 `async`、`gm` 和 `util` 在内的外部模块，这些模块在标准的 AWS Lambda 运行环境中并没有提供。我们需要在本地安装这些模块，然后创建一个包含函数代码和这

些模块的部署包。

> **注意**　这个函数使用了 ImageMagick，它是一个可以在 AWS Lambda 的 Node.js 执行环境下创建、修改、编排、转换图片文件的软件包。由于 Python 运行环境中没有提供 ImageMagick 软件包，替代的方案又过于复杂，因此我们在这里略过。有关 AWS Lambda 运行环境的细节以及对应每一种编程语言环境下可用的库，请访问这个链接：http://docs.aws.amazon.com/lambda/latest/dg/current-supported-versions.html。

代码清单5-1　createThumbnailAndStoreInDB（Node.js实现）

导入 gm 模块，ImageMagik 的封装程序，在 Lambda 执行环境中默认安装

导入 async 模块，简化函数的流程

导入 AWS SDK，这个依赖在 Lambda 执行环境中默认安装

缩略图的默认尺寸

保存元数据的 DynamoDB 数据表

Amazon S3 和 Amazon DynamoDB 的服务接口对象

获取触发事件的 S3 存储桶和 S3 对象的值

计算输出的存储桶和缩略图 S3 对象的值

使用 aysnc waterfall，依次执行多个函数

```javascript
var async = require('async');
var AWS = require('aws-sdk');
var gm = require('gm')
              .subClass({ imageMagick: true }); // 启用 ImageMagick 集成

var util = require('util');

var DEFAULT_MAX_WIDTH  = 200;
var DEFAULT_MAX_HEIGHT = 200;
var DDB_TABLE = 'images';

var s3 = new AWS.S3();
var dynamodb = new AWS.DynamoDB();

function getImageType(key, callback) {
  var typeMatch = key.match(/\.([^.]*)$/);
  if (!typeMatch) {
    callback("Could not determine the image type for key: ${key}");
    return;
  }
  var imageType = typeMatch[1];
  if (imageType != "jpg" && imageType != "png") {
    callback('Unsupported image type: ${imageType}');
    return;
  }
  return imageType;
}

exports.handler = (event, context, callback) => {
  console.log("Reading options from event:\n",
    util.inspect(event, {depth: 5}));
  var srcBucket = event.Records[0].s3.bucket.name;
  var srcKey    = event.Records[0].s3.object.key;
  var dstBucket = srcBucket;
  var dstKey    = "thumbs/" + srcKey);

  var imageType = getImageType(srcKey, callback);

  async.waterfall([
    function downloadImage(next) {
      s3.getObject({
```

```
      Bucket: srcBucket,
      Key: srcKey                          从 S3 下载源图片到缓存中
    },
    next);
  },
  function transformImage(response, next){          转换源图片,
    gm(response.Body).size(function(err, size) {    生成缩略图

      var metadata = response.Metadata;
      console.log("Metadata:\n", util.inspect(metadata, {depth: 5}));

      var max_width;
      if ('width' in metadata) {
        max_width = metadata.width;
      } else {                                      根据 S3 对象元数据中的值
        max_width = DEFAULT_MAX_WIDTH;               (如果有的话),生成自定义
      }                                             尺寸的缩略图
      var max_height;
      if ('height' in metadata) {
        max_height = metadata.height;
      } else {
        max_height = DEFAULT_MAX_HEIGHT;
      }

      var scalingFactor = Math.min(
        max_width / size.width,
        max_height / size.height
      );
      var width  = scalingFactor * size.width;
      var height = scalingFactor * size.height;     这是实际处理缩
                                                    略图生成的代码
      this.resize(width, height)
        .toBuffer(imageType, function(err, buffer) {
          if (err) {
            next(err);
          } else {
            next(null, response.ContentType, metadata, buffer);
          }
        });
    });
  },
  function uploadThumbnail(contentType, metadata, data, next) {    把缩略图上传到
    // Stream the transformed image to a different S3 bucket.      S3 的代码
    s3.putObject({
        Bucket: dstBucket,
        Key: dstKey,
        Body: data,                                 这是使用 JavaScript SDK
        ContentType: contentType,                   上传对象到 S3 的代码
        Metadata: metadata
    }, function(err, buffer) {
      if (err) {
        next(err);
      } else {
        next(null, metadata);
      }
```

```
    });
  },
  function storeMetadata(metadata, next) {          ← 把元数据保存到 Amazon
    // adds metadata do DynamoDB                       DynamoDB 的代码
    var params = {
      TableName: DDB_TABLE,
      Item: {
        name: { S: srcKey },                          为 DynamoDB
        thumbnail: { S: dstKey },                     调用准备参数
        timestamp: { S: (new Date().toJSON()).toString() },
      }
    };
    if ('author' in metadata) {                       ←
      params.Item.author = { S: metadata.author };
    }                                                 根据 S3 元数
    if ('title' in metadata) {                     ← 据添加更多信
      params.Item.title = { S: metadata.title };      息 (author、
    }                                                 title、des-
    if ('description' in metadata) {                  cription)
      params.Item.description = { S: metadata.description };  ←
    }
    dynamodb.putItem(params, next);             ← 把项目存储到 DynamoDB 数据表
  }], function (err) {
    if (err) {
      console.error(err);
    } else {
      console.log(
        'Successfully resized ' + srcBucket + '/' + srcKey +
          ' and uploaded to ' + dstBucket + '/' + dstKey
        );
      }
      callback();                      ← 成功地中止函数
    }
  );
};
```

在创建部署包时，代码清单 5-1 的源文件是其中的一部分，我们要为这个文件指定一个名称。建议使用 index.js，因为这是 AWS Lambda 的默认配置——但也可以使用其他文件名称。

首先，创建名为 index.js 的文件，复制函数 createThumbnailAndStoreInDB（代码清单 5-1）的全部内容到文件中。然后在包含 index.js 文件的相同目录中，使用 Node.js 的包管理器 npm 安装所需模块到本地：

```
npm install async gm util
```

这个命令会在其执行的目录创建一个名为 node_modules 的文件夹，包含所有模块的本地安装文件。我们创建的压缩文件部署包需要包括函数代码和所有的依赖包。从包含 index. js 和 node_modules 的目录中，使用下面的命令创建部署包：

```
zip -9 -r ../createThumbnailAndStoreInDB-v1.0.zip *
```

◎提
　示　在部署包的文件名中包含版本信息是一个好习惯。例如，当函数有多个版本的时候，
不同的名称可以避免我们上传错误的部署包到 Lambda。

5.2.3 配置权限

函数的创建即将完成，我们需要一个 AWS IAM 角色来帮助函数获得访问相应资源的
权限：

❏ 从 S3 存储桶读取所有带有 `images/` 前缀的文件。

❏ 向 S3 存储桶写入带有 `thumbs/` 前缀的文件。

❏ 向 DynamoDB 数据表插入内容。

关于这个要使用的角色，我们需要创建一个策略，然后把它关联到角色上。从 AWS
IAM 控制台选择位于左侧的 Policies，然后点击 Create Policy。选择 Create Your Own Policy
（图 5-4），在下方的编辑器中输入策略内容。

◎提
　示　可以使用策略生成器以获得语法正确的策略。请尝试使用策略生成器生成代码清
单 5-2 中的策略，熟悉并体会策略生成器的好处。

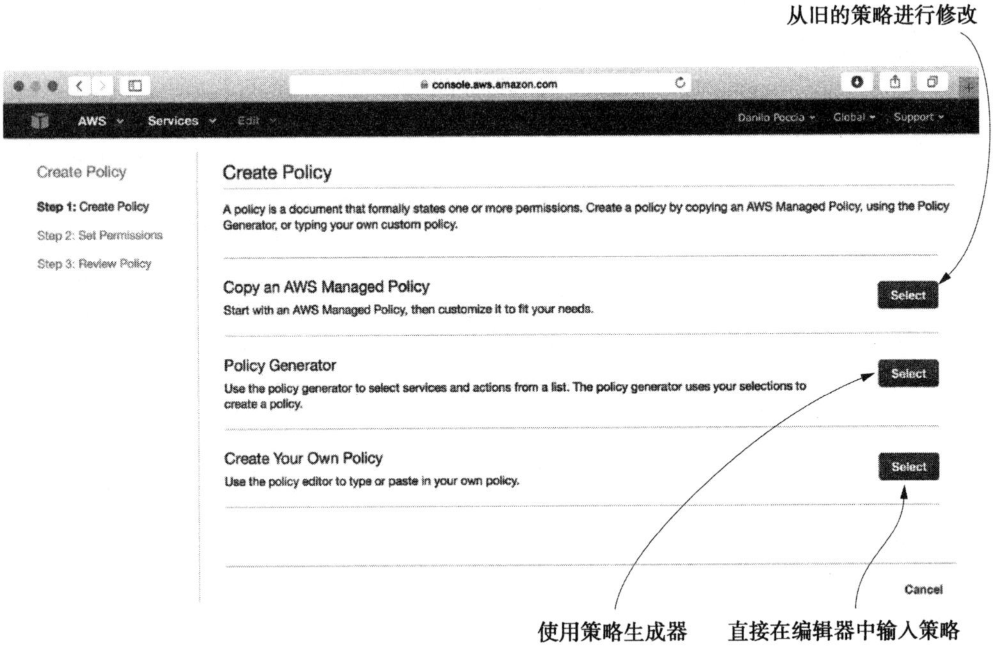

图 5-4　创建策略，可以选择修改旧策略、使用策略生成器或者直接在编辑器中输入策略

使用 CreateThumbnailAndStoreInDB 作为策略的名字，提供一些有用的策略描述信息，
例如 "用于读取源文件、写入缩略图和在数据库中存储元数据的安全策略"。直接复制使用
下面的代码清单中的策略。记得把代码中的 S3 存储桶名称和 DynamoDB 数据表的 ARN 替

换为你所用环境中的真实值，然后点击 Create Policy。

代码清单5-2　**Policy_CreateThumbnailAndStoreInDB**

```
{
    "Version": "2012-10-17",
    "Statement": [
        {
            "Effect": "Allow",
            "Action": [
                "s3:GetObject"
            ],
            "Resource": [
                "arn:aws:s3:::<BUCKET-NAME>/images/*"
            ]
        },
        {
            "Effect": "Allow",
            "Action": [
                "s3:PutObject"
            ],
            "Resource": [
                "arn:aws:s3:::<BUCKET-NAME>/thumbs/*"
            ]
        },
        {
            "Effect": "Allow",
            "Action": [
                "dynamodb:PutItem"
            ],
            "Resource": [
                "<DYNAMODB-TABLE-ARN>"
            ]
        }
    ]
}
```

允许从 S3 存储桶读取所有带 images/ 前缀的文件

允许向 S3 存储桶写入带 thumbs/ 前缀的文件

允许向 DynamoDB 数据表插入内容

仍旧在 AWS IAM 的控制台，选择左侧的 Roles，然后点击 Create New Role。使用 lambda_createThumbnailAndStoreInDB 作为角色的名称，点击 Next Step，选中我们希望使用的角色类型，将会自动配置信任策略。在 AWS Services Roles 的列表中，点击 AWS Lambda 按钮（图 5-5）。

我们需要为这个角色关联两个策略，选中如下这两个策略。使用过滤文本框来查找策略会更加容易：

❑ CreateThumbnailAndStoreInDB 是我们刚才创建的，提供了对 Amazon S3 和 Amazon DynamoDB 的访问。

❑ AWSLambdaBasicExecutionRole 这个策略是由 AWS 平台管理的，提供了对 Amazon CloudWatch Logs 的访问。

点击下一步，在概览区域确认两个策略是否正确，然后点击 Create Role。

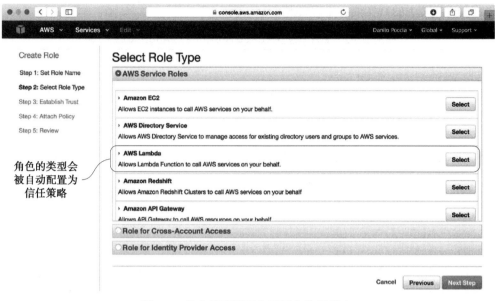

图 5-5 角色类型被预先配置为信任策略

 警告 如果在创建角色时忘记关联 CreateThumbnailAndStoreInDB 策略，函数执行时会失败，有关的错误会被记录在日志中。但是如果忘记关联 AWSLambdaBasicExecution-Role 策略，函数连写入日志的权限都没有。

5.2.4 创建函数

现在我们已经完成了所有必要的准备工作，可以开始创建函数了。在 AWS Lambda 控制台，选择 Create a Lambda function 并跳过蓝图提示区域的信息。

我们现在来把 Amazon S3 设置为函数的触发器。选择代表了事件源的椭圆形，从下拉菜单中选择 Amazon S3。在出现的对话框中（图 5-6），选择 S3 作为事件来源，选中我们刚才创建的那个存储桶。在事件类型中，选择 Object Created (All)。在前缀部分输入 images/，这样只有当带有这个前缀的对象被上传时才会触发事件；后缀部分保留空白。后缀设置可以用来处理类似 .jpg 或 .png 扩展名的文件，但目前在这个例子中我们还用不到。选中启用事件源，然后点击 Next。

 提示 如果想根据 Amazon S3 对象的文件扩展名来触发和调用不同的函数，我们可以使用事件源配置中的"后缀"参数来指定什么样的文件扩展名可以触发那个函数。

使用 createThumbnailAndStoreInDB 作为函数名称，写一段有意义的描述信息，例如：创建缩略图，并把元数据保存到数据库。选择 Nodes.js 作为运行时。

这次我们不能直接在页面的编辑器中输入代码了，根据之前的讨论，我们需要把几个依赖关系一同打包。选择 Upload a zip file，然后选中我们之前打包的压缩文件进行上传。

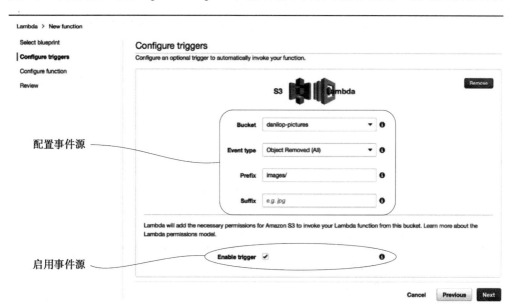

图 5-6 取决于产生事件的服务，我们在配置事件源时需要处理多个参数。对于 Amazon S3
来说，相应的参数就是事件的类型和前后缀

保留默认的 index.handler 作为处理程序（如果你的部署包中没有使用 index.js 作为函数
代码的文件名，那么就用你自定义的那个文件名作为处理程序，记得不要包括 .js 扩展名）。
从菜单中选择我们创建的角色：lambda_createThumbnailAndStoreInDB。

除非要处理非常高分辨率的图片，否则 128M 内存对于本案例而言已经足够。稍后我
们可以在函数的日志中查看实际的内存消耗量。这个函数需要调用好几个后续的服务，因
此 3 秒钟左右的超时时间就足够了，为了保守起见，可以设定为 10 秒。超时时间的设定是
为了避免代码中的错误引起较长的执行时间（产生不必要的费用），但也不能太接近代码实
际需要执行的时间。本案例中我们不使用 VPC，所以保留默认的 "No VPC" 选项，然后点
击 Next，确认所有的设定都是正确的，点击 Create function。

使用 CLI 命令行创建 Lambda 函数

如果有必要，我们可以使用 AWS CLI 命令行完成 Lambda 函数的创建工作：

```
aws lambda create-function \
    --function-name createThumbnailAndStoreInDB \
    --runtime nodejs \
    --role <ROLE-ARN> \
    --handler index.handler \
    --zip-file fileb://<DEPLOYMENT PACKAGE>.zip \
    --timeout 10 \
    --region <REGION>
```

lambda_createThumbnailAndStoreInDB 角色的 ARN 可以从 AWS IAM 控制台获取。Region 参数是可选的，只有在需要使用跟 AWS CLI 初始设定不同的区域时才需要输入。压缩文件是一个二进制文件，需要使用 `fileb://`。使用 `fileb:///`（三个斜线）表示绝对路径，两个斜线（`fileb://`）表示相对于 CLI 命令执行的相对路径。

AWS CLI 语法同样适用于函数的配置变更或者代码更新。这些命令行工具有助于函数的自动化更新。有关如何使用 CLI 更新函数配置，可以参考命令行工具内置的帮助信息：

```
aws lambda update-function-code help
aws lambda update-function-configuration help
```

在图 5-7 的 Triggers 面板中，我们可以查看之前的配置信息。我们可以随时打开这个面板查看或者更改函数的触发设定。

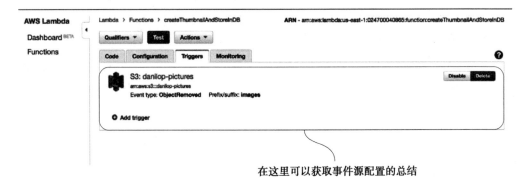

在这里可以获取事件源配置的总结

图 5-7　在 Lambda 控制台，事件源的面板提供了每一个函数的配置总结

> 提示　要让 Lambda 函数订阅 AWS 资源所产生的事件，可以在 AWS Lambda 控制台或者资源所属的 AWS 服务控制台上完成相应的操作。例如，我们刚才使用的是 AWS Lambda 控制台，读者可能感兴趣如何在 Amazon S3 控制台完成对应的配置：存储桶的属性中有一个事件选项，在那里我们能够设定向 Lambda 函数发送事件，也可以向其他目标发送事件，包括 SNS 主题或 SQS 队列等。有关 Amazon SNS 和 Amazon SQS 的信息，请参阅：https://aws.amazon.com/sns/ 和 https://aws.amazon.com/sqs/。

5.2.5　测试函数

若要测试函数，只需要使用命令行工具向 Amazon S3 上传一个图片：

```
aws s3 cp <YOUR-PICTURE-FILE> s3://<BUCKET-NAME>/images/
```

点击 AWS Lambda 控制台的 Monitoring 栏来验证函数是否被正确地调用。在 S3 控制台中，可以查看缩略图是否被正确地创建，文件名是否包含 `thumbs/` 前缀。在控制台双击这个文件可以打开缩略图显示，也可以使用如下的 CLI 命令行工具列出缩略图：

```
aws s3 ls --recursive s3://<BUCKET-NAME>/thumbs/
```

在 DynamoDB 控制台，我们可以在 Item Tab 验证到已经成功添加了一个包括 `name`、`thumbnail` 和 `timestamp` 的新记录。

如果要添加自定义的元数据，可以在用 AWS CLI 工具上传图片时使用下述语法，添加作者、主题、描述和缩略图的自定义尺寸等元数据：

```
aws s3 cp <YOUR-PICTURE-FILE> s3://<BUCKET-NAME>/images/ \
--metadata '{"author": "John Doe", "title": "Mona Lisa", "description": "Nice
    portrait!", "width": "100", "height": "100" }'
```

> **注意** 在 AWS CLI 的命令行中，包含元数据的信息由单引号引用，这样做是为了避免操作系统删除 JSON 语法中的双引号。

我们也可以灵活地将标题和描述替换为图片关联的其他信息。现在缩略图的尺寸比默认值小（默认值是长宽各 200 像素），这些新的元数据都会被保存到 DynamoDB 中（图 5-8）。

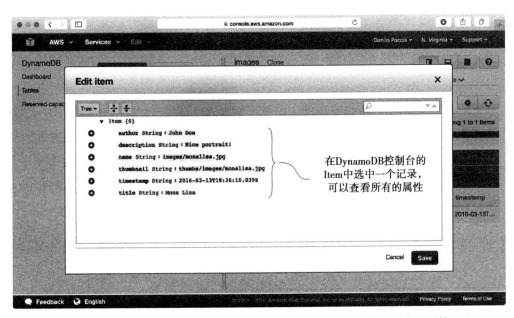

图 5-8　在 DynamoDB 控制台中选中一个记录，可以查看其中所有的属性

> **提示** 如果函数执行出现了差错，在 AWS Lambda 控制台，点击 Monitoring 栏中指向 Cloud-Watch 日志的链接，可以寻找错误发生的原因。如果没有任何日志记录，一个可能的原因是事件源配置本身是错误的，导致函数根本没有被触发，另一个可能的原因是函数没有向 Cloud Watch 写入日志的权限。

5.3 在函数中使用二进制库

有些情况下，在 Lambda 函数中引入外部模块会比之前的例子复杂很多，例如某些模块会默认在操作系统的共享文件夹中安装一些二进制文件或者依赖文件。常见的共享文件夹是 Linux 系统中的 /usr/lib 或 /usr/local 目录，以及 Windows 系统下的众多 DLL 文件。

在这样的情况下，我们需要构建一个本地静态发布版本才能够比较容易地在部署包中收集和发布所有的依赖文件。这个静态的发布版本必须跟 AWS Lambda 执行函数的环境类似，因此我们建议使用 Amazon Linux EC2 实例来制作 Lambda 函数的部署包。只需要在制作部署包时临时创建一个 EC2 实例，用完之后即可关机或删除。

> 🎯提示 有关 Lambda 运行环境的详细描述，以及运行时中默认提供的库依赖文件，请参考：
> http://docs.aws.amazon.com/lambda/latest/dg/current-supported-versions.html。

举例来说，我们打算开发一个类似 Facebook 中提供的面部识别应用程序，程序能够检测并识别用户上传照片中的人脸。

开发者并不需要从头开始编写面部检测的算法，因为这些已经由该领域的专家开发并通过工具的方式提供了。在这个面部识别的例子中，我们使用 OpenCV。

> **OpenCV**
>
> OpenCV 是一个强大的开源计算机视觉库，由 Intel 开发。它提供了多种语言编程接口，例如，可以在 Lambda 函数中使用 JavaScirpt 或 Python 调用这个库。
>
> 有关 OpenCV 的更进一步信息请参考：http://opencv.org。

OpenCV 默认安装在操作系统的共享文件夹中，为了避免这样的问题，我们要使用该工具提供的配置界面（OpenCV 中的 cmake），来找到启用静态构建的选项。

5.3.1 准备环境

为了方便展开有关 OpenCV 和 AWS Lambda 的实验，我们准备好了一个部署包，其中包含 Lambda 函数和二进制依赖，以 Node.js 和 Python 两种版本提供下载：

❑ Node.js 版下载地址：https://eventdrivenapps.com/downloads/faceDetection-js.zip。

❑ Python 版下载地址：https://eventdrivenapps.com/downloads/faceDetection-py.zip。

> **如何在 AWS Lambda 中使用 Open CV 库**
>
> 安装 OpenCV 比较复杂，且耗费时间，以下一些命令跟 OpenCV 的版本是有关的，如果是新的版本，部分命令可能需要随之进行调整。如果读者更关心的是 Lambda 执行结果这部分，可以跳过这段 OpenCV 安装的内容，直接使用我们提供的部署包。

从一台新建的 Amazon Linux 开始，创建一个专用的文件夹。以下是用来构建 Open-CV 本地静态环境的命令：

```
sudo yum -y update
sudo yum -y install gcc48 libgcc48 gcc-c++ cmake
wget https://nodejs.org/download/release/v0.10.36/node-v0.10.36.tar.gz
tar xzvf node-v0.10.36.tar.gz
cd node-v0.10.36 && ./configure && make
sudo make install
node -v
cd ..
wget https://github.com/Itseez/opencv/archive/2.4.12.zip
mv 2.4.12.zip opencv-2.4.12.zip
mkdir opencv_build
mkdir opencv_test
cd opencv_build
unzip ../opencv-2.4.12.zip
cmake -D CMAKE_BUILD_TYPE=RELEASE -D BUILD_SHARED_LIBS=NO -D\
    BUILD_NEW_PYTHON_SUPPORT=ON -D CMAKE_INSTALL_PREFIX=~/opencv\
    opencv-2.4.12/
make && make install
```

我们注意到在执行 npm 时会出现无法找到一些库的错误信息，这是一个 bug。我们必须在 ~/opencv/lib/pkg- config/opencv.pc 文件中手动修改几个名称，在 jasper、tiff、png 和 jpeg 之前添加 lib 前缀，修改后的结果是：-llibjasper -llibtiff -llibpng -llibjpeg。

下面这个命令在 ~/opencv_test 文件夹中安装了 Node.js 的运行时环境。

```
PKG_CONFIG_PATH=~/opencv/lib/pkgconfig/ npm install --prefix=~/opencv_test
opencv
```

现在我们就可以把 ./opencv_build/lib/cv2.so 复制到函数所在的 Python 代码根目录以导入 CV2 模块。如需要使用 Python 运行时，则要在本地安装 numpy 模块（或者使用 Virtualenv）“pip install numpy -t .”。

5.3.2　实现函数

使用包含了 OpenCV 二进制文件的部署包，我们可以创建能在输入图片中进行面部识别的 Lambda 函数了。在开始实现函数之前，我们先设计预期的输入和输出行为。

输入事件为函数提供了输入图片的 URL：

```
{
  "imageUrl": "http(s)://…"
}
```

函数把用方框标示出面部的图片作为输出，保存到 Amazon S3。函数的返回结果是一个 JSON 字符串，其中包含了识别出的人脸数量，并保存了输出图片的路径。

```
{
  "faces": 3
  "outputUrl": "https://… "
}
```

在函数中，我们需要指定一个保存输出图片的 S3 存储桶，以及访问输出文件的域名。输出域名和存储桶使用的域名相同，结构类似 `<bucket>.s3.amazonaws.com`。

> 🎯 提示　如果使用 Amazon CloudFront 这样的内容分发网络（Content Delivery Network，CDN）来发布存储桶中的内容，那么输出域名可能是不一样的。在本书中我们不涉及这个话题，但是如果你的应用程序的确需要从 Amazon S3 内容下载海量数据（规模达到 TB 级别），我们建议认真考虑采用 CDN 来提升性能和降低成本。

我们为函数创建一个 S3 存储桶。需要为这个存储桶确定一个名字（注意存储桶的名称必须是全局唯一的）。例如，如果你有一个短的昵称，可以使用这样的组合：" `<nickname>-faces`"。

我们可以使用 AWS CLI 命令行工具创建存储桶。在此之前，需要确保 AWS CLI 默认配置的区域跟 AWS Lambda 函数所在的区域是相同的。我们采用如下的命令创建存储桶：

```
aws s3 mb s3://bucket-name
```

当然，我们在 AWS 控制台也可以完成同样的任务。从 Storage & Content Delivery 中选择 S3，点击 Create Bucket，然后插入存储桶的名称和希望使用的区域，点击 Create 即可。

我们需要把存储桶中的内容对外公开，在 S3 控制台选中存储桶后点击 Properties 选项卡，找到 Permissions，然后选择 Edit bucket policy。使用如下代码清单中所示的存储策略来赋予所有对象的公开读取访问权限。

代码清单5-3　允许公开访问的策略

```
{
    "Version": "2012-10-17",
    "Statement": [
        {
            "Sid": "",
            "Effect": "Allow",
            "Principal": "*",
            "Action": "s3:GetObject",
            "Resource": "arn:aws:s3:::<BUCKET-NAME>/*"
        }
    ]
}
```

> 存储桶策略是一个基于资源的策略，需要提供一个被允许或禁止的主体。在这个声明中，* 表示所有人，这意味着公开读取访问的权限

Node.js 和 Python 版本的面部识别源代码在代码清单 5-4 和代码清单 5-5 中。请记住把代码中的存储桶名称和输出域名替换为刚才创建的名字。输出域名可以使用 `<bucket>.s3.amazonaws.com`。

> 💿提示　为了提高生产环境中内容分发的效率，可以在 S3 存储桶之前配置类似 Amazon CloudFront 这样的 CDN 服务，但是本书不会涉及这些内容。

代码清单5-4　`faceDetection`（Node.js实现）

```
var cv = require('opencv');        ◁ ┐ 导入本章前一部分创建的 OpenCV 模块
var util = require('util');
var request = require('request').defaults({ encoding: null });
var uuid = require('node-uuid');
var AWS = require('aws-sdk');

var s3 = new AWS.S3();

var dstBucket = '<S3-BUCKET-TO-STORE-OUTPUT-IMAGES>';
var dstPrefix = 'tmp/';
var outputDomain = '<OUTPUT-DOMAIN>';

function getFormattedDate() {
  var now = new Date().toISOString(); // YYYY-MM-DDTHH:mm:ss.sssZ
  var formattedNow = now.substr(0,4) + now.substr(5,2) + now.substr(8,2)
    + now.substr(11,2) + now.substr(14,2) + now.substr(17,2);
  return formattedNow;
}

exports.handler = (event, context, callback) => {
  console.log("Reading options from event:\n", util.inspect(event, {depth:
5}));
    var imageUrl = event.imageUrl;
    request.get(imageUrl, function (err, res, body) {        ◁ ┐ 下载输入图片
      if (err) {
        console.log(err);
        callback(err);
      }
      cv.readImage(body, function(err, im) {        ◁ 把输入的图片转化为
        if (err) {                                      OpenCV 图片格式
          console.log(err);
          callback(err);
        }
        if (im.width() < 1 || im.height() < 1) callback('Image has no size');
        im.detectObject("node_modules/opencv/data/haarcascade_frontalface_
        alt.xml",
        {}, function(err, faces) {
          if (err) callback(err);
          for (var i = 0; i < faces.length; i++){
            var face = faces[i];
            im.rectangle([face.x, face.y], [face.width, face.height], [255,
255, 255], 2);
          }
          if (faces.length > 0) {
            var dstKey = dstPrefix + getFormattedDate() + '-' + uuid.v4() +
'.jpg';
            var contentType = 'image/jpeg';
            s3.putObject({
              Bucket: dstBucket,
```

（注释）如果输入图片缺失了宽度或者高度信息就报错

（注释）使用 OpenCV 的某个模板执行面部检测

（注释）在检测出的面部周围绘制方框，循环执行

（注释）把包括检测出面部信息的图片上传到 Amazon S3

```
            Key: dstKey,
            Body: im.toBuffer(),
            ContentType: contentType
        }, function(err, data) {
            if (err) console.log(err);
            if (err) callback(err);
            console.log(data);
            outputUrl = 'https://' + outputDomain + '/' + dstKey;
            var result = {
                faces: faces.length,
                outputUrl: outputUrl
            };
            callback(null, result);
        });
    } else {
        var result = {
            faces: 0,
            outputUrl: imageUrl
        };
        callback(null, result);
    }
        });
    });
    });
}
```

准备包括面部数量和输出 URL 的结果对象

如果没有识别出面部，把输入作为输出，不需要额外再上传

返回同步调用（RequestResponse 类型）的结果

代码清单5-5 `faceDetection`（Python实现）

```python
from __future__ import print_function

import numpy
import cv2
import json
import urllib2
import uuid
import datetime
import boto3

print('Loading function')

dstBucket = '<S3-BUCKET-TO-STORE-OUTPUT-IMAGES>'
dstPrefix = 'tmp/'
outputDomain = '<OUTPUT-DOMAIN>'

cascPath = 'share/OpenCV/haarcascades/haarcascade_frontalface_alt.xml'

s3 = boto3.resource('s3')
faceCascade = cv2.CascadeClassifier(cascPath)

def lambda_handler(event, context):
    print('Received event: ' + json.dumps(event, indent=2))
    imageUrl = event['imageUrl']

    imageFile = urllib2.urlopen(imageUrl)

    imageBytes = numpy.asarray(bytearray(imageFile.read()),
    dtype=numpy.uint8)
```

导入本章前一部分创建的 OpenCV 模块

下载输入图片

把输入的图片转化为 Open-CV 图片格式

```
image = cv2.imdecode(imageBytes, cv2.CV_LOAD_IMAGE_UNCHANGED)
gray = cv2.cvtColor(image, cv2.COLOR_BGR2GRAY)
faces = faceCascade.detectMultiScale(
    gray,
    scaleFactor=1.1,
    minNeighbors=5,
    minSize=(30, 30),
    flags = cv2.cv.CV_HAAR_SCALE_IMAGE
)
if len(faces) > 0:
    for (x, y, w, h) in faces:
        cv2.rectangle(image, (x, y), (x+w, y+h), (255, 255, 255), 2)
    r, outputImage = cv2.imencode('.jpg', image)
    if False==r:
        raise Exception('Error encoding image')

    dstKey = dstPrefix +
datetime.datetime.now().strftime('%Y%m%d%H%M%S') + '-' + str(uuid.uuid4())
+ '.jpg'

    s3.Bucket(dstBucket).put_object(Key=dstKey,
        Body=outputImage.tostring(),
        ContentType='image/jpeg'
    )
    outputUrl = 'https://' + outputDomain + '/' + dstKey

    result = { 'faces': len(faces), 'outputUrl': outputUrl }
else:

    result = { 'faces': 0, 'outputUrl': imageUrl }

return result
```

使用 OpenCV 的某个模板执行面部检测

在检测出的面部周围绘制方框,循环执行

把包括检测出面部信息的图片上传到 Amazon S3

准备包括面部数量和输出 URL 的结果对象

如果没有识别出面部,把输入作为输出,不需要额外再上传

返回同步调用(RequestResponse 类型)的结果

选择一个你所熟悉的编程语言,以类似之前 greetingsOnDemand 函数的方式,在 AWS Lambda 控制台创建 faceDetection 函数。这次的函数可能需要更多的内存(取决于输入图片的大小)和更长的运行时间,因为这个函数的核心是计算密集型的算法,执行时间比之前的函数要长一些。

我们在第 4 章中讨论过,增加函数的内存会同比增加底层容器的计算能力。这总体上会缩短执行的时间,对于面部识别函数,1GB 内存和 10 秒的超时时间是一个合理的选择。通常情况下,大部分调用还是会在一秒内完成执行。

5.3.3　测试函数

现在我们在 AWS CLI 命令行输入以下命令,测试函数的执行情况:

```
aws lambda invoke --function-name facialDetect --payload
'{"imageUrl":"http://somedomain/somepic.jpg"}' output.txt
```

在输出的 output.txt 文件中，我们可以找到成功识别的人脸数量和标示了人脸位置输出文件的 Amazon S3 链接：

```
{
  "faces": 3
  "outputUrl": "https://bucket.s3.amazonaws.com/tmp/<date + unique
UUID>.jpg"
}
```

在浏览器中打开 outputUrl 来检查执行的结果。使用 JavaScirpt 可以把 FaceDetection 函数的输出结果展示出来（图 5-9）。

图中共有6张人脸

这是原始图片 | 这些识别成功的人脸都标上了矩形框

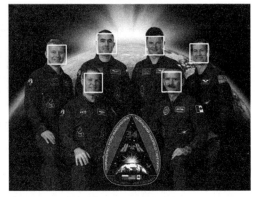

图 5-9 在浏览器中使用 JavaScirpt 展示 FaceDetection 函数的输出

> 注意 通过使用 AWS SDK 包中类似的语法，可以将这个函数作为后端服务提供给客户端程序调用。在下一章将展示从客户端调用 Lambda 函数的多个例子程序。

> 提示 在 S3 存储桶上可以设定一个生命周期规则，用来定期删除含有特定前缀（如 tmp/）的内容。这样 faceDetection 生成的输出图片可以在保存若干天之后被自动删除。请注意 S3 并不是一个文件系统，在设定生命周期规则时，不需要在文件起始位置输入/，仅需要在 tmp 之后输入。

5.4 调度函数的执行

我们已经学会了如何让函数接收来自诸如 Amazon S3 这样的其他 AWS 服务发出的事件，并做出响应。让函数对 Amazon CloudWatch 事件做出响应有一些特别的用处，类似 Amazon EC2 虚拟机状态发生变化或者其他周期性的任务，都可以从 AWS 平台触发，然后由指定的 Lambda 函数做出响应。

使用周期性循环调度模式，Lambda 函数可以应用到许多新的应用场景。例如，我们可以让函数每天执行一次，统计应用当天新增的用户数量，并把结果通过 Amazon Simple Email Service（SES）以电子邮件的方式发送。Lambda 函数可以承担那些需要每周、每天甚至每小时执行一次的定期维护性任务。

在上一节的面部识别例子中，当识别成功后，函数会创建一个新的图片，用方框标记出识别成功的人脸。这些新图片使用带有 tmp/ 前缀的方式保存在 Amazon S3 上，可以配置一个生命周期规则去删除以 tmp/ 为前缀的超过一天的旧图片。假设我们需要更加频繁地删除这些图片，例如每小时删除一次，那就可以使用 Lambda 函数来实现。

> 注意　如果考虑到这类执行时间不超过一秒钟的函数的成本（30 天乘以 24 小时是每月大约 720 次调用），累计的费用也远远小于亚马逊提供的每月免费额度。

代码清单 5-6 是一个名为 purgeBucketByPrefix 的例子，函数查找所有超过规定时间（以秒为单位进行配置）的对象并删除。函数使用了并行的 AWS API 调用以节省总体的执行时间。

> 注意　purgeBucketByPrefix 函数使用 Node.js 向 AWS 发起多个异步调用，这样可以节省函数总体执行的时间。在 Python 中实现同样的异步调用需要额外的库，例如多进程或多线程库，所以有关的代码在本书中没有提供。

代码清单5-6　purgeBucketByPrefix（Node.js实现）

```
var AWS = require('aws-sdk');
var util = require('util');              需要清理的 S3 的存储桶

var s3 = new AWS.S3();                    需要清理的前缀

var dstBucket = '<BUCKET-NAME>';         超过这个指定的时间
var dstPrefix = 'tmp/';                  后，对象必须被清理
var maxElapsedInSeconds = 3600;

var dstPrefixLength = dstPrefix.length;  检查并行的请求是否都已经
                                         完成，函数是否可以结束
function checkIfFinished(state, callback) {
    if (state.processed == state.found && !state.searching) {
        callback(null, state.deleted + " objects deleted");
    }
}                                        内部函数用来管理
                                         嵌套的对象调用
function getObjectKeys(marker, state, callback) {
    var params = {
        Bucket: dstBucket,
        Prefix: dstPrefix               如果 marker 参数不为空，在
    };                                  下一个列表对象调用时使用
    if (marker !== null) {
        params.Marker = marker;
    }
    console.log(params);                Amazon S3 列出对象调用
    s3.listObjects(params, function(err, data) {
```

如果没有足够的对象返回，使用marker再进行一次调用

```
                        if (err) {
                            console.log(err, err.stack); // an error occurred
                            callback(err);
                        } else {
                            state.found += data.Contents.length;
                            if (data.IsTruncated) {
                                getObjectKeys(data.NextMarker, state, callback);
                            } else {
                                state.searching = false;
                            }

                        if (data.Contents.length === 0) {
                            checkIfFinished(state, callback);
                        }
                        data.Contents.forEach(function(item) {
                            var fileName = item.Key;
                            var fileDate = new Date(
                            fileName.substr(dstPrefixLength,4),
                            fileName.substr(dstPrefixLength + 4,2) - 1,
                            fileName.substr(dstPrefixLength + 6,2),
                            fileName.substr(dstPrefixLength + 8,2),
                            fileName.substr(dstPrefixLength + 10,2),
                            fileName.substr(dstPrefixLength + 12,2)
                            );
                            var elapsedInSeconds = (now - fileDate) / 1000;
                            if (elapsedInSeconds > maxElapsedInSeconds) {
                                var params = {
                                    Bucket: dstBucket,
                                    Key: fileName
                                };
                                s3.deleteObject(params, function(err, data) {
                                    if (err) {
                                        console.log(err, err.stack);
                                        console.fail(err);
                                    } else {
                                        console.log('Deleted ' + fileName);
                                        state.deleted++;
                                    }
                                    state.processed++;
                                    checkIfFinished(state, callback);
                                });
                            } else {
                                state.processed++;
                                checkIfFinished(state, callback);
                            }
                        });
                    }
                });
    }

exports.handler = (event, context, callback) => {
    console.log("Reading options from event:\n", util.inspect(event,
    {depth: 5}));

    now = new Date();
```

从文件名获取文件数据，避免针对每个文件执行 Amazon S3 调用

计算对象的留存时间

如果留存时间超过限制，执行 Amazon S3 对象的删除操作

Amazon S3 删除对象调用

获取当前时间

```
        console.log('Now is ' + now.toISOString());

        var state = {
            found: 0,                          为 checkIfFinished
            processed: 0,                      函数准备一个状态对象
            deleted: 0,
            searching: true
        };

        getObjectKeys(null, state, callback);   开始列出对象, 如果返回的
    };                                          对象较多, 就重复发出调用
```

为了执行代码清单 5-6 中的函数, 我们需要配置一个 IAM 角色, 来允许对 S3 存储桶中带有 /tmp 前缀的对象进行列出和删除的操作。同样, 我们也需要给函数提供基本的日志写入权限。我们把代码清单 5-7 中的策略与函数的角色关联, 同时加上 AWSLambda-BasicExecutionRole 这个管理策略。

代码清单5-7　策略

```
{
    "Version": "2012-10-17",
    "Statement": [
        {
            "Effect": "Allow",
            "Action": [
                "s3:ListBucket"
            ],
            "Resource": [
                "arn:aws:s3:::<BUCKET-NAME>"        使用条件限制仅能够
            ],                                       访问带有前缀的存储
            "Condition": {                           桶(对象)
                "StringLike": { "s3:prefix": [ "tmp/*" ] }
            }
        },
        {
            "Effect": "Allow",
            "Action": [
                "s3:DeleteObject"                    使用资源限制仅允许删
            ],                                       除带有前缀的对象
            "Resource": [
                "arn:aws:s3:::<BUCKET-NAME>/tmp/*"
            ]
        }
    ]
}
```

在 Lambda 控制台创建了 purgeBucketByPrefix 函数后, 可以在 Event source 中设置函数重复执行的频率。选择 Add 事件源, 从菜单中选择 CloudWatch Events-Schedule, 然后在 Schedule expression 中给出重复执行频率的表达式。

例如, 你可以使用 rate(1 hour) 来每隔一小时执行一次函数。或者采用 Unix 操作

系统上常用的 Cron ⊖ 语法：`cron(0 17 ? * MON-FRI *)`。给这个规则命名，添加一段描述信息以方便下次有函数重用这条规则。启用事件源，然后点击 Submit 开始周期性地执行：S3 存储桶中带有 tmp 前缀的内容每隔一小时就会被清除一次。

总结

本章我们学习了在一般的场合下如何使用独立的 AWS Lambda 函数，具体内容包括：
- 为函数构建包括库、模块和二进制在内的部署包。
- 使用函数对 Amazon S3 这类 AWS 资源发出的事件做出响应。
- 使用函数完成一些需要定时执行的任务。

在下一章中，我们将要学习如何管理 AWS 外部用户的身份，为外部用户访问 S3 存储桶或 DynamoDB 数据表等 Amazon 资源进行必要的身份认证和访问授权。

练习

为了检测本章的学习成果，请回答下列多项选择题：

1. 当一个新的对象被上传到 Amazon S3 存储时，你希望针对不同的文件扩展名触发不同的 Lambda 函数。例如：.pdf 扩展名触发某个函数，而 .png 文件触发另外的函数。如何使用 AWS Lambda 实现这样的功能？

   a. 先创建所有需要的函数，针对每个函数，在事件来源配置里，在前缀属性中填入你所希望使用的触发文件扩展名

   b. 先创建所有需要的函数，针对每个函数，在事件来源配置里，在后缀属性中填入你所希望使用的触发文件扩展名

   c. 创建一个包含多个子程序的函数，根据事件中 S3 对象的扩展名，主程序会调用相应的子程序

   d. 创建一个包含多个子程序的函数，根据上下文对象中 S3 对象的扩展名，主程序会调用相应的子程序

2. 当新的文档被上传到 Amazon S3，你希望针对文档的前缀采取不同的服务级别。例如，当文档的前缀是 premium/ 时，其执行的优先级要高于前缀是 basic/ 的文档。如何使用 AWS Lambda 实现这样的功能？

   a. 创建一个函数，在事件源中为 premium/ 前缀配置更多内存资源（和与之匹配的 CPU），为 basic/ 前缀配置较少的资源

   b. 创建一个函数，在事件源中为 premium/ 前缀配置较短的超时时间，为 basic/ 前缀配置较长的超时时间

   c. 创建具有相同代码的两个函数，但给其中一个配置更多的内存（和与之匹配的 CPU）。把较少内

⊖ Cron 是 Unix 中常用的基于时间的工作调度程序。

存的函数与带有 basic/ 前缀的对象产生的事件相关联，把较多内存的函数与带有 premium/ 前缀的对象产生的事件相关联

d. 创建具有相同代码的两个函数，但给其中一个配置较短的超时时间。把较短超时时间的函数与带有 basic/ 前缀的对象所产生的事件相关联，把较长超时时间的函数与带有 premium/ 前缀的对象产生的事件相关联

3. 你希望 Lambda 函数在周一到周五的时间内每 30 分钟执行一次，事件源中应该如何配置？

a. rate (30 minutes)

b. cron (0/30 * ? * MON-FRI *)

c. rate (5 days)

d. cron (30 * ? * MON-FRI *)

解答

1. b 或 c；b 答案更好，因为这样会管理多个更小的函数，同时也不需要在一个单一的大函数中维护这些调用逻辑。

2. c

3. b

Chapter 6 第 6 章

用户身份管理

本章导读:

❑ Amazon Cognito 的身份管理功能。

❑ 使用 Amazon Cognito 自带的外部认证。

❑ 集成自定义的认证机制。

❑ 管理应用的已认证和未认证用户身份。

在前面的章节中，我们学习了不同场景下 Lambda 函数的用法，针对不同的功能配置相应 AWS 资源的权限（如 S3 存储桶或 DynamoDB 数据表）。不过还有一个问题：外部用户通过客户端应用与 AWS 资源和 Lambda 函数交互时，应该如何管理身份认证呢（图 6-1）？

Amazon Cognito 为外部用户和应用做了定制化的设计，方便它们在 AWS 上设定一个角色，并获得一个临时安全凭证。使用 Amazon Cognito 可以轻松获得 AWS 的安全最佳实践，比如在一切可能的情况下都不会对 AWS 安全凭证做硬编码，对于某些安全凭证的访问无法受到控制的地方（如移动应用或运行在浏览器上的 JavaScript 代码）更是如此。

6.1　Amazon Cognito 身份管理服务概述

第 1 章中，我们讲过 Amazon Cognito 可以用于向客户端提供 AWS 安全凭证，因此客户端应用可以直接调用 AWS Lambda 函数（图 6-2）。

对于被 Amazon API Gateway 暴露的 Web API，我们可以用同样的方法保护对它的访问（图 6-3）。在 API Gateway Web 控制台上，你可以从 Method Request 中的 Authorization Setting 下选择 AWS IAM 认证方式。

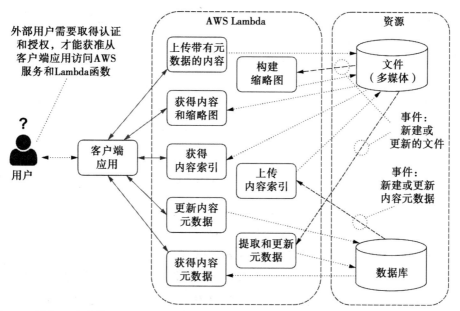

图 6-1　外部用户在使用 Lambda 函数等 AWS 资源时，需要获得认证和授权。但出于安全考虑，用户无法在客户端应用中嵌入 AWS 安全凭证

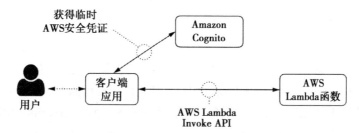

图 6-2　使用 Amazon Cognito 来完成对 AWS Lambda 函数的认证和授权

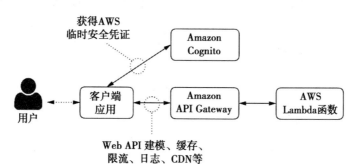

图 6-3　借助 Web API，通过 Amazon Gateway 访问函数

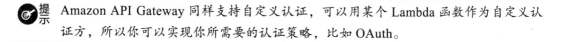

提示　Amazon API Gateway 同样支持自定义认证，可以用某个 Lambda 函数作为自定义认证方，所以你可以实现你所需要的认证策略，比如 OAuth。

Amazon Cognito 所提供的不只是 AWS 安全凭证，其设计之初就能信任 Facebook 或 Twitter 这类标准的外部认证，也信任各种容易被集成的自定义认证。基于外部认证，Cognito 提供了一个单一的 Identity ID，允许用户跨平台使用。对于非认证的用户，Cognito 提供了一个访客 Identity ID，可以一直保存在用户目前使用的设备上（比如智能手机、平板或者浏览器）。如此一来，Cognito 就可以支持认证和非认证两种身份，通过永久 / 临时凭证为两者设定不同的 IAM 角色。一般来说，非认证用户获得的许可是相对受限的。举个例子，对于 AWS 资源，非认证用户仅支持只读，认证用户则可以直接编写和改动。

> 提示 在设定角色和获取临时安全凭证时，Amazon Cognito 提供了一个在后台使用 AWS STS 功能的易用界面。

由于单个 AWS 账号就能管理多个应用，Cognito 允许用户创建多个各自独立的 ID 池（Identity pool）。你可以根据需要通过 Cognito 提供的标识符来选择特定的 ID 池。每个 ID 池都有一个认证角色。作为选择之一，你也可以向非认证用户开放 ID 池，这样你就拥有了一个非认证角色。此类功能、特性都存在于 Amazon Cognito Identity 的底层设计里。

> 提示 Amazon Cognito 还提供了相同 ID 下的跨平台数据（键值存储，key/value）同步功能。这一服务名叫 Amazon Cognito Sync，在本书中暂时用不到，而且作为 Federated Identities 功能，它还是收费的。

现在我们来仔细研究一下客户端、Amazon Cognito、外部（或自定义）认证服务和其他 AWS 服务是如何交互的。我们先从非认证用户开始，使用流程如下（图 6-4）：

①用户使用某个客户端应用，比如移动设备或浏览器上的 JavaScript 应用。

②客户端应用把 ID 池的标识符发送给 Amazon Cognito，获得一个 Identity ID。

③如果该 ID 池被配置为"允许非认证用户"，客户端应用就会为非认证用户接收一个访客 Identity ID，存储在本地设备（如智能手机、平板电脑、浏览器等），并在将来连上同一个客户端应用时再次被调用。它也可以获取 AWS 临时安全凭证，设定该 ID 池的非认证角色。

④客户端应用可以通过 Amazon Cognito 发来的 AWS 临时安全凭证获得认证，直接调用其他 AWS 服务。这些临时安全凭证将允许 ID 池里的非认证角色访问策略里指定的动作和资源。

举个例子，你可以为非认证用户设定只读权限，只能读取应用中所使用的 AWS 资源，也可以只允许他们访问那些无关紧要的 AWS Lambda 函数。于是，非认证用户仅能看见认证用户正在操作的那一部分内容。

客户端应用在流程伊始所需的唯一信息就是 ID 池的标识符；任何 AWS 安全凭证都不可以嵌入应用，也不能通过非安全途径进行传输。

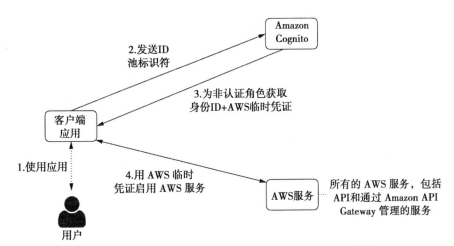

图 6-4　Cognito Identity 针对非认证用户的使用流程

6.2　外部身份提供方

想成为认证用户，你需要一个接受认证的地方。移动设备或浏览器上的客户端应用通常会使用外部认证，比如 Facebook 和 Twitter。这个办法一举两得，既为开发者节省了管理认证的麻烦，也优化了用户的使用体验，因为用户可以使用一个他们已有的账号。

写作本书的时候，Amazon Cognito 已经支持以下外部身份提供方：

❑ Amazon

❑ Facebook

❑ Twitter

❑ Digits

❑ Google

❑ 任何兼容 OpenID Connect 的提供方，比如 Salesforce

Cognito 信任来自外部提供方的认证，客户端会接收认证令牌，然后激活认证。

对于认证用户，以下使用流程也已呈现在图 6-5 中：

①用户使用客户端应用，比如移动设备或浏览器上的 JavaScript 应用。

②客户端应用通过 SDK 来认证外部身份提供方，向身份提供方发送安全凭证（与 AWS 无关）。

③如果认证成功，客户端应用会从身份提供方那里接收一份认证令牌。

④客户端应用发送 ID 池的标识符和认证令牌给 Amazon Cognito，以获得一个 Identity ID。

⑤ Amazon Cognito 检查身份提供方认证令牌的有效性。

⑥如果认证令牌是有效的，客户端应用会为认证用户接收一个单一的 Identity ID，只要 ID 相同，就可以跨平台使用。客户端应用也能获取 AWS 临时安全凭证，来设定 ID 池中的

认证角色。

⑦客户端应用可以通过 Amazon Cognito 发来的 AWS 临时安全凭证获得认证，直接调用其他 AWS 服务。这些临时凭证将允许 ID 池里的认证角色访问策略里指定的动作和资源。

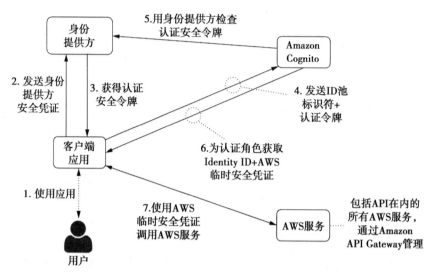

图 6-5　Cognito Identity 使用流程：针对使用外部身份提供方的认证用户

举个例子，你可以直接或借助 AWS Lambda 函数，赋予认证用户编辑 AWS 资源的权限，这样他们就能上传文件，或者在数据库里做修改。

客户端应用在流程伊始所需的唯一信息依然是 ID 池的标识符；任何 AWS 安全凭证都不可以嵌入应用，也不能通过非安全通道进行传输。身份提供方的认证是通过提供方内维护的工具和 SDK 管理的。

6.3　集成自定义身份认证

Amazon Cognito 除了可以直接支持外部身份提供方，还能使用任何自定义认证服务。要想认证成功，服务需要向 Amazon Cognito 发送后端请求，申请一个认证令牌。这个令牌会和认证结果一起返回给客户端。

这个关于认证用户的案例在 AWS 的开发者身份认证说明文件中也曾被引用。除了要在后端发送认证令牌请求，其使用流程与外部身份提供方无异（图 6-6）：

①用户使用某个客户端应用，比如移动设备或浏览器上的 JavaScript 应用。

②客户端应用通过 SDK 来认证自定义身份提供方，向身份提供方发送安全凭证（与 AWS 没有半点联系）。

③如果认证成功，自定义认证服务就会向 Amazon Cognito 发送一个后端请求，获取开发者身份的令牌（对应调用的 API 接口是 GetOpenIdTokenForDeveloperIdentity）。

④客户端应用接收到从自定义认证服务返回的 Cognito 认证令牌。

⑤客户端应用发送 ID 池的标识符和认证令牌给 Amazon Cognito，获得一个 Identity ID。

⑥如果认证令牌是有效的（最初由 Cognito 生成），客户端应用会为认证用户接收一个单一的 Identity ID，只要 ID 相同，就可以跨平台使用。客户端应用也能获取 AWS 临时安全凭证，来设定 ID 池中的认证角色。

⑦客户端应用可以通过 Amazon Cognito 发来的 AWS 临时安全凭证获得认证，直接调用其他 AWS 服务。这些临时安全凭证将允许 ID 池里的认证角色访问策略里指定的动作和资源。

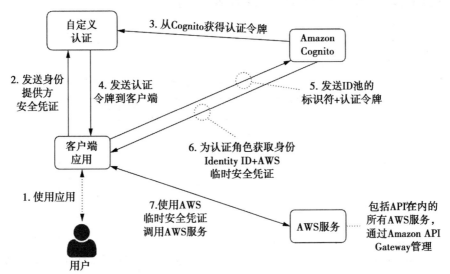

图 6-6　Cognito Identity 使用流程：针对使用自定义认证的认证用户

通过自定义认证的用户和通过外部身份提供方认证的用户，享有同等的权限。

6.4　处理认证和非认证用户

Amazon Cognito 中，ID 池有两种可能的使用方式：

❑ 只拥有认证用户。

❑ 兼容非认证和认证用户。

根据 AWS 服务的使用情况，用户可以使用不同方式与应用交互：

❑ 应用本身不需要认证，但用户仍然可以使用 Cognito 获得 Identity ID，以取得使用状况分析，并了解应用是如何被使用的（例如，使用 Amazon Mobile Analytics 或 Amazon Kinesis 的数据流）。

❑ 认证是可选的；非认证用户有权访问部分子功能，并且需要升级为认证用户，才能访问更高级的功能。

❑ 认证是强制的，使用前必须要先获得认证。

通常而言，第二种方案（可选认证）能提供更好的使用体验，因为用户可以立即用上某些功能，知道自己能做什么。如果需要的话，再进一步获取认证就行了。

如果想体验某个新的应用，强制认证并不是上佳方法。除非这款应用就是要创造一个私密环境（比如企业级应用，任何非公司员工都无权访问），否则强制认证会拖慢速度。

无认证会限制用户的个性化体验，同时无法使用跨平台、设备为用户提供定制化服务。

6.5　使用 Amazon Cognito 的策略变量

Amazon Cognito 还有另一个有趣的特点：你可以使用特定的策略变量去构建更高级的策略，如表 6-1 所示。

表 6-1　Amazon Cognito——特定的策略变量来增强你的策略

策　略　变　量	描述和用例
cognito-identity.amazonaws.com:aud cognito-identity.amazonaws.com:sub cognito-identity.amazonaws.com:amr	ID 池的标识符 用户 Identity ID Authenticated Methods Reference 包含了用户的登录信息。对于非认证用户，变量仅仅包含"unauthenticated"；对于认证用户，变量包含了"认证"和请求登录时填写的名字（比如，graph.facebook.com、accounts.google.com 或 www.amazon.com）

假如你想用一个带 P 前缀的存储桶 B，可以使用提供给你的策略变量去改写策略：

❑ 访问 Amazon S3 上的私密文件夹（代码清单 6-1，只有指定用户可以阅读或编写）。这有利于保护隐私。

❑ 访问 Amazon S3 上的公共文件夹（代码清单 6-2，只有指定用户可以在自己的文件夹里编写，但所有文件夹对所有用户都可见）。这有利于共享数据。

代码清单6-1　赋予Amazon S3私有文件夹访问权限的策略

```
{
  "Version": "2012-10-17",
  "Statement": [
    {
      "Action": ["s3:ListBucket"],
      "Effect": "Allow",
      "Resource": ["arn:aws:s3:::B"],
      "Condition":
        {"StringLike":
          {"s3:prefix": ["P/${cognito-identity.amazonaws.com:sub}/*"]}
        }
    },
    {
      "Action": [
        "s3:GetObject",
        "s3:PutObject"
      ],
```

对任何读写操作，对象密钥必须包含一个"文件夹"，与 Amazon Cognito 提供的用户 Identity ID 相同

```
        "Effect": "Allow",
        "Resource":
          ["arn:aws:s3:::B/P/${cognito-identity.amazonaws.com:sub}/*"]
      }
    ]
  }
```

代码清单6-2　赋予Amazon S3公共文件夹访问权限的策略

```
{
  "Version": "2012-10-17",
  "Statement": [
    {
      "Action": ["s3:ListBucket"],
      "Effect": "Allow",
      "Resource": ["arn:aws:s3:::B"],
      "Condition":
       {"StringLike":
         {"s3:prefix": ["P/*"]}
       }
    },
    {
      "Action": ["s3:GetObject"],
      "Effect": "Allow",
      "Resource":
        ["arn:aws:s3:::B/P/*"]
    },
    {
      "Action": ["s3:PutObject"],
      "Effect": "Allow",
      "Resource":
        ["arn:aws:s3:::B/P/${cognito-identity.amazonaws.com:sub}/*"]
    }
  ]
}
```

◁── 对于读操作，只有前缀字母是需要的

◁── 对于读操作，只有前缀字母是需要的

对于写操作，对象密钥必须包含一个文件夹，与 Amazon Cognito 提供的用户 Identity ID 相同

同样，Amazon Cognito 策略变量也可以提供：

❑ 对 Amazon DynamoDB 进行私密访问（代码清单 6-3）。如果用户的 Identity ID 存储于哈希键（或散列键）中，就只能在某一张表上进行对象读写操作。

❑ 对 Amazon DynamoDB 进行公开访问（代码清单 6-4）。如果用户的 Identity ID 存储于哈希键中，就只能进行对象编写操作，但可以阅读表中的所有记录。

代码清单6-3　赋予DynamoDB私有访问权限的策略

```
{
  "Version": "2012-10-17",
  "Statement": [
    {
      "Effect": "Allow",
      "Action": [
        "dynamodb:GetItem",
        "dynamodb:BatchGetItem",
```

```
          "dynamodb:Query",
          "dynamodb:PutItem",
          "dynamodb:UpdateItem",
          "dynamodb:DeleteItem",
          "dynamodb:BatchWriteItem"
        ],
        "Resource": [
          "arn:aws:dynamodb:<region>:<account-id>:table/<table-name>"
        ],
        "Condition": {
          "ForAllValues:StringEquals": {
            "dynamodb:LeadingKeys":
              ["${cognito-identity.amazonaws.com:sub}"]
          }
        }
      }
    ]
}
```

对于任何读写操作，必备条件都是 Leading Key（散列键）等于 Amazon Cognito 提供的用户 Identity ID

代码清单6-4　赋予DynamoDB共享访问权限的策略

```
{
  "Version": "2012-10-17",
  "Statement": [
    {
      "Effect": "Allow",
      "Action": [
        "dynamodb:GetItem",
        "dynamodb:BatchGetItem",
        "dynamodb:Query"
      ],
      "Resource": [
        "arn:aws:dynamodb:<region>:<account-id>:table/<table-name>"
      ]
    },
    {
      "Effect": "Allow",
      "Action": [
        "dynamodb:PutItem",
        "dynamodb:UpdateItem",
        "dynamodb:DeleteItem",
        "dynamodb:BatchWriteItem"
      ],
      "Resource": [
        "arn:aws:dynamodb:us-east-1:123456789012:table/MyTable"
      ],
      "Condition": {
        "ForAllValues:StringEquals": {
          "dynamodb:LeadingKeys":
            ["${cognito-identity.amazonaws.com:sub}"]
        }
      }
    }
  ]
}
```

对于读操作，没有限制条件，所有物件对所有用户开放

对于写操作，所需条件是 Leading Key（散列键）等于 Amazon Cognito 提供的用户 Identity ID

使用先前的 Amazon S3 和 Amazon DynamoDB 策略，你可以直接从客户端应用对某个文件仓库和数据库进行安全访问，无须借助其他。如果需要在交互中添加自定义逻辑，你可以在文件仓库或数据库里订阅 Lambda 函数，比如订阅一个函数到 Amazon S3，检查上传文件的有效性。如果你希望用户上传的是图片，就可以检查上传的文件是不是格式尺寸都合适的图片。

这些策略甚至可以用于非认证角色，对于非认证用户，Identity ID 会绑定在一台设备上。如果卸载了应用再重新下载，或者清空了浏览器缓存，ID 都会改变。我建议还是把这些策略用于认证角色比较好。

要使用认证角色和非认证角色，你还需要创建一个信任关系，让 Amazon Cognito 允许外部用户或应用去设定角色。

你所选用的信任策略必须区别认证和非认证用户，否则非认证用户也能设定认证角色了。

在 Amazon Cognito Web 控制台创建一个新的 ID 池后，角色（一个或者两个，取决于你是否允许非认证用户访问该 ID 池）会被自动创建，自带正确的信任关系，与特定 ID 池相关联，还自带一套简单的准入证书，允许从客户端访问 Amazon Cognito Synch 和 Amazon Mobile Analytics。之后你可以遵循之前说过的最低权限，按需添加准入证书。我们来看看信任策略的样例：

❑ 非认证角色（代码清单 6-5）

❑ 认证角色（代码清单 6-6）

ID 池的标识符由 Cognito Web 控制台用你所创建的特定值自动构成。

代码清单6-5　针对未认证角色的Amazon Cognito信任策略

```
{
  "Version": "2012-10-17",
  "Statement": [
    {
      "Sid": "",
      "Effect": "Allow",
      "Principal": {
        "Federated": "cognito-identity.amazonaws.com"
      },
      "Action": "sts:AssumeRoleWithWebIdentity",
      "Condition": {
        "StringEquals": {
          "cognito-identity.amazonaws.com:aud": "<identity-pool-id>"
        },
        "ForAnyValue:StringLike": {
          "cognito-identity.amazonaws.com:amr": "unauthenticated"
        }
      }
    }
  ]
}
```

第一个条件要求用户填写了正确的 ID 池的标识符

第二个条件要求用户还没有认证

代码清单6-6 针对认证角色的Amazon Cognito信任策略

```
{
    "Version": "2012-10-17",
    "Statement": [
        {
            "Sid": "",
            "Effect": "Allow",
            "Principal": {
                "Federated": "cognito-identity.amazonaws.com"
            },
            "Action": "sts:AssumeRoleWithWebIdentity",
            "Condition": {
                "StringEquals": {
                    "cognito-identity.amazonaws.com:aud": "<identity-pool-id>"
                },
                "ForAnyValue:StringLike": {
                    "cognito-identity.amazonaws.com:amr": "authenticated"
                }
            }
        }
    ]
}
```

第一个条件要求用户填写了正确的ID池的标识符

第二个条件要求用户已经认证

总结

本章中，我们了解了 AWS 的安全原理，学会了如何使用 AWS Lambda 和 Amazon Cognito 保护你的应用。我们具体学习了以下内容：

❑ 通过 Amazon Cognito 使用角色。

❑ 使用 Amazon Cognito 认证外部用户和应用。

❑ 使用外部身份提供方或置入自定义认证。

❑ 在应用中使用认证或非认证用户。

❑ 为访问 Amazon S3 和 Amazon DynamoDB 配置高级策略。

下一章你会学习如何在设备（比如移动设备或浏览器上运行的 JavaScript 网页）上使用函数，以及如何在 AWS Cloud 上把函数订阅到事件。

练习

为通过 Amazon Cognito 认证的外部用户写一个策略，赋予它访问 Amazon S3 存储桶的权限，策略名为 myapp，带一个前缀为 pub/ 的公开文件夹和一个前缀为 priv/ 的私密文件夹。添加对应的策略到 DynamoDB 中，把公开访问放进公开表格，私密访问放进私密表格。

解答

使用相关选项，在单一策略中放入多个声明，把代码清单 6-1、6-2、6-3 和 6-4 中的策略合并到一起。可以用策略语法把相似的声明归到一起，但记得保持各自的独立，以便改善策略的可读性和维护性。

```
{
  "Version": "2012-10-17",
  "Statement": [
    {
      "Action": ["s3:ListBucket"],
      "Effect": "Allow",
  "Resource": ["arn:aws:s3:::myapp"],
  "Condition":
   {"StringLike":
    {"s3:prefix": ["priv/${cognito-identity.amazonaws.com:sub}/*"]}
   }
},
{
  "Action": [
    "s3:GetObject",
    "s3:PutObject"
  ],
  "Effect": "Allow",
  "Resource":
    ["arn:aws:s3:::myapp/priv/${cognito-identity.amazonaws.com:sub}/*"]
},
{
  "Action": ["s3:ListBucket"],
  "Effect": "Allow",
  "Resource": ["arn:aws:s3:::myapp"],
  "Condition":
   {"StringLike":
    {"s3:prefix": ["pub/*"]}
   }
},
{
  "Action": ["s3:GetObject"],
  "Effect": "Allow",
  "Resource":
    ["arn:aws:s3:::myapp/pub/*"]
},
{
  "Action": ["s3:PutObject"],
  "Effect": "Allow",
  "Resource":
    ["arn:aws:s3:::myapp/pub/${cognito-identity.amazonaws.com:sub}/*"]
},
{
  "Effect": "Allow",
  "Action": [
    "dynamodb:GetItem",
    "dynamodb:BatchGetItem",
    "dynamodb:Query",
    "dynamodb:PutItem",
    "dynamodb:UpdateItem",
    "dynamodb:DeleteItem",
```

```
        "dynamodb:BatchWriteItem"
      ],
      "Resource": [
        "arn:aws:dynamodb:<region>:<account-id>:table/private-table"
      ],
      "Condition": {
        "ForAllValues:StringEquals": {
          "dynamodb:LeadingKeys":
            ["${cognito-identity.amazonaws.com:sub}"]
        }

        }
      },
      {
        "Effect": "Allow",
        "Action": [
          "dynamodb:GetItem",
          "dynamodb:BatchGetItem",
          "dynamodb:Query"
        ],
        "Resource": [
          "arn:aws:dynamodb:<region>:<account-id>:table/shared-table"
        ]
      },
      {
        "Effect": "Allow",
        "Action": [
          "dynamodb:PutItem",
          "dynamodb:UpdateItem",
          "dynamodb:DeleteItem",
          "dynamodb:BatchWriteItem"
        ],
        "Resource": [
          "arn:aws:dynamodb:us-east-1:123456789012:table/shared-table"
        ],
        "Condition": {
          "ForAllValues:StringEquals": {
            "dynamodb:LeadingKeys":
              ["${cognito-identity.amazonaws.com:sub}"]
          }
        }
      }
    }
  ]
}
```

该角色的信任策略和代码清单 6-6 中的策略是一样的；除了更新 ID 池的标识符外，不需要改变任何东西。

第 7 章 *Chapter 7*

从客户端调用函数

本章导读：

❑ 通过 JavaScript，在网页内调用 Lambda 函数。

❑ 从原生移动应用上调用 Lambda 函数。

❑ 用 AWS Lambda 和 Amazon API Gateway 提供动态网址。

在前面的章节中，我们学习了如何用单独的函数执行一般任务，把函数订阅到事件，以及对重复性的执行动作进行调度，还讲了如何通过 Lambda 函数使用模块和库。在本章，你将学习从 AWS 外部的客户端里调用 Lambda 函数。

7.1 用 JavaScript 调用函数

在第 2 章，我们创建了第一个函数，那时我们用 Web 控制台测试了它，并用 AWS CLI 调用了这个函数。不过你可以用任何 AWS SDK 去调用 Lambda 函数。对于网络应用而言，一个有趣的玩法是直接用浏览器里的 JavaScript 代码，从后端调用 Lambda 函数。

从浏览器调用 Lambda 函数，有两种基本的方法：

❑ 用 AWS Lambda API 直接调用。

❑ 使用 Amazon API Gateway，通过一个 Web API 来调用。

在本节，我们关注第一种方法（如图 7-1 所示），这里的客户端应用是运行在浏览器上的 JavaScript 代码。

我们已经在第 2 章建了一个 greetingsOnDemand 函数，现在我们来给它建一个 Web 接口，这样用户就能在浏览器里进入网页，输入姓名，然后受到热情的问候。

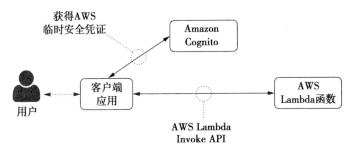

图 7-1 从客户端应用（比如 JavaScript 代码）直接调用 Lambda 函数，需要 Amazon Cognito
　　　 提供的 AWS 认证

> 提示　除了 Amazon Cognito 外，还可以选择 AWS Security Token Service（STS），直接通
> 过 `AssumeRoleWithWebIdentity` 或者 `AssumeRoleWithSAML` 操作使用。本
> 书并不介绍这一方法，其本身也没什么特色和功能。我的建议还是用回 Amazon
> Cognito，因为 STS 不会提供给你一个可以跨平台使用的单一 Identity ID。想要更多
> 了解 AWS STS，参见 http://docs.aws.amazon.com/IAM/latest/UserGuide/id_creden-
> tials_temp_sample-apps.html。

7.1.1　创建 ID 池

首先，我们需要 Cognito ID 池来给用户提供 AWS 临时安全凭证。要创建第一个 ID
池（Identity Pool），请打开浏览器，登录 https://console.aws.amazon.com/，然后按以下步
骤走：

①用 AWS 用户名密码登录，在 Mobile Services 界面选择 Cognito

②右上角菜单（可见 Amazon Cognito）中选择最近的 AWS 区域，然后选择"Manage
Federated Identities"。

③如果你在 Amazon Cognito 和 AWS Lambda 中使用的区域不一样，就需要在新区域里
重新创建一个 `greetingsOnDemand` 函数。

④如果该区域已经有了其他的 ID 池，那么你不会看到欢迎页面，而是会看到已有 ID
池的概览图。这时可以选择"创建新 ID 池"来继续。

⑤使用 greetings 作为 ID 池的名称。因为你希望网页的访客都来调用 Lambda 函数，所
以不要进行任何形式的认证——不过还是记得给非认证 ID 开放权限（图 7-2）。

⑥选择"Create pool"。

Web 控制台上的向导创建了两个 IAM 角色（图 7-3），一个用于认证身份（所有 ID 池
都需要），一个用于非认证身份（因为你刚才激活了它）。你可以使用这些角色给身份开放访
问资源的权限：比如在这个场景下，用户需要调用的某个 Lambda 函数。

你可以详细参阅策略文档，理解这些角色会赋予身份哪些权限（图 7-4）。原始策略文
档几乎可以视作空角色，因为它们只允许实现下列功能：

ID池的名称

激活非认证身份
的访问权限，允许
所有人从该ID池
获取AWS安全凭证

从现在开始，无须配置认证提供方

图 7-2　为非认证 ID 创建一个新的 Amazon Cognito ID 池

认证身份的IAM角色

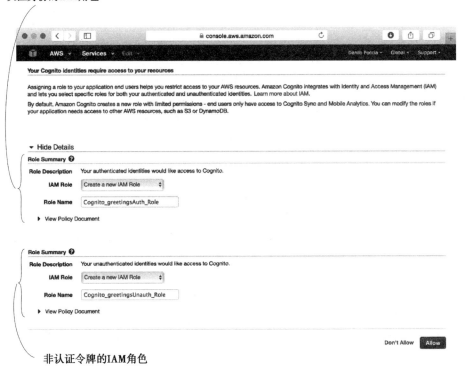

非认证令牌的IAM角色

图 7-3　AWS Web 控制台会引导你为 Cognito ID 池创建必要的角色。你必须始终保有一个
　　　　认证身份。由于之前已经激活过非认证身份，这里你会有两个角色

❑ 使用 Amazon Mobile Analytics 的 PUT 事件（Amazon Mobile Analytics 是一项为手机和网页应用而设计，用于理解用量和收入的服务。本书中我们不作介绍）。

❑ 使用 Amazon Cognito Sync（Amazon Cognito 的功能之一，可以跨平台同步用户数据。本书中我们也不作介绍，我们的重点是 Amazon Cognito Identity）。

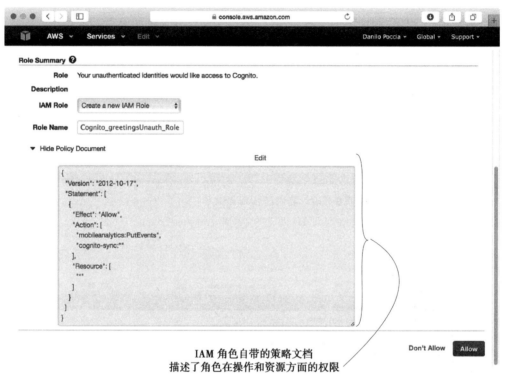

IAM 角色自带的策略文档
描述了角色在操作和资源方面的权限

图 7-4　你可以改写 IAM 角色默认自带的策略文档，然后根据需要，往这些角色上添加更多的操作

这两个 IAM 角色也会自动配置上 Cognito ID 池所必需的信任策略。

一般情况下，根据应用的应用场景，你会添加很多操作和资源方面的权限。在本章的案例里，我们要给非认证用户（默认名是 Cognito_greetingsUnauth_Role）开放调用 greetingsOnDemand Lambda 函数的权限。稍后你会在 AWS IAM 控制台上做这一步操作。

选择 Allow 来创建这些角色。你会登入一个帮助网页，指导你使用 Amazon Cognito（图 7-5）。你可以选择想用的平台（本章中是 JavaScript），然后看到下载 SDK 的链接并阅读文档。它的下面是样本代码。看一下"Get AWS Credentials"里的代码，因为你需要它来指定正确的 AWS 区域和 Cognito ID 池。你可以返回到 Cognito 的 Sample Code 中获得这段代码。

你不需要把 AWS JavaScript SDK 下载到浏览器中，因为你可以将一个标准的 URL 连接嵌入进 HTML 页面中：

```
<script src="https://sdk.amazonaws.com/js/aws-sdk-2.2.32.min.js"></script>
```

选择一个平台，即可获取在此平台使用
ID 池的帮助信息、示例代码和访问文档的链接

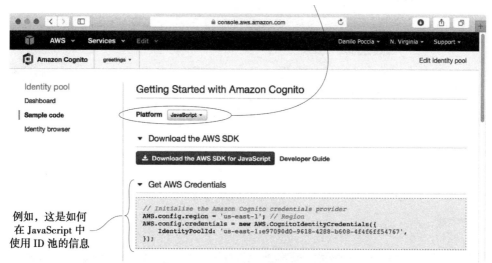

图 7-5　创建 Cognito ID 池之后，你可以获取用于异构平台的帮助信息和示例代码，可从下
　　　　拉菜单中选择 JavaScript、iOS、Android 和更多其他选择

7.1.2　为 Lambda 函数开放权限

如果想要通过 ID 池中的未认证身份来给 Lambda 函数开放权限，你需要进入 AWS 控制台，选择 Security & Identity 中的 Identity & Access Management。选择左侧的 Roles，用"greetings"字符串筛选结果（"greetings"是被 Web 控制台用于部分角色名的 ID 池的名称，如图 7-6）。

接下来，选择非认证身份的角色（默认名是 Cognito_greetingsUnauth_Role），来获得该角色的特定信息（图 7-7）。如果你改过后忘记了角色名，进入 Cognito 控制台，选择 ID 池，然后选择 Edit identity pool 选项。认证和非认证角色都存在于 ID 池的标识符之下。

> 提示　在 AWS IAM 控制台上选择角色时，你可以检查许可和信任关系。在 Access Advisor 表中，你可以修改最近使用过的角色和与之有关的服务。在 Permission 表中，你可以添加一个受管理的策略，还能在不同角色或群组中反复修改和使用。

现在，到 Inline Policies 中选择 Edit Policy，编辑控制台自动生成的文档。

> 提示　在 Web 控制台上使用多个 AWS 服务的时候，通常会在浏览器里打开多个标签页（每项服务至少一个），这样就能快速切换了。例如，有一个 AWS Lambda 标签页，在上面可以编辑或配置函数；一个 AWS IAM 标签页，上面带有函数的角色；一个 Amazon Cognito 标签页，用来查看或修改 ID 池；还有一两个为 AWS IAM 角色创建的标签页等等。

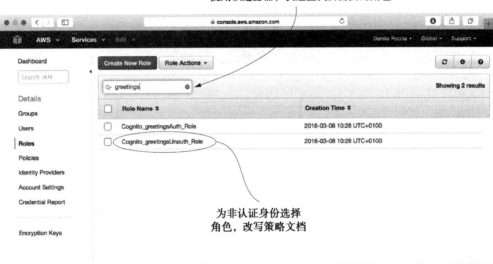

图 7-6 使用 AWS IAM 控制台中的过滤器快速检索所需的角色，选择一个角色来查看（或编辑）许可和信任关系

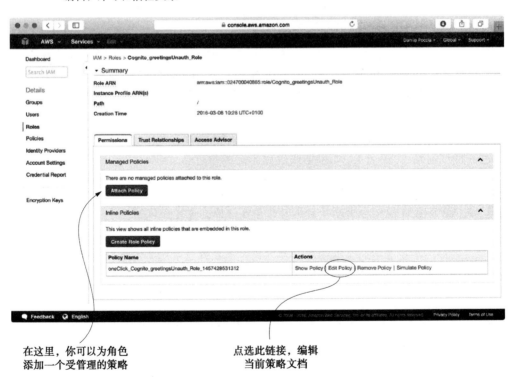

图 7-7 选择一个角色，你会获得特定的信息，还能修改角色的策略文档。你可以附加一个受管理的策略（能被多次修改和使用），或者编辑 Web 控制台创建的默认内置策略

用下列代码更新策略文档，在 `greetingsOnDemand` 函数上添加调用操作。用你自己的函数替换掉 Lambda 函数 ARN。

代码清单7-1　Policy_Cognito_greetingsOnDemand

```
{
  "Version": "2012-10-17",
  "Statement": [
    {
      "Effect": "Allow",
      "Action": [
        "mobileanalytics:PutEvents",       这一声明由 Amazon Cognito 默认创建，
        "cognito-sync:*"                    允许访问 Amazon Mobile Analytics
      ],                                    和 Amazon Cognito Sync
      "Resource": [
        "*"
      ]
    },
    {
      "Effect": "Allow",                                       这一声明赋予
      "Action": [                                              了对特定 AWS
        "lambda:InvokeFunction"                                Lambda 函数
      ],                                                       的调用权限
      "Resource": [
        "arn:aws:lambda:<REGION>:<ACCOUNT>:function:greetingsOnDemand"
      ]
    }
  ]
}
```

要使用正确的 Lambda 函数 ARN，你可以只替换 AWS 区域和自己的账号。如果你忘记了，完整的 ARN 会在你选择函数的时候出现在 AWS Lambda 控制台上（如图 7-8）。我的建议是在另一个标签页上打开 Lambda 控制台，从那里剪切粘贴完整的 ARN。

你可以用 Validate Policy 键检查策略的语法（图 7-9）。如果一切正常，选择 Apply Policy 来确认修改。

7.1.3　创建 Web 页面

现在一切都准备就绪，你可以为用户准备 HTML 网页了。为了方便管理，最好把所有 JavaScript 客户端逻辑放进单独的文件，作为一段载入脚本，由网页去执行。在电脑的同一个目录下创建两个文件（index.html 和 greetings.js），分别用代码清单 7-2 和代码清单 7-3 中的代码编辑它们。

提示　如果你的浏览器支持带故障控制台的开发者模式，请开启这一功能，这样在报错时可以很方便地诊断和调试。比如，Chrome 浏览器的 View 菜单下，选择开发者模式，可以使用 JavaScript 控制台。火狐浏览器的 Tool 菜单下，选择网络开发者模式，可以开启 Web 控制台。Safari 浏览器的高级设置里，可以开启开发者菜单，选择 Show Error 控制台。

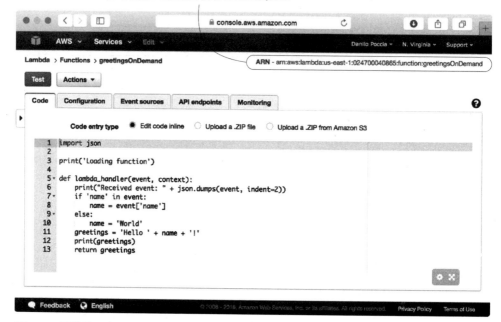

图 7-8 函数的 ARN 位于 AWS Lambda 控制台的右上角，ARN 可用于在策略中以资源的方式标示函数

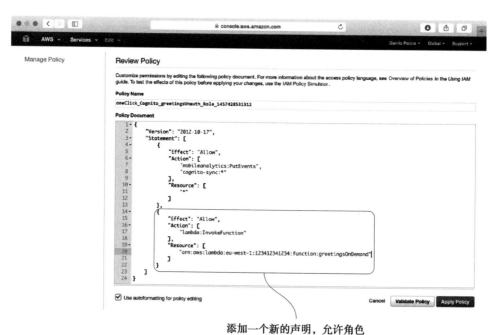

图 7-9 在 AWS IAM 控制台上编辑策略文件时，你可以在确认修改前，用 Validate Policy 键修改语法

代码清单7-2　GreetingsOnDemand的HTML 页面代码

```html
<html>
  <head>
    <title>Greetings on Demand</title>
    <script src="https://sdk.amazonaws.com/js/aws-sdk-2.2.32.min.js"></
    script>
  </head>
  <body>
    <h1>Greetings on Demand</h1>
    <p>This is an example of calling an AWS Lambda function
        from a web page via JavaScript.</p>
    <p>Provide a name, and you will receive your greetings.</p>
    <p>Try without a name, too.</p>
    <form role="form" id="greetingsForm">
      <label for="name">Name:</label>
      <input type="text" id="name">
      <button type="submit" id="submitButton">Greet</button>
    </form>
    <div id="result"></div>
    <script src="greetings.js"></script>
  </body>
</html>
```

在浏览器中载入 Java-Script 的 AWS SDK

输入文本框，为函数“命名”

所有调用 Lambda 函数和获取返回值的逻辑都在脚本中

代码清单7-3　greetings.js（浏览器中的JavaScript）

你需要在 SDK 中注明 AWS 的区域

```javascript
AWS.config.region = '<REGION>';
AWS.config.credentials = new AWS.CognitoIdentityCredentials({
  IdentityPoolId: '<IDENTITY-POOL-ID>',
});

var lambda = new AWS.Lambda();

function returnGreetings() {
  document.getElementById('submitButton').disabled = true;
  var name = document.getElementById('name');
  var input;
  if (name.value == null || name.value == '') {
    input = {};
  } else {
    input = {
      name: name.value
    };
  }
  lambda.invoke({
    FunctionName: 'greetingsOnDemand',
    Payload: JSON.stringify(input)
  }, function(err, data) {
    var result = document.getElementById('result');
    if (err) {
      console.log(err, err.stack);
      result.innerHTML = err;
    } else {
      var output = JSON.parse(data.Payload);
      result.innerHTML = output;
    }
    document.getElementById('submitButton').disabled = false;
```

为非认证身份获取 AWS 令牌（无须登录）

获取 AWS Lambda 服务接口对象

从 JavaScript 调用 Lambda 函数的方法

被调用的函数名

输入事件就是有效负荷，你需要在字符串格式中转换 JSON 对象

万一报错，将其作为结果呈现

函数的返回结果显示如下

获得函数的输出，将其从字符串转换为 JSON 格式（如有必要）

```
  });
}
var form = document.getElementById('greetingsForm');
form.addEventListener('submit', function(evt) {
  evt.preventDefault();
  returnGreetings();
});
```

从 HTML 表单中，为
提交事件添加一个监
听器

在表单提交时避
免默认行为

在表单提交时调用 JavaScript

> 提示 如果想要较新版本的 AWS JavaScript SDK，你可以在以下链接中找到加载新版本
> SDK 的方法：http://docs.aws.amazon.com/AWSJavaScriptSDK/guide/browser-intro.
> html。

在代码清单 7-3 中，记得替换掉你正在使用的 AWS 区域，以及你创建的 Cognito ID 池
标识符。你的 ID 池标识符可能是不同的：

```
AWS.config.region = 'us-east-1';
AWS.config.credentials = new AWS.CognitoIdentityCredentials({
    IdentityPoolId: 'us-east-1:a1b2c3d4-1234-1234-a123-12f34f56f78f,
});
```

现在到浏览器中打开 index.html 文件，测试代码。你应该能看到一个和图 7-10 类似的
界面。

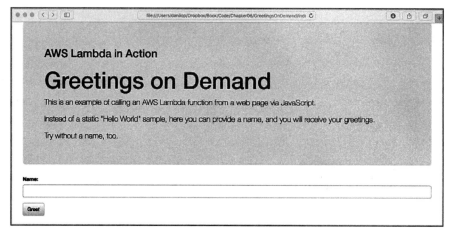

图 7-10　为 greetingsOnDemand Lambda 函数创建的网页接口。这张截屏取自本书中的
　　　　 代码，其中包括了格式工具。如果你使用了本书中的底层 HTML 样例，渲染出来
　　　　 的结果可能有所不同

> 提示 本书案例中，我只用 HTML，以此来简化学习难度。至于本书的源代码，我使用
> Bootstrap 来强化视觉效果，提供移动平台的响应式设计。Bootstrap 最初由 Twitter
> 的一名设计师和一名开发人员创建，目前在 HTML、CSS 和 JS 上应用广泛，主要
> 用于开发响应式和移动适配的网页工程。

输入 Name，点击 Greet 按钮来查看结果。如果你输入的名字是"John"，就会看见绿底的"Hello John！"。如果有报错，错误会用红底显示出来。如果不输入任何名字，点击 Greet 后会显示"Hello World！"。这时 JavaScript 代码会向函数发送一个空的输入事件，以 JSON 格式"{}"表示。

现在，你正使用 Lambda 函数作为网页应用的后端。这里的案例很基础，但可以给你一个宏观的认识。请学会如何使用它，为应用增加更多的功能。

> 提示　要创建一个本案例以外的公开网址，你可以把这两个文件上传到某个公开主机网址，或者像 Amazon S3 这类允许公开访问的云存储网址。为了优化性能，你可以通过像 Amazon CloudFront 这类的 Content Delivery Network（CDN）网络传输文件。

7.2　从移动应用中调用函数

> 提示　本节主要讨论如何从原生移动应用中使用 Lambda 函数。跳过本节不会对你的学习产生任何影响。

移动开发者不需要掌握很多有关云的知识，这也是 AWS Mobile Hub 服务诞生的原因之一。使用这一服务，你可以从移动开发者的角度，为应用选择相应的服务。它会为你创建一个自定义移动应用，执行各种功能，提供并配置必要的 AWS 服务（支持 iOS 和安卓）。你会看见，这些功能中有一些整合了 Amazon Cognito，管理应用上的登录，另一些允许你从移动应用中调用 Lambda 函数。

打开浏览器，进入 https://console.aws.amazon.com/。用你的 AWS 令牌登录，并从 Mobile Services 中选择 Mobile Hub。创建一个新的移动工程，赋一个名，比如"AWS Lambda in Action"。

图 7-11 是一个面板，上面的所有功能都可以在应用里启用。凑近去看，会发现每个功能按钮都显示了后端运行中的 AWS 服务。

比如，如果选择 User Sign-in，你可以决定是否需要启用 Sign-in。对于访问应用，Sign-in 是必需的；对于往应用里添加功能，Sign-in 则是可有可无的。AWS 配置是由服务管理的（本案例中通过 Amazon Cognito ID 池管理）。窗口右侧面板上有一些指令，用于配置一个外部身份服务（诸如 Facebook 或 Google）来管理认证。

要使用 AWS Lambda 函数作为应用的后端，请选择 Cloud Logic，那里你可以选择"Enable logic"（图 7-12）。

现在你可以决定要在移动应用里调用哪个 AWS Lambda 函数了（图 7-13）。这一步骤也会配置好必要的许可，从移动应用内对 Lambda 函数进行调用，同时还会创建一个 Hello World 样本函数，对移动应用做一个简单的快速测试。

这里，你可以通过 Amazon Cognito，使用Facebook
或Google等外部身份提供方登录你的应用

这里，你可以启用 AWS Lambda
函数作为移动应用的后端逻辑

图 7-11　用 AWS Mobile Hub 创建新工程时，你可以选择移动应用中需要包括的功能。功能会包含在代码里，相应的 AWS 服务会被自动配置

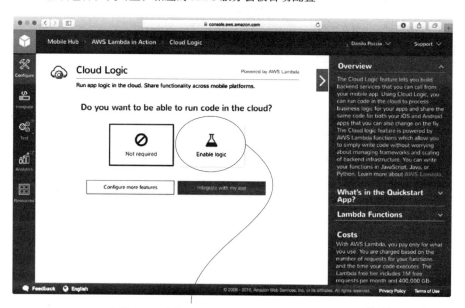

启用 Logic，允许 AWS Mobile Hub 创建
的移动应用调用 AWS Lambda 函数

图 7-12　选择 Cloud Logic 功能时，你可以决定开启或关闭 Logic

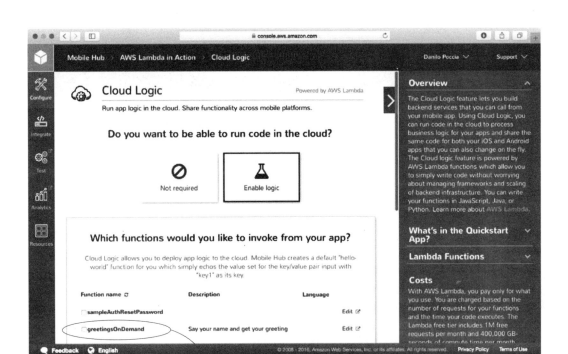

你可以从 Lambda 函数代码中挑选几个可以被移动应用调用的
函数。AWS Mobile Hub 会创建一个"hello-world"样本函数

图 7-13　启用逻辑后，你可以选择移动应用可以调用哪些 Lambda 函数。一个默认的
`hello-world` 函数会被创建为基本样例

现在，选择窗口左侧的 Integrate 标签（以前叫做 Build 标签），下载自定义源代码
（已经在 iOS 和安卓的底层配置中准备好了）。在你选择想要下载的平台时，AWS Mobile
Hub 会指导你安装开发环境（iOS 的 Xcode 以及 Android Studio）、导入代码和运行移动
应用。

接下来可以测试 Cloud Logic 的功能了（图 7-14）。不同环境下的应用体验大同小异，
而且无论是用 AWS CLI 还是网络接口上的 JavaScript，调用 Lambda 函数的效果都是相
同的。

> 提示　AWS Mobile Hub 提供了必需的 AWS 后端服务，以支持你选择的功能。你可以点选
> Resources 标签页，看看哪些资源被创建了。

用于原生移动应用的示例代码

用于从 iOS、Objective C 或 Swift 调用 Lambda 函数的代码（使用 AWS Mobile Hub 帮
助对象）分别见于以下代码清单（7-4、7-5 和 7-6）。

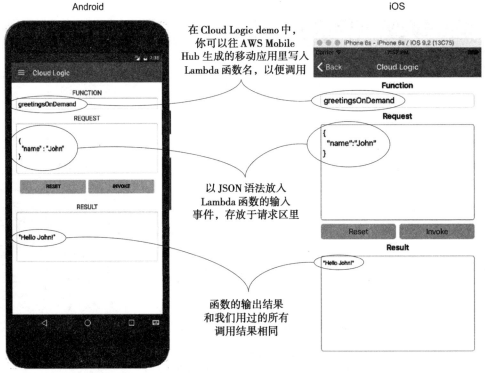

图 7-14 在 AWS Mobile Hub 创建的移动应用里，你可以写入任何函数名，但只可以调用那些在 Cloud Logic 配置里已经被选中的函数

代码清单7-4 从iOS调用Lambda函数（Objective C）

```
[[AWSCloudLogic sharedInstance]
invokeFunction:functionName
withParameters:parameters
withCompletionBlock:^(id result, NSError *error) {
// Use the result of the invocation here
}];
```

代码清单7-5 从iOS调用Lambda函数（Swift）

```
AWSCloudLogic.defaultCloudLogic().invokeFunction(functionName,
    withParameters: parameters, completionBlock: {(result: AnyObject?, error:
    NSError?) -> Void in
        if let result = result {
// Use the result of the invocation here
        }
        if let error = error {
// Manage the error of the invocation here
        }
})
```

代码清单7-6　　从Android调用Lambda函数

```
final InvokeRequest invokeRequest =
    new InvokeRequest()
        .withFunctionName(functionName)
        .withInvocationType(InvocationType.RequestResponse)
        .withPayload(payload);

final InvokeResult invokeResult =
    AWSMobileClient
        .defaultMobileClient()
        .getCloudFunctionClient()
        .invoke(invokeRequest);

// Use invokeResult here
```

在安卓平台做开发时，有时需要像调用本地函数那样，从移动应用上调用某个远程函数，这时你可以使用注解来简化语法。举个例子，要从一个安卓移动应用上调用 face-Detection Lambda 函数，你可以使用以下语法：

```
@LambdaFunction
FacesResult faceDetection(String imageUrl);
```

现在安卓代码里所有对 faceDetection 函数的引用都可以从远程调用 Lambda 函数了。如果 Lambda 函数名和 JavaScript 函数名不同，你可以在注解里注明。比如，要用 detectFaces Java 函数调用 faceDetection Lambda 函数，你可以用以下语句：

```
@LambdaFunction(functionName = "faceDetection")
FacesResult detectFaces(String imageUrl);
```

如果你是一名移动开发者，就可以借助 AWS Mobile Hub，快速部署 Lambda 函数作为后端。如此一来，你就能为应用执行一个无服务器后端，并与其他客户端（比如网络应用）共享相同的后端调用。

7.3　从浏览器调用函数

配置 Amazon API Gateway，使用 Lambda 函数时，你可以选择无认证，并且开放 API。配合使用 HTTP GET 方法，可以让你的 API 被浏览器调用。你需要返回期望类型的 HTML（text/html），以此实现一个公共网站。

图 7-15 展示了本案例中使用的结构配置。客户端是一个浏览器，AWS Lambda 和 Amazon API Gateway 被用于分配公开网址到互联网。比起 Amazon S3 上可以轻松搭建的静态网址，它的好处在于能够用 Lambda 函数生成服务器上的动态内容。

我们可以试着用 Embedded JavaScript（EJS）模板做一个简单的、为终端用户提供动态服务的网页。这里使用 EJS 模板，当然用其他的服务器端技术也没问题。你需要一个单一的 Lambda 函数——ejsWebsite（代码清单 7-7）——以便与 Amazon API Gateway 里的各种资源进行整合，譬如 API 的根资源（/）以及可用于任何单层路径（/{path}）的资源参数。调用这一函数会返回 HTML 内容。

图 7-15　你可以用 Amazon API Gateway，从 Lambda 函数上浏览网页内容，并用 HTTP GET 暴露函数。配置的时候注意要给 HTTP Content-Type 返回正确的值，比如 text/html

---

注
意　该案例在 Node.js 中可用，仅仅是因为它使用了 EJS 模板。

代码清单7-7　ejsWebsite (Node.js)

```
console.log('Loading function');

const fs = require('fs');
const ejs = require('ejs');

exports.handler = (event, context, callback) => {
  console.log('Received event:', JSON.stringify(event, null, 2));
  var fileName = './content' + event.path + 'index.ejs';
  console.log(fileName)
  fs.readFile(fileName, function(err, data) {
    if (err) {
      callback("Error 404");
    } else {
      var html = ejs.render(data.toString());
      callback(null, { data: html });
    }
  });
};
```

在事件路径上构建一个本地文件名，包括在函数部署包里面

如果文件缺失，报错会返回一个错误字符串。Amazon API Gateway 会将其拦截，并设法返回 HTTP404 状态

把 EJS 模板服务器方译码成 HTML 生产内容

返回用 JSON 打包的HTML，以保存解码

用基本执行角色和默认参数创建 ejsTemplate Lambda 函数。由于 ejs 模块是不可或缺的，你需要用 npm 先安装，创建一个 ZIP 文件来上传部署包。ZIP 文件要包括一个内容文件夹，里面装有由 Lambda 函数解码的 EJS 样本模板。比如，你要弄一个"关于"和"联系我们"的网页，就可以包含以下文件：

```
content/index.ejs
content/about/index.ejs
content/contact/index.ejs
```

代码清单 7-8、代码清单 7-9 和代码清单 7-10 分别描述了以上文件。它们看起来很相似，都包含了动态内容。在向 Amazon API Gateway 返回结果之前，这些内容会被 Lambda 函数在后端执行。

代码清单7-8　Root EJS模版

```html
<html>
  <head>
    <title>Home Page</title>
  </head>
  <body>
    <h1>Home Page</h1>
    <p>The home page at <strong><%= new Date() %></strong></p>
    <ul>
      <li><a href="about/">About</a></li>
      <li><a href="contact/">Contact</a></li>
    </ul>
  </body>
</html>
```

<%= 和 %> 之间的 JavaScript 代码会被 Lambda 函数在服务器端解析

代码清单7-9　关于EJS模版

```html
<html>
  <head>
    <title>About</title>
  </head>
  <body>
    <h1>Home Page</h1>
    <p>The about page at <strong><%= new Date() %></strong></p>
    <ul>
      <li><a href="../">Home Page</a></li>
      <li><a href="../contact/">Contact</a></li>
    </ul>
  </body>
</html>
```

<%= 和 %> 之间的 JavaScript 代码会被 Lambda 函数在服务器端解析

代码清单7-10　Contact EJS模版

```html
<html>
  <head>
    <title>Contact</title>
  </head>
  <body>
    <h1>Home Page</h1>
    <p>The contact page at <strong><%= new Date() %></strong></p>
    <ul>
      <li><a href="../">Home Page</a></li>
      <li><a href="../about/">About</a></li>
    </ul>
  </body>
</html>
```

<%= 和 %> 之间的 JavaScript 代码会被 Lambda 函数在服务器端解析

模版的这个部分使用了 EJS 语法，获取当前的日期和时间，并替换服务器端的数据。

```
<%= new Date() %>
```

把 Lambda 函数与 Amazon API Gateway 集成

现在你需要把 Lambda 函数和 Amazon API Gateway 集成到一起。从 API Gateway 控制台

创建一个 Simple Website API——这不是一个常见的 Web API，但我们会在公开网址里用到它。

为这个根资源（/）创建一个 Method。本例中，你的代码只需响应 HTTP GET 的请求，因此在菜单中选中 GET 方法。至于像 POST 这类复杂些的 HTTP 动词，按照本例依样画葫芦，倒也不难。

在 Integration Request 中，选择你创建的 ejsTemplate Lambda 函数，再建一个映射模板来发送路径到函数。使用 application/json 内容类型，以及下面这个基础的静态映射模板：

```
{
  "path": "/"
}
```

现在，你需要修改 API 调用返回给 text/html 的默认内容类型，展开 200 HTTP Status，往 text/html 内容类型里添加 Empty Model，并移除默认的 application/json 内容类型。使用下列代码作为映射模板。

代码清单7-11　用于返回数据属性内容的映射模版

```
#set($inputRoot = $input.path('$'))
$inputRoot.data
```

JSON 负载由函数返回，我把其中的一个数据分配嵌入到所有 HTML 中；这个模板把 HTML 提取为唯一的返回内容。如果直接返回 HTML 内容，会导致缺少 HTML 实体，影响使用。你可以用 Test 按钮检查整合返回的内容和内容类型是否正确。

现在有了一个只带主页的网址，我们再建一个集成，管理所有单层路径（比如 /about 或者 /contact）。以 Page 为名，{page} 为资源路径，创建一个新资源，往资源里添加一个 GET 方法。在 Method Request 中，你现在有了网页资源路径参数，在 Integration Request 中，使用和以前一样的 ejsTemplate 函数，但在 application/json 内容类型的映射模板中要用以下模板，把网页参数传递给函数：

```
{
  "path": "/$input.params('page')/"
}
```

在 Integration Response 中，用 text/html 替换掉默认的 application/json 内容类型，使用和以前一样的映射模板，填写代码清单 7-11 中的代码。

现在你需要在函数内管理一些潜在的、丢失了内容的请求（本案例中，就是 EJS 模板的响应）。为了实现这点，你需要在 Method Response 中添加一个 404 HTTP 状态。在 Integration Response 中使用带 404 的 Add 整合响应作为 Lambda Error Regex，在网页（ELS 模板）找不到 Lambda 函数内容文件夹的情况下，返回 404 HTTP 状态。

使用 Test 按钮，尝试不同的选项——比如 about/ 或者 wrong/——看看找到或未找到 EJS 模板时各会发生什么。

在阶段中（比如主页）部署这个 API 时，网址是可以公开访问的，你可以使用浏览器进行上网导航。记住使用完整的路径、域和阶段，比方说下面这种（域可能有所不同）：

https://123ab12ab1.execute-api.use-east-1.amazonaws.com/home

EJS 模板上的数据会在后端生成，只要浏览器再次访问链接，数据就会被更新。

 提示　要自定义 URL，你可以使用 Amazon API Gateway 或者 Amazon CloudFront 这类 CDN 支持的自定义域，来缓存输出结果，减少 AWS Lambda 函数的调用次数。

总结

本章介绍了如何在不同场合下使用单独的 AWS Lambda 函数，比如：
- 使用函数作为 JavaScript 网络应用的后端。
- 使用 AWS Mobile Hub 从本地移动应用中调用函数。
- 使用 Amazon API Gateway 和 AWS Lambda 构建一个公开网址，由函数在服务器一方生成内容

下一章我们将学习用多函数构建第一个事件驱动应用——一个无服务器的认证服务。

练习

本章开头讨论了如何创建一个网页来调用 greetingsOnDemand 函数。请用同样的方法构建一个请求姓名和自定义欢迎语的网页。使用第 2 章中的 customGreetingsOnDemand 函数来定制迎接语，并显示在网页中。为方便起见，你可以直接用下面给出的函数代码。

代码清单　customGreetingsOnDemand（Node.js）

```
console.log('Loading function');

exports.handler = (event, context, callback) => {
    console.log('Received event:',
        JSON.stringify(event, null, 2));
    console.log('greet =', event.greet);
    console.log('name =', event.name);
    var greet = '';
    if ('greet' in event) {
        greet = event.greet;
    } else {
        greet = 'Hello';
    };
    var name = '';
    if ('name' in event) {
        name = event.name;
    } else {
        name = 'World';
```

```
    }
    var greetings = greet + ' ' + name + '!';
    console.log(greetings);
    callback(null, greetings);
};
```

<hr>

代码清单 `customGreetingsOnDemand`（Python）

```python
import json

print('Loading function')

def lambda_handler(event, context):
    print('Received event: ' +
        json.dumps(event, indent=2))
    if 'greet' in event:
        greet = event['greet']
    else:
        greet = 'Hello'
    if 'name' in event:
        name = event['name']
    else:
        name = 'World'
    greetings = greet + ' ' + name + '!'
    print(greetings)
    return greetings
```

<hr>

解答

HTML 页面参见以下代码清单。

代码清单 `CustomGreetingsOnDemand`的HTML页面代码

```html
<html>
  <head>
    <title>Custom Greetings on Demand</title>
    <script src="https://sdk.amazonaws.com/js/aws-sdk-2.2.32.min.js"></
     script>
  </head>
  <body>
    <h1>Custom Greetings on Demand</h1>
    <p>This is an example of calling an AWS Lambda function
      from a web page via JavaScript.</p>
    <p>Instead of a static Hello World, here you can provide
      a greet and name, and you will receive customized greetings.</p>
    <p>Try without a greet or without a name, too.</p>
      </div>
      <form role="form" id="greetingsForm">
        <label for="greet">Greet:</label>
        <input type="text" class="form-control" id="greet">
        <label for="name">Name:</label>
        <input type="text" class="form-control" id="name">
        <button type="submit" class="btn btn-default">Greet</button>
      </form>
      <div id="result">
      </div>
```

```
      </div>
      <script src="customGreetings.js"></script>
   </body>
</html>
```

运行在浏览器端的 JavaScript 代码，调用 Lambda 函数并获得返回结果，如以下代码清单所示。

代码清单　customGreetings.js（浏览器端的JavaScript代码）

```
AWS.config.region = '<REGION>';
AWS.config.credentials = new AWS.CognitoIdentityCredentials({
  IdentityPoolId: '<IDENTITY-POOL-ID>',
});

var lambda = new AWS.Lambda();

function returnGreetings() {
  var greet = document.getElementById('greet');
  var name = document.getElementById('name');
  var input = {};
  if (greet.value != null && greet.value != '') {
    input.greet = greet.value;
  }
  if (name.value != null && name.value != '') {
    input.name = name.value;
  }
  lambda.invoke({
    FunctionName: 'customGreetingsOnDemand',
    Payload: JSON.stringify(input)
  }, function(err, data) {
    var result = document.getElementById('result');
    if (err) {
      console.log(err, err.stack);
      result.innerHTML = err;
    } else {
      var output = JSON.parse(data.Payload);
      result.innerHTML = output;
    }
  });
}

var form = document.getElementById('greetingsForm');
form.addEventListener('submit', function(evt) {
  evt.preventDefault();
  returnGreetings();
});
```

Chapter 8 第 8 章

设计基于 Lambda 的认证服务

本章导读：

❑ 设计一个事件驱动的示例程序。

❑ 通过 JavaScript 与用户进行交互。

❑ 使用 Lambda 函数发送电子邮件。

❑ 在 Amazon DynamoDB 中保存数据。

❑ 管理加密的数据。

在之前的章节中，我们学习了如何从不同类型的客户端调用独立的 Lambda 函数：

❑ 使用 JavaScript 的网页。

❑ 原生的移动应用，借助 AWS Mobile Hub 来生成初始代码。

❑ 通过 Amazon API Gateway 在服务器端为 Web 浏览器生成动态内容。

现在我们开始更进一步，构建由多个函数组成的第一个事件驱动无服务器应用程序。接下来我们采用 Lambda 设计和实现一个独立的（也可以跟 Amazon Cognito 的开发者认证身份结合）认证服务。

> **注意** 我们开发的认证服务主要用于演示基于事件驱动无服务器技术的应用开发，这个应用并没有经过任何安全审计。如果需要一个严格意义上的安全认证应用，我们建议采用一个现成的、经过生产环境考验的服务，比如：Amazon Cognito User Pools。

在本章，我们用 AWS Lambda 设计无服务器应用程序后端的架构。在下一章，我们会实现所有需要的组件。当务之急是先确定用户跟应用程序的交互方式。

8.1　交互模式

为了让应用程序能够应对尽可能多的用户场景，我们选择浏览器作为主要的用户界面。通过浏览器，用户可以访问包括 JavaScript 代码在内的静态 HTML 页面，这些 JavaScirpt 代码可以调用 Lambda 函数在后端执行一些操作。在本章末尾，你会了解到这套架构其实可以非常轻易地在移动应用中被复用。

> **使用 Amazon API Gateway**
>
> 除了从客户端应用程序直接调用 Lambda 函数以外，我们还可以利用在第 3 章中学会的知识，构建一组 RESTful API，由 Amazon API Gateway 对外呈现。这一方法的好处是可以把客户端跟具体的后端实现代码解耦：
>
> ❑ 客户端调用 Web API 而不是 Lambda 函数。
> ❑ 在不影响前端应用开发的情况下，可以灵活地把后端的实现迁入（或迁出）AWS Lambda。
> ❑ 可以把后端作为一个服务，发布公开的 API 来延展应用程序的触角。
>
> Amazon API Gateway 还可提供以下这些有用的功能：
>
> ❑ 生成 SDK。
> ❑ 缓存函数的执行结果。
> ❑ 通过限流措施来应对大流量访问。
>
> 从本书的教学目的出发，我们决定在认证服务中直接调用 AWS Lambda。这样做主要是为了简化实现的过程，让初学者快速上手。
>
> 如果你开始构建新的应用程序，请像我们这样评估 Amazon API Gateway 的利弊，然后再作出决定。

任何跟生成渲染网页页面有关的文件（如 HTML 页面、JavaScript 代码、CSS 样式表等）都可以作为公开可读对象保存在 Amazon S3 上。要保存类似用户账号和密码这样的结构化数据，可以在 Lambda 函数中操作 DynamoDB 数据表。这些交互模式的汇总请见图 8-1。

> 💡**提示**　这套应用程序的客户端是采用 HTML 页面和 JavaScript 代码构成的，使用像 Apache Cordova（之前叫 PhoneGap）这样的框架可以轻而易举地把客户端重新打包成混合式的移动应用程序。混合式应用备受欢迎的原因是，只需要做一次客户端开发，就可以在多个环境（包括 iOS、安卓和 Windows Mobile）中使用。有关使用 Apache Cordova 实现移动应用的更多信息，请参考：https://cordova.apache.org。

认证服务的重要职责之一，就是要验证用户提供的联系人数据。一个典型的场景是判断用户提供的电子邮件地址是否正确。为了验证邮件地址，后端的 Lambda 函数需要给这个地址发送测试邮件。为了免去配置和管理邮件服务器的种种麻烦，你可以直接使用

Amazon Simple Email Services（SES）来发送邮件。这可以扩大应用程序的交互范围和能力（如图 8-2）。

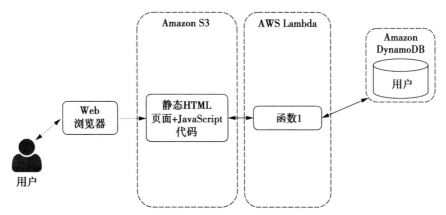

图 8-1 实现应用程序交互模式的第一步：通过浏览器使用在 Lambda 函数上实现的后端逻辑，完成 DynamoDB 数据表的读写

> 📷 注 Amazon SES 是全托管的邮件服务，用户可通过 SES 发送任意规模的邮件，也可
> 意 以把接收到的邮件保存在 Amazon S3 中，或者通过 AWS Lambda 处理。当通过
> Amazon SES 收到邮件后，可以使用 Amazon Simple Notification Service（SNS）发送
> 提醒通知。有关 Amazon SES 的更详细信息，请访问：https://aws.amazon.com/ses/。

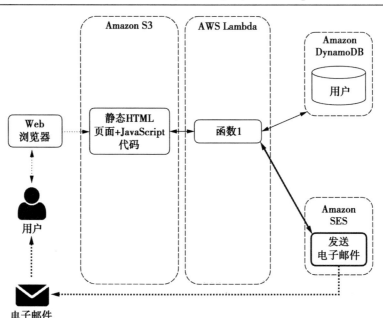

图 8-2 通过 Amazon SES 为 Lambda 函数添加发送邮件的功能，这样可以验证用户提供的邮件地址

当一个用户收到了来自 Amazon SES 的邮件后，你需要设定后端的交互方式来完成认证的流程。为了实现交互，我们在邮件的正文中插入一个指向 Amazon S3 上静态 HTML 页面的 URL。当用户点击这个 URL 时，浏览器会打开这个页面，执行其中的 JavaScript 代码。JavaScript 代码调用了另外一个 Lambda 函数，跟保存在 Amazon DynamoDB 中的数据进行匹配验证（图 8-3）。

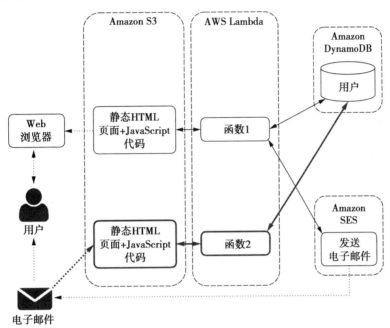

图 8-3　用户收到的邮件可以包含指向其他页面的链接，这些页面用来执行 JavaScript 代码，或者调用其他 Lambda 函数，借此来实现与后端 DynamoDB 等数据源的交互

我们了解了用户使用浏览器和发送邮件背后的交互逻辑，现在可以开始设计认证服务的全面架构了。

8.2　事件驱动架构

保存在 Amazon S3 上的每一个静态 HTML 页面，都有可能成为与用户进行交互的步骤之一。如果跟原生移动应用相比较，每一个静态页面都类似 Android 中的 activity 或 iOS 中 scene。

第一步，我们需要实现一个包含用户所有可执行操作（注册、登录、修改密码等）的菜单，这个菜单位于 index.html 页面中（图 8-4）。目前而言，这个页面不需要任何客户端逻辑，所以我们没有任何 JavaScript 代码，这里只有一系列链接到其他页面的操作。

接下来，我们希望用户使用 signUp.html 页面来完成注册和创建新账号。这个页面需要 JavaScript 代码来调用名为 createUser 的 Lambda 函数（图 8-4）。

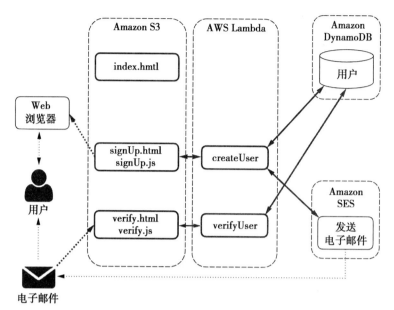

图 8-4　第一个 HTML 页面，JavaScript 文件和 Lambda 函数，用来注册新用户，并验证他
们的邮件地址

提示　为了简化用户界面文件（HTML）和客户端逻辑（JavaScript 代码）的管理，通常我
们会把 JavaScript 代码放在另外的文件中，采用跟 HTML 文件相同的文件名，扩展
名使用 .js 以示区分（如 signUp.js）。

---

createUser Lambda 函数接受新用户提供的一切输入信息（例如电子邮件地址和密
码），然后保存入名为 User 的 DynamoDB 数据表。新用户在数据表中被标示为"未验证"
的，因为此时我们还不知道用户的电子邮件地址是否有效。为了验证邮件地址的有效性，
createUser 函数通过 Amazon SES 给用户发送一封电子邮件。

发送给用户的电子邮件包括了一个指向 verify.html 页面的链接，它的查询变量中
含有一个唯一标识符（例如，一个令牌），这是针对该用户随机生成并存储在 DynamoDB 数
据表中的信息。例如，邮件中的链接通常会如下：

```
http://some.domain/verify.html?token=<some unique identifier>
```

verify.html 页面中的 JavaScript 代码从 URL 中读取唯一标识符（令牌），把它作为
verifyUser Lambda 函数的输入事件。函数检查令牌是否有效，然后在 DynamoDB 数据
表中把用户标示为"已验证"。

"已验证"的用户可以采用电子邮件和密码的组合作为访问安全凭证来登录。我们使用
一个 login.html 页面和 login Lambda 函数访问 DynamoDB 的 User 数据表，验证用户
是"已验证"的，并且提供了正确的密码（图 8-5）。首先，这个函数使用布尔值的方式返
回验证结果。

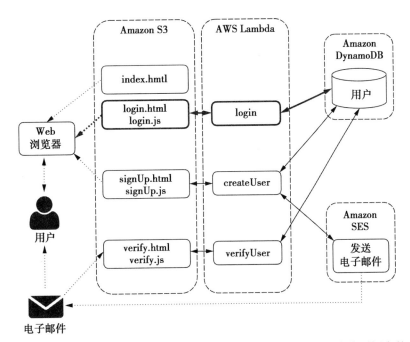

图 8-5 添加一个登录页面，验证用户提供的安全凭证，在 Users 数据表核对用户的身份信息

另外一个重要的功能就是允许用户更改密码。周期性（如每隔几个月）地更改密码，是降低密码泄露风险的有效手段。

添加一个 changePassword.html 页面，使用 changePassword Lambda 函数更新 DynamoDB Users 数据表中储存的用户访问安全凭证（加密后的密码，见图 8-6）。这个页面有一点不同：只有已经认证身份的用户才能够更改密码。

有两种可能的实现方式来确保只有验证身份的用户才能访问 changePassword 函数：

①把当前密码作为函数的输入事件的一部分，在更改密码之前验证用户的身份。

②使用 Amazon Cognito，通过 login 函数提供一个已经验证的用户状态。

方案一相对容易实现（例如，重新使用 login 函数的部分代码），但是考虑到我们计划使用 Amazon Cognito 来整合认证服务，我们选择更有趣的方案二。

也许你还记得，HTML 页面在调用 Lambda 函数之前，需要借助 Amazon Cognito 服务获取 AWS 安全凭证。在到目前为止的所有例子中，我们的访问用户都是未认证的，为了允许这些用户调用 Lambda 函数，我们需要把这些函数跟 Cognito ID 池中的未验证 IAM 角色进行关联。

为了继续访问 changePassword 函数，我们需要把这个函数加入认证 IAM 角色。任何需要认证身份后才能访问的函数都可以这样操作。

有些情况下，用户尝试修改密码的原因是因为他们遗忘了自己的密码。这时我们采用电子地址的方式来确认他们的请求，这和初次注册时采用的措施是相似的：发送一个含有链接和唯一标识符的电子邮件。

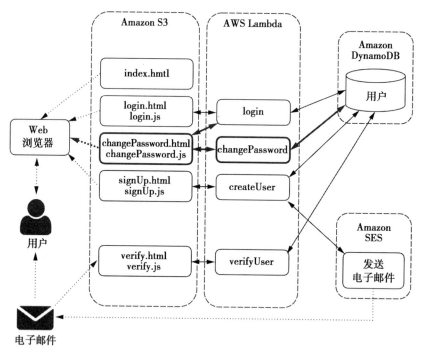

图 8-6 这个允许用户修改密码的页面调用一个受保护的函数，确保只有认证用户可以访问
　　　函数修改密码

`lostPassword.html` 页面调用 `lostPassword` Lambda 函数生成一个唯一标识符
（`resetToken`），并保存在 DynamoDB 的 `Users` 数据表。给用户发送的密码修改确认电子
邮件中会包含这个 `resetToken`。

例如，链接可以如下所示：

```
http://some.domain/resetPassword?resetToken=<some unique identifier>
```

用户可以打开邮件，点击其中的链接访问 `resetPassword.html` 页面，这个页
面会提示输入新的密码，然后调用 `resetPassword` Lambda 函数验证唯一标识符跟
DynamoDB 数据中保存的是否一致（见图 8-7）。如果标识符正确，函数会把密码修改为用
户提供的新密码。

现在我们已经设计完成了认证服务所需要的流程和组件，在进入下一章的代码实现之
前，我们先学习如何使用 Amazon Cognito 来整合认证服务，并且把其他的实现细节也一并
考虑周全。联合身份（Identity Federation）是指有一个认证服务，例如 Amazon Cognito，信
任某个外部的认证服务（比如我们正在构建的这个简单的认证服务）。

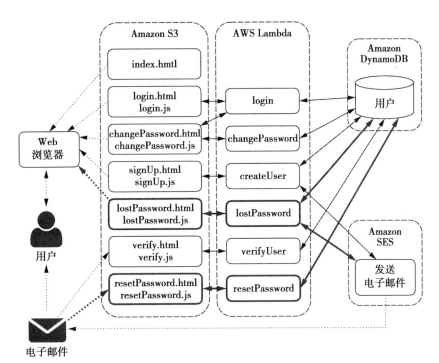

图 8-7　在忘记密码的情况下，这个页面用来发送一个包含链接的电子邮件进行密码重置。
　　　　保存在 DynamoDB 数据表中的唯一标识符用来验证提交密码重置的用户和收到邮
　　　　件地址链接的用户是同一个人

注意　除了为每一个 HTML 创建一个对应的 Lambda 函数之外，我们还可以创建一个单一的 Lambda 函数，把对应的操作（`signUp` 或 `resetPassword`）作为参数传递给函数。这样你需要管理的函数会减少（其实只有一个），但是这个函数的代码会变得臃肿和难以迭代，难以拓展新的功能。按照微服务架构风格的思路，我的建议是开发多个小的函数，每一个函数都有定义清晰的输入和输出界面，可以独立地更新和部署。然而，函数体量和数量的平衡取决于具体情况和编程风格。如果你考虑把多个函数整合成一个调用，那么用 Amazon API Gateway 要强于单独使用多个函数。

8.3　使用 Amazon Cognito 服务

为了在认证服务中使用 Amazon Cognito，你需要在负责登录的 Lambda 函数中调用 Amazon Cognito 来获取开发者身份（Developer Identity）。登录函数返回的认证令牌可用于正确的认证。

页面中的 JavaScript 代码可以使用这个 Amazon Cognito 令牌获取 AWS 临时安全凭证，用于认证角色（图 8-8）。

警告 Amazon Cognito 返回的 AWS 安全凭证是临时的，过一段时间后就会失效。你需要管理这个凭证的轮换（rotation），例如，使用 JavaScript 的 setInterval() 方法定期地调用 Amazon Cognito 来刷新安全凭证。

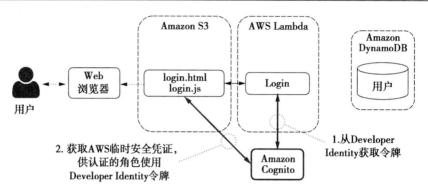

图 8-8　把登录函数与 Cognito 开发者认证身份进行集成。登录函数从 Amazon Cognito 获得了安全令牌，浏览器中运行的 JavaScript 代码使用这个临时安全令牌获取 AWS 认证身份角色的安全凭证用于登录

8.4　保存用户配置文件

我们在示例程序中使用 DynamoDB 中的 Users 数据表来保存用户信息。通常来说，在一个 Lambda 函数中，我们可以使用任何互联网上可访问的存储服务，或者是部署在 AWS VPC 私有网络上的存储服务，也可以是部署在私有网络但是通过 VPN 链接与 Amazon 互通的存储服务。在示例程序中我们选择 DynamoDB，因为这个全托管的 NoSQL 服务与本书所传递的无服务器（Serverless）理念相吻合。

在 Amazon DynamoDB 中，当创建新的表格时，只需要声明一个在表格中必须使用的主键。表格其余的结构都是灵活的，除主键之外的信息可以使用，也可以空缺。

注意 DynamoDB 的项目是一组属性的集合，每一个属性都有一个名称（name）和一个值（value）。关于如何操作 DynamoDB 项目的更详细信息，请参考：https://docs.aws.amazon.com/amazondynamodb/latest/developerguide/WorkingWithItems.html。

对于任意的一个数据记录，主键必须是唯一的，可以使用单一哈希值（如 UserID），或哈希值加上一个范围值（UserID 的哈希值加上确认日期）。

对于我们的认证服务而言，用户的电子邮件地址是唯一的，可以用来生成哈希值，并且不再需要一个范围值。如果希望针对一个用户有多个 DynamoDB 记录，例如追踪用户信息的变化和更新，我们就可以使用组合式的主键：电子邮件地址作为 hash key，验证的日期作为 sort key。

8.5　向用户配置文件添加更多数据

因为 DynamoDB 在主键之外对数据的结构不再有任何强制性要求，用户可以向 DynamoDB 数据表的记录中添加任意属性。不同的记录可以有不同的属性。例如，为了把新创建的用户标示为"未验证"，我们就可以把 unverified 属性设置为 true。

当用户的电子邮件地址经过确认后，你可以直接把这个属性从记录中删除，而不必把 unverified 属性设置为 false。这也意味着，如果用户记录中不存在 unverified 属性，就表示用户的电子邮件地址已经通过验证。这种通过布尔值验证的简易方式，提供了一种简便和高效的数据库存储模式，特别是针对 unverified 这样的属性创建索引时，只有包含 unverified 属性的数据记录才会被包括在索引中。

Amazon DynamoDB 也支持 JSON 文档模型，所以一个属性的值可以是 JSON 格式。用这种方法，我们可以用层级化、结构化的方式拓展数据存储的形式。例如，在 AWS JavaScript SDK 中，可以使用文档客户端把 JavaScript 数据类型跟 DynamoDB 属性做双向的映射。

有关 AWS JavaScript SDK 的更详细信息，请参考：http://docs.aws.amazon.com/AWSJava-ScriptSDK/latest/AWS/DynamoDB/DocumentClient.html。

8.6　加密密码

在管理密码时，有些交互非常重要，必须加密。例如，如下的操作是不安全的：

❑ 在数据库中使用明文保存密码，任何对数据库有读取权限的人都可以获取用户的密码。

❑ 在非加密的通讯中传送明文密码，恶意的通讯监听可以获取用户的密码。

对于我们的认证服务而言，我们使用加盐（salt）的方式来保存经过加密的用户密码。在密码学中，盐是一段针对每个密码随机生成的数据，程序计算出密码的哈希值并保存在用户信息中，认证身份时，哈希值需要结合这个盐来完成。

```
hashingFunction(password, salt) = hash
```

为了测试登录密码，盐从用户的信息中被读取出来，与使用相同哈希算法计算出的值进行比较，例如：

```
if hashingFunction(inputPassword, salt) == hash then // Logged in...
```

如果用户的信息被篡改，恶意攻击者已经访问了数据库，使用盐可以防止字典式的穷举密码攻击。

提示　常见的用来计算 salt 的哈希算法包括 MD5 和 SHA1，但这些算法都被证明不足以抵抗所有类型的攻击。在实战中，需要确保哈希算法的鲁棒性。

在登录阶段，我们在一个安全的通道上传递密码，因为 login.html 调用的 AWS API 和后续的 login Lambda 函数，都使用了 HTTPS 通信协议。

> 提示　对于简单的实现而言，这样的通信方式足够安全。但对于一个鲁棒性更强的解决方案而言，我们应该始终避免传送明文密码，使用和 Amazon Cognito User Pools 类似的挑战 – 响应式认证方式，例如 SRP 协议。详情请参考：http://srp.stanford.edu。

有关远程访问场景下密码安全的深入分析，我建议阅读 Robert Morris 和 Ken Thompson 在 1978 年出版的《 Password Security: A Case History 》：https://www.bell-labs.com/usr/dmr/www/passwd.ps。

总结

在本章中，我们设计了第一个事件驱动应用程序的总体架构，一个使用了 AWS Lambda 来实现后端逻辑的简单身份认证服务。

具体而言，我们学习了如下知识：

❑ 通过包含 JavaScript 的静态 HTML 页面进行客户端交互。
❑ 区分认证和未认证的访问请求。
❑ 发送邮件并在邮件主体中包含自定义的交互链接。
❑ 在架构中实现应用功能与组件的映射。
❑ 使用 Amazon Cognito 整合自定义认证服务。
❑ 使用 Amazon DynamoDB 存储用户信息。
❑ 对密码加密，保护用户的密码免遭窃取和篡改。

在下一章中，我们来实现这个简单的认证服务。

练习

1. 从 Web 页面发送邮件，应该：

  a. 在浏览器使用 JavaScript 调用 SMTP 服务

  b. 在浏览器使用 JavaScript 调用 IMAP 服务

  c. 使用 Lambda 函数调用 Amazon SES

  d. 使用 Lambda 函数调用 Amazon SQS

2. 只有经过认证的用户（从 Web 浏览器或移动 App）才能调用 Lambda 函数，这样的限制应该如何实现？

  a. 使用 AWS IAM 用户和群组，把函数的访问设定为仅限认证用户

  b. 使用 Amazon Cognito，把函数的访问设定为仅限认证用户

　　c. 使用 AWS IAM 用户和群组，把函数的访问设定为仅限未认证用户

　　d. 使用 Amazon Cognito，把函数的访问设定为仅限未认证用户

3. 在登录服务中最安全的密码验证方式是：

　　a. 使用类似 CAPTACHA 的挑战 – 响应界面

　　b. 使用 HTTP 传送密码

　　c. 使用类似 SRP 的挑战 – 响应式协议

　　d. 使用电子邮件发送密码

解答

1. c

2. b

3. c

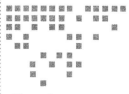

实现基于 Lambda 的认证服务

本章导读：

❑ 实现基于无服务器架构的认证示例服务。

❑ 用 Lambda 函数创建后端。

❑ 使用 HTML 和 JavaScript 实现在浏览器中的客户端应用。

❑ 使用 AWS CLI 对初始化和部署实现自动化。

❑ 在多个 Lambda 函数间创建集中式配置和共享代码。

❑ 使用 Amazon SES 发送电子邮件，免去管理服务器的烦恼。

在前面的章节里，我们为认证服务设计了无服务器架构，可以用来创建新用户、验证邮件、修改或重置密码，并用已经得到认证的 Amazon Cognito 开发者身份登录系统。

前面几章算是打好了基础，现在需要在更复杂的场景下学以致用了。你已经学会如何创建 Lambda 函数，从客户端应用调用它们，把函数的执行订阅到 AWS 事件上（比如在 Amazon S3 上创建或更新文件，或者在 Amazon DynamoDB 上往数据库里写入一个文件）。

现在我们要把多个 Lambda 函数和 Amazon DynamoDB 相结合，实现一个服务来存储用户的简要信息，并用 Amazon Simple Email Service（SES）发送验证邮件（如图 9-1 所示）。

> 提示　在做自己的项目时，如果你发现创建的 Lambda 函数可以共享代码，不妨考虑下，你同样可以用单个函数，通过添加额外参数的形式，执行不同的任务。比如，你需要用 `createUser`、`readUser`、`updateUser` 和 `deleteUser` 四个函数去操纵用户数据，那么可以先创建一个单独的 `manageUser` 函数，然后增加一个动作参数，可取不同的值，如 `create`、`read`、`update` 和 `delete`——这些都取决于你的编程风格。

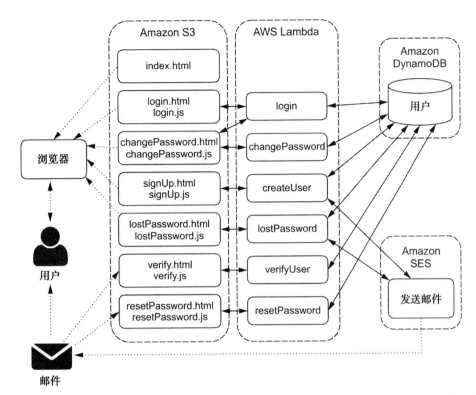

图 9-1　这是你需要实现的为认证服务而设计的无服务器架构。HTML 和 JavaScript 文件由
Amazon S3 提供，后端逻辑由 Lambda 函数提供，DynamoDB 表用于存储用户简要
信息，Amazon SES 发送验证邮件和密码重置邮件

> **注意**　本案例同时用到了客户端（运行于浏览器）和服务器端（运行于 Lambda 函数）的代码。由于浏览器中的代码是 Javascript，所以 Lambda 函数的例子也用 JavaScript 提供。作为练习，你也可以尝试使用 Python 实现以上函数，反正它不会改变应用的架构和逻辑。

9.1　管理集中式配置

作为开发者，把配置信息放到代码之外是一个好习惯。在即将构建的应用里，你会用上一个 `config.json` 文件，以 JSON 格式来存储所有的用于部署的配置（如下代码清单）。

> **信息**　要初始化并部署认证服务，你可以使用任何 AWS 区域，只要上面有你需要的服务。在本书写作时，你可以选择美国东部（北弗吉尼亚）`us-east-1`，以及欧洲西部（爱尔兰）`eu-weat-1`。如果自己去定义和调试，你还可以为某些服务（比如 Amazon SES）使用不同的区域，选择的范围也更大些。

代码清单9-1　config.json（模板）

客户端应用中 S3 对象的缓存时间，以秒为单位（用 Content-type: max-age HTTP 标头设定）。在开发过程中，数值低一些比较好；较高的缓存时间可用于生产环境，但会延缓更新的发布

你的 AWS 账户 ID；它用于为某些 AWS 资源准备正确的 ARN

用于所有服务的 AWS 区域

用于存储客户端应用中 HTML 和 JavaScript 文件的 S3 桶；桶的名字必须区别于其他用户

DynamoDB 表；在你的账户和区域里必须是唯一的

一个用于定义外部联系（比如验证邮件）的公共名称

```
{
    "AWS_ACCOUNT_ID": "123412341234",
    "REGION": "us-east-1",
    "BUCKET": "BUCKET",
    "MAX_AGE": "10",
    "DDB_TABLE": "SampleAuthUsers",
    "IDENTITY_POOL_NAME": "SampleAuth",
    "DEVELOPER_PROVIDER_NAME": "login.yourdomain.com",
    "EXTERNAL_NAME": "Sample Authentication",
    "EMAIL_SOURCE": "sender@yourdomain.com",
    "VERIFICATION_PAGE": "https://BUCKET.s3.amazonaws.com/verify.html",
    "RESET_PAGE": "https://BUCKET.s3.amazonaws.com/resetPassword.html"
}
```

验证邮件和重置密码邮件所使用的发送地址；你必须用 Amazon SES 验证该地址（或者整个域名）

邮件发送的重置密码页面的链接，既可以是 S3 提供的 URL，也可以由你自己的域名定义，又或是 Amazon CloudFront 这类的 CDN

Cognito Developer Provider 的名字，用于在后端请求令牌时识别你的应用

由邮件发送的验证链接，既可以是 S3 提供的 URL，也可以由你自己的域名定义，又或是 Amazon CloudFront 这类的 CDN

Cognito ID 池；在你的账户和区域里必须是唯一的

💡提示　你可以通过往 config.json 文件添加 CLI_PROFILE 的方式，使用 AWS CLI 配置。例如，在添加了 "CLI_PROFILE:"personal" 字段后，在创建和部署应用时就会使用 "personal" 账户配置中的信息。

⚠警告　为防止 AWS 用户受骗或误用，并在发送邮件时为 ISP 和邮件接收端创建信任关系，在某区域中首次使用 Amazon SES 时，你的账户会有沙盒访问。使用沙盒访问，你只能在 Amazon SES 同时确认了发送端和接收端的邮件地址（或者整个域名）后，才能发送邮件。当然，为了便于测试和开发，你也可以通过以下链接进入 Amazon SES 控制台，验证少数几个特定地址：https://console.aws.amazon.com/ses.

请记得确认你所用的区域和 config.json 文件中的区域是一样的。为了避免不必要的麻烦，可以向 AWS 提出把 Amazon SES 用于生产环境用途。这样，只有发送端的地址需要被验证。可以参看下列地址，了解相关流程：http://docs.aws.amazon.com/ses/latest/ DeveloperGuide/request-production-access.html。

9.2　对初始化和部署实现自动化

要执行认证服务，需要创建多个 AWS 资源：

❑ 6 个 Lambda 函数，执行所需的后端交互。

❑ 6 个 IAM 策略，用于为每个 Lambda 函数创建一个 IAM 角色。

❑ 1 张 DynamoDB 表，用以存储用户的配置文件。

❑ 1 个 Cognito ID 池，用来集成这项认证服务。

❑ 2 个 IAM 策略，分别配给 Cognito ID 池中的认证角色和非认证角色。

❑ 1 个 S3 存储桶，存储由 HTML 和 JavaScript 编写的客户端应用。

❑ 3 个 IAM 信任策略，分别配给 Cognito ID 池中的认证用户和非认证用户，以及 Lambda 函数。

用 Web 控制台创建这些资源也许很锻炼人，不过也使效率迟缓并容易出错。这里我做了两个 Bash [⊖]脚本，可以把以上步骤自动化：

❑ init.sh，用于创建和初始化全部所需资源，这样你就不用去 Web 控制台手动操作了。

❑ deploy.sh，用于重新部署和更新所有的前后端代码（Lambda 函数和客户端应用里的 HTML/JavaScript）。

> **注意**　使用脚本之前，先阅读后一节了解配置的管理方法。两个脚本都需要预先在系统上安装和配置 AWS CLI。要操作 JSON 内容，脚本需要使用 jq 工具，你可以在 https://stedolan.github.io/jq 中找到。

两个脚本都已放进本书的源代码库了，Linux 或 Mac 系统上可以直接使用，你也可以用 t2.micro 或 t2.nano 这类小型 Linux Amazon EC2 实例。在 Windows 平台上，你可以用下面两种方法之一运行 Bash：

❑ 使用开源的 Cygwin 项目，它包含了大量开源工具，可以用于 Windows 系统。欲知详情可查询 https://www.cygwin.com。

❑ 使用 Windows10 上全新的原生 Bash，参阅 https://msdn.microsoft.com/commandline 安装和使用。

> **提示**　可以通过 Bash 脚本学习如何使用 AWS CLI 来使 AWS 上的操作自动化。其他能够执行 AWS CLI 命令或使用 AWS SDK 的自动化工具（如 Ruby 或 Python 上的相关工具），都可用于自动化，你可以挑最顺手的用。

config.json 文件和全部 Lambda 函数一同上传，被 init.sh 和 deploy.sh 脚本用于定义 Lambda 函数和 IAM 角色里的代码。在部署过程中的某些步骤里（比如上传到 Amazon

---

⊖　Bash 是吸收整合了 Korn Shell（ksh）和 C Shell（csh）上有用功能的"Bourne Again Shell"。想要进一步了解 Bash，可看看 https://www.gnu.org/software/bash/。

S3），它们也被用于定义代码。

定义 config.json 文件后，你可以用 init.sh 脚本初始化应用，然后用 deploy.sh 更新前后端代码。你需要先运行前者一次，然后才能用后者更新你的环境。

9.3 共享代码

每次创建 Lambda 函数或更新其代码时，你都需要上传函数所需的全部代码（以及二进制库），但这并不意味着，在开发过程中你无法管理共享代码。DRY 原则（不要自我重复）是普遍适用的，在往 AWS Lambda 上传代码时，你需要一个打包代码的方法。

本案例中，我在项目的根目录使用了一个名为 lib 的文件夹来打包全部共享代码。init.sh 和 deploy.sh 脚本会在构建上传的压缩文件时，自动包含 lib 文件夹、所有的函数以及配置文件。

比如，在认证应用中，我们使用一个加盐（salting）函数来为数据库里存储的全部密码加密。在检查用户是否输入了正确的密码时（比如登录），我们还会再次用同一个函数比较结果。密码加盐函数在不止一个函数中使用，把它作为共享库是再合适不过了。共享库是在 cryptoUtils.js 文件里运行的（如下代码清单 9-2）。

代码清单9-2　cryptoUtils.js Shared Library(Node.js)

该函数需要 crypto 模块

声明 computeHash() 函数，包含三个自变量

```
var crypto = require('crypto');

function computeHash(password, salt, fn) {
  var len = 512;
  var iterations = 4096;
  var digest = 'sha512';

  if (3 == arguments.length) {
    crypto.pbkdf2(password, salt, iterations, len, digest, function(err,
    derivedKey) {
      if (err) return fn(err);
      else fn(null, salt, derivedKey.toString('base64'));
    });
  } else {
    fn = salt;
    crypto.randomBytes(len, function(err, salt) {
      if (err) return fn(err);
      salt = salt.toString('base64');
      computeHash(password, salt, fn);
    });
  }
}

module.exports.computeHash = computeHash;
```

生成的加盐密码的字节大小

用到的摘要算法；本例中是 SHA512

用来确保单向哈希值安全度的迭代数（其实际值需要由安全专家评估）

如果函数是用三个自变量(密码、加盐值和回调函数)调用的，就继续计算加盐密码（derivedKey）

传送返回值（salt 和 derivedKey），或者向回调函数返回错误

如果函数是用两个自变量（密码和回调函数)调用的，就随机生成一个加盐值。这一步骤在初创密码时使用，随机的加盐值也是返回值的一部分

生成随机加盐值后，用三个自变量递归调用本函数

函数作为模块的一部分被输出

注意　在生产环境下，字节大小值、迭代次数和摘要算法的选择应交由安全专家评估。

9.4　创建应用的首页

你可以创建一个带有全部可选项的简易 index.html 主页，作为用户的登入点（图 9-2 ）。

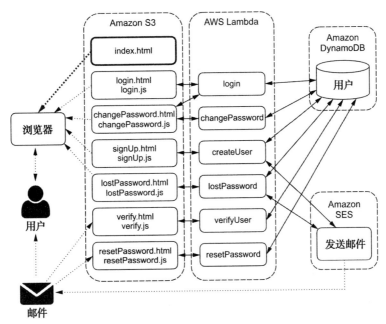

图 9-2　用户在首页面与应用交互，首页面相当于所有可用功能的一个索引

代码清单 9-3 中的 HTML 页面是一个静态页面，没有 JavaScript 代码。

代码清单9-3　index.html（首页）

```html
<html>
<head>
  <title>Index - Sample Authentication Service</title>
</head>
<body>
  <h2>Sample Authentication Service</h2>
  <h1>Index</h1>
  <p>Choose Your Option:</p>
  <a href="signUp.html">Sign Up</a>
  <a href="login.html">Login</a>
  <a href="changePassword.html">Change Password</a>
  <a href="lostPassword.html">Reset Password</a>
</body>
</html>
```

首页是一个静态的 HTML 文件，带有一些链接，指向其他负责不同功能（如创建新用户，修改密码）的 HTML 页面

> **提示** 为便于学习，本案例中我只用 HTML。本书附带的源代码里，我使用 Bootstrap 来增强可视效果，并让它适用于移动平台。Bootstrap 最初由 Twitter 的一名设计师和一名开发人员共同创建，是一款流行的 HTML、CSS 和 JavaScript 框架，广泛用于高响应性、高移动性的网络项目开发。可以参看 http://getbootstrap.com 了解 Bootstrap 的更多信息。

图 9-3 中贴了一张首页的示例截图。

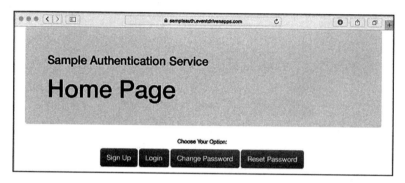

图 9-3　认证应用的首页，带有注册新用户、登录、修改或重置密码的选项

9.5　注册新用户

用户的第一步是注册并创建新用户（图 9-4）。

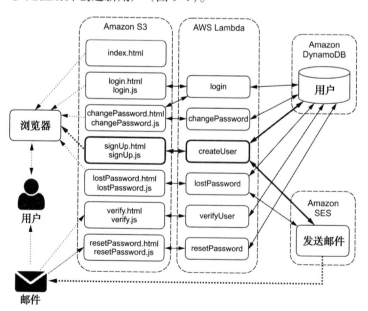

图 9-4　注册界面在数据库里创建了一个新用户，向用户发回了一封验证邮件

以下代码清单显示了 signUp.html 页面的代码。

代码清单9-4　signUp.html（注册页面）

在浏览器中引入 AWS
JavaScript SDK

```html
<html>
<head>
  <title>Sign Up - Sample Authentication Service</title>
  <script src="https://sdk.amazonaws.com/js/aws-sdk-2.3.16.min.js"></script>
</head>
<body>
  <h2>Sample Authentication Service</h2>
  <h1>Sign Up</h1>
  <form role="form" id="signup-form">
    <div>
        <label for="email">Email:</label>
        <input type="email" id="email">
    </div>
    <div>
        <label for="password">Password:</label>
        <input type="password" id="password">
    </div>
    <div>
        <label for="password">Verify Password:</label>
        <input type="password" id="verify-password">
    </div>
    <button type="submit" id="signup-button">Sign Up</button>
  </form>
  <div id="result">
  </div>
  <a href="index.html">Back</a>
  <script src="js/signUp.js"></script>
</body>
</html>
```

获取输入参数的 HTML
表格，用于创建新用户

返回首页的链接

为此页面运行的
JavaScript代码

> 提示　从写这本书至今，AWS JavaScript SDK 已经更新了几版，你可以从以下网址中获取较新的 SDK：http://docs.aws.amazon.com/AWSJavaScriptSDK/guide/browser-intro.html。

在 signUp.html 页面运行的 JavaScript 代码位于 signUp.js 文件中（如代码清单 9-5 所示）。为 Cognito ID 池中非认证用户配置的 IAM 角色如代码清单 9-6 所示。

代码清单9-5　signUp.js（浏览器中的JavaScript代码）

```javascript
AWS.config.region = '<REGION>';
AWS.config.credentials = new AWS.CognitoIdentityCredentials({
    IdentityPoolId: '<IDENTITY_POOL_ID>'
});
```

使用的 AWS 区域

从 Amazon
Cognito 中，
为非认证 IAM
角色获取 AWS
安全凭证

从 SDK 获取 AWS
Lambda 服务对象

声明一个
signup()
函数

从 HTML 表
格中获取输
入参数

在调用 Lambda
函数前，检查输
入的参数是否正
确；为了万无一
失，你需要在
Lambda 函数中
重复这些检查

为 Lambda
函数准备输入
的 JSON

指定函数名

使用 Lambda
服务对象，同
步调用函数

在调用函数前，JSON 输入
对象必须转换成文本字符串

从同步调用中接收返回
值的匿名回调函数

Lambda 函数返
回一个布尔值
（"created"），
告诉客户端应用
是否已经创建了
用户

```javascript
var lambda = new AWS.Lambda();

function signup() {

    var result = document.getElementById('result');
    var email = document.getElementById('email');
    var password = document.getElementById('password');
    var verifyPassword = document.getElementById('verify-password');

    result.innerHTML = 'Sign Up...';

    if (email.value == null || email.value == '') {
        result.innerHTML = 'Please specify your email address.';
    } else if (password.value == null || password.value == '') {
        result.innerHTML = 'Please specify a password.';
    } else if (password.value != verifyPassword.value) {
        result.innerHTML = 'Passwords are <b>different</b>, please check.';
    } else {

        var input = {
            email: email.value,
            password: password.value,
        };

        lambda.invoke({
            FunctionName: 'sampleAuthCreateUser',
            Payload: JSON.stringify(input)
        }, function(err, data) {
            if (err) console.log(err, err.stack);
            else {
                var output = JSON.parse(data.Payload);
                if (output.created) {
                    result.innerHTML = 'User ' + input.email + ' created. Please check
your email to validate the user and enable login.';
                } else {
                    result.innerHTML = 'User <b>not</b> created.';
                }
            }
        });

    }
}

var form = document.getElementById('signup-form');
form.addEventListener('submit', function(evt) {
    evt.preventDefault();
    signup();
});
```

提交表格时，自动执
行 signup() 函数

返回值是数据中的字符串。Payload（本例中
指函数输出）可以作为 JSON 被解析，但这取
决于你编写函数的方式。你可以发送一个样本
字符串作为返回值

🌏 **注
意** 如果你使用 init.sh 和 deploy.sh 脚本，就不需要像前几章那样，替换掉源代码
中尖括号之间的选项，比如 <REGION> 或 <IDENTITY_POOL_ID>。这两个脚本会
根据现有的配置，把选项自动替换成正确的形式。

代码清单9-6　Policy_Cognito_Unauthenticated_Role

```
{
    "Version": "2012-10-17",
    "Statement": [
        {
            "Effect": "Allow",
            "Action": [
                "mobileanalytics:PutEvents",
                "cognito-sync:*"
            ],
            "Resource": [
                "*"
            ]
        },
        {
            "Effect": "Allow",
            "Action": [
                "lambda:InvokeFunction"
            ],
            "Resource": [
                "arn:aws:lambda:<REGION>:<ACCOUNT>:function:createUser",
                "arn:aws:lambda:<REGION>:<ACCOUNT>:function:verifyUser",
                "arn:aws:lambda:<REGION>:<ACCOUNT>:function:lostPassword",
                "arn:aws:lambda:<REGION>:<ACCOUNT>:function:resetPassword",
                "arn:aws:lambda:<REGION>:<ACCOUNT>:function:login"
            ]
        }
    ]
}
```

允许客户端应用访问的 Lambda 函数

代码清单 9-7 显示了 createUser Lambda 函数所需的代码，代码清单 9-8 显示了函数所使用的 IAM 角色。

代码清单9-7　createUser Lambda函数（Node.js）

```
console.log('Loading function');

var AWS = require('aws-sdk');
var crypto = require('crypto');
var cryptoUtils = require('./lib/cryptoUtils');
var config = require('./config');
var dynamodb = new AWS.DynamoDB();
var ses = new AWS.SES();

function storeUser(email, password, salt, fn) {
    var len = 128;
    crypto.randomBytes(len, function(err, token) {
        if (err) return fn(err);
        token = token.toString('hex');
        dynamodb.putItem({
            TableName: config.DDB_TABLE,
            Item: {
                email: {
                    S: email
```

载入标准库，比如 crypto 和 AWS SDK

载入 crytoUtils.js 库共享代码（位于上传的 ZIP 档案中）

获取 Amazon DynamoDB服务对象

载入 config.json 文件中的配置（位于上传的 ZIP 档案中）

获取 AmazonSES 服务对象

storeUser() 函数把新用户存储进 DynamoDB 表中

在 DynamoDB 表中放入一个项目

在验证邮件里发送一个随机令牌，用于验证用户

表格名称取自 config.json 配置文件

```
      },
      passwordHash: {
        S: password
      },
      passwordSalt: {
        S: salt
      },
      verified: {
        BOOL: false
      },
      verifyToken: {
        S: token
      }
    },
    ConditionExpression: 'attribute_not_exists (email)'
  }, function(err, data) {
    if (err) return fn(err);
    else fn(null, token);
  });
});
}
```

大部分数据是字符串（"S"），但 verified 属性是布尔值（"BOOL"），新用户未经验证（false），随机生成的令牌存储进 "verifyToken" 属性里

这一条件避免了覆盖写入已存在的用户（使用同一个邮件地址）

storeUser() 函数返回了随机生成的令牌

```
function sendVerificationEmail(email, token, fn) {
  var subject = 'Verification Email for ' + config.EXTERNAL_NAME;
  var verificationLink = config.VERIFICATION_PAGE + '?email=' +
    encodeURIComponent(email) + '&verify=' + token;
  ses.sendEmail({
    Source: config.EMAIL_SOURCE,
    Destination: {
      ToAddresses: [
        email
      ]
    },
    Message: {
      Subject: {
        Data: subject
      },
      Body: {
        Html: {
          Data: '<html><head>'
          + '<meta http-equiv="Content-Type" content="text/html; charset=UTF-
8" />'
          + '<title>' + subject + '</title>'
          + '</head><body>'
          + 'Please <a href="' + verificationLink + '">click here to verify
your email address</a> or copy & paste the following link in a browser:'
          + '<br><br>'
          + '<a href="' + verificationLink + '">' + verificationLink + '</a>'
          + '</body></html>'
        }
      }
    }
  }, fn);
}

exports.handler = (event, context, callback) => {
  var email = event.email;
  var clearPassword = event.password;
  cryptoUtils.computeHash(clearPassword, function(err, salt, hash) {
    if (err) {
      callback('Error in hash: ' + err);
```

sendVerificationEmail() 函数向新用户发送验证邮件

连接到 verify.html 页面的认证链接，把随机生成的令牌作为查询参数传递过去

用 HTML 格式发送邮件

这是 AWS Lambda createUser 的入口函数

从事件中获取输入参数（邮件、密码）

使用 crytoUtils.js中

的 compute
Hash()为密码
加盐

```
        } else {
          storeUser(email, hash, salt, function(err, token) {
            if (err) {
              if (err.code == 'ConditionalCheckFailedException') {
                // userId already found
                callback(null, { created: false });
              } else {
                callback('Error in storeUser: ' + err);
              }
            } else {
              sendVerificationEmail(email, token, function(err, data) {
                if (err) {
                  callback('Error in sendVerificationEmail: ' + err);
                } else {
                  callback(null, { created: true });
                }
              });
            }
          });
        }
      });
    }
  });
}
```

通过 store
User()函数
存储用户

检查数据库
的错误是否
因为数据库
中已经存在
该邮件地址

发送验证邮件

💡提
示
　在本书的源代码里，我在所有 Lambda 函数名的起首添加了 sampleAuth，比如
`createUser` 函数就叫做 `sampleAuthCreateUser`。建议养成给函数做逻辑分组
的好习惯，这样在使用 AWS Lambda 控制台或 AWS CLI 时能大大便于查询和管理。

代码清单9-8　Policy_Lambda_createUser

```
{
    "Version": "2012-10-17",
    "Statement": [
        {
            "Action": [
                "dynamodb:PutItem"
            ],
            "Effect": "Allow",
            "Resource": "arn:aws:dynamodb:<REGION>:<AWS_ACCOUNT_ID>:table/
<DYNAMODB_TABLE>"
        },
        {
            "Effect": "Allow",
            "Action": [
                "ses:SendEmail",
                "ses:SendRawEmail"
            ],
            "Resource": "*"
        },
        {
            "Sid": "",
            "Resource": "*",
            "Action": [
                "logs:*"
```

在 DynamoDB 表
中为新用户放入
一个新项目

使用 Amazon SES 发送验证邮件

```
            ],
            "Effect": "Allow"
        }
    ]
}
```

图 9-5 中贴了一张 `signUp.html` 页面的示例截图。

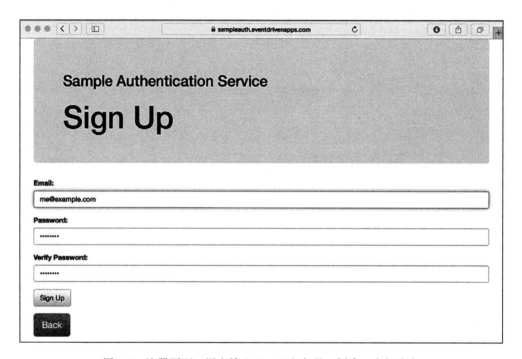

图 9-5　注册页面，用户输入 Email 和密码，创建一个新账户

9.6　验证用户邮件

创建用户后，会发送验证邮件到输入的邮件地址。邮件包含了一个链接，其格式大概类似下面：

Subject: Verification Email for Sample Authentication

Please <u>click here to verify your email address</u> or copy & paste the following link in a browser:

<u>https://sampleauth.eventdrivenapps.com/</u>
<u>verify.html?email=me%40example.com&verify=1073eac77cd4959c45a16e656398321b275</u>
<u>f84ea3394c74921771782086662c1c0fd44e21179d424436e9d0900c308298d2339ec16657a26</u>
<u>ce69754013f562003bf8595eca4770bfaf0e3d1bd73a502085f1ba330b0a12331c4cdef6ba333</u>
<u>dec52202cc11ecf357a8d6e4b7c9572bab8eafcb57fc2be6fd3061e908140ed8f27</u>

这个链接会打开 verify.html 页面（图 9-6），传递一个 verify 令牌作为查询参数（代码清单 9-9）。

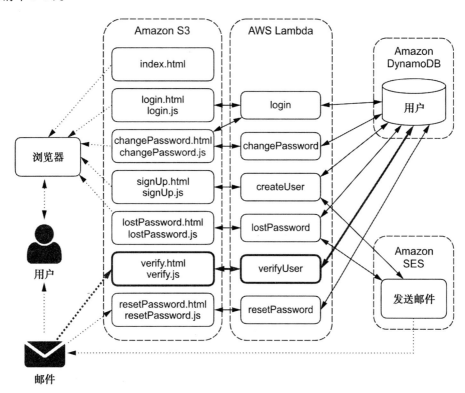

图 9-6　点击验证邮件中的链接，打开 verify.html 页面（该页面使用 verifyUser
　　　　Lambda 函数来检查令牌是否正确）

代码清单9-9　verify.html（验证页面）

```html
<html>
<head>
  <title>Verify - Sample Authentication Service</title>
  <script src="https://sdk.amazonaws.com/js/aws-sdk-2.3.16.min.js"></script>
</head>
  <body>
    <h2>Sample Authentication Service</h2>
    <h1>Verify</h1>
    <div id="result">
    </div>
    <a class="btn btn-info btn-lg" href="index.html">Back</a>
    <script src="js/verify.js"></script>     ◁
  </body>
</html>
```

> verify.js 脚本会在载入页面
> 时自动执行，从 URL 里抓取令
> 牌（查询参数），并用它调用
> verifyUser Lambda 函数

　　客户端通过 verify.js 中的 JavaScript 代码读取查询参数（见代码清单 9-10），然后用该查询参数来调用 verifyUser Lambda 函数，以验证用户（代码清单 9-11）。函数所用的 IAM 角色如代码清单 9-12 所示。

代码清单9-10　　verify.js（浏览器中的JavaScript代码）

```javascript
AWS.config.region = '<REGION>';
AWS.config.credentials = new AWS.CognitoIdentityCredentials({
  IdentityPoolId: '<IDENTITY_POOL_ID>'
});

var lambda = new AWS.Lambda();

var result = document.getElementById('result');        ← getUrlParams()函数
                                                          读取 URL 里的查询参数
function getUrlParams() {
  var p = {};
  var match,                                   把加号(+)替换为空格的正则表达式(译注:
    pl    = /\+/g,                         ←   在 HTTP 查询参数中，加号代表空格。)
    search = /([^&=]+)=?([^&]*)/g,
    decode = function (s) { return decodeURIComponent(s.replace(pl, " ")); },
    query = window.location.search.substring(1);
  while (match = search.exec(query))
    p[decode(match[1])] = decode(match[2]);
  return p;
}                                     init()函数                检查参数确实
                                      执行全部验证              存在于 URL
                                      逻辑
function init() {
  var urlParams = getUrlParams();
  if (!('email' in urlParams) || !('verify' in urlParams)) {
    result.innerHTML = 'Please specify email and verify token in the URL.';
  } else {
    result.innerHTML = 'Verifying...';
    var input = {
      email: urlParams['email'],              为 Lambda 函数
      verify: urlParams['verify']             准备输入参数
    };
    lambda.invoke({
      FunctionName: 'sampleAuthVerifyUser',       调用 verifyUser
      Payload: JSON.stringify(input)              Lambda 函数
    }, function(err, data) {
      if (err) console.log(err, err.stack);
      else {                                      解析返回值，检查
        var output = JSON.parse(data.Payload);    用户是否已被验证
        if (output.verified) {
          result.innerHTML = 'User ' + input.email +
                             ' has been <b>Verified</b>, thanks!';
        } else {
          result.innerHTML = 'User ' + input.email +
                             ' has <b>not</b> been Verified, sorry.';
        }
      }
    });
  }
}                                    载入页面时自动
                                     执行init()函数
window.onload = init();              ←
```

从URL里获取参数

获取Lambda函数的结果

代码清单9-11 **verifyUser** Lambda函数（Node.js）

```
console.log('Loading function');

var AWS = require('aws-sdk');
var config = require('./config');

var dynamodb = new AWS.DynamoDB();

function getUser(email, fn) {
  dynamodb.getItem({
    TableName: config.DDB_TABLE,
    Key: {
      email: {
        S: email
      }
    }
  }, function(err, data) {
    if (err) return fn(err);
    else {
      if ('Item' in data) {
        var verified = data.Item.verified.BOOL;
        var verifyToken = null;
        if (!verified) {
          verifyToken = data.Item.verifyToken.S;
        }
        fn(null, verified, verifyToken);
      } else {
        fn(null, null);
      }
    }
  });
}

function updateUser(email, fn) {
  dynamodb.updateItem({
    TableName: config.DDB_TABLE,
    Key: {
      email: {
        S: email
      }
    },
    AttributeUpdates: {
      verified: {
        Action: 'PUT',
        Value: {
          BOOL: true
        }
      },
      verifyToken: {
        Action: 'DELETE'
      }
    }
  },
  fn);
```

getUser() 函数在数据库里检索用户，并返回验证状态

如果数据里有"Item"，就意味着带有该邮件地址的用户已经在数据库里被找到

获取验证状态

如果用户未验证，则获取令牌

找不到用户

updateUser() 函数改变数据库里的验证状态

把 verified 属性设为 true

删除令牌属性

```
    }
exports.handler = (event, context, callback) => {     ◄──  作为 verifyUser
  var email = event.email;                                  的函数输出到 AWS
  var verifyToken = event.verify;                           Lambda

  getUser(email, function(err, verified, correctToken) {  ◄──  在数据库里检索
    if (err) {                                                  用户（通过邮件
      callback('Error in getUser: ' + err);                     地址）
    } else if (verified) {                              ◄──  如果用户已验证,
      console.log('User already verified: ' + email);          则不执行任何操作
      callback(null, { verified: true });
    } else if (verifyToken == correctToken) {           ◄──  如果 URL 和数据库
      updateUser(email, function(err, data) {                  的令牌一致, 则把用
        if (err) {                                             户标记为已验证
          callback('Error in updateUser: ' + err);
        } else {                                        ◄──  在数据库更新
          console.log('User verified: ' + email);             验证状态（并
          callback(null, { verified: true });                 移除令牌）
        }
      });
    } else {                                            ◄──  未能验证用户
      console.log('User not verified: ' + email);            （比如令牌有误）
      callback(null, { verified: false });
    }
  });
}
```

代码清单9-12　Policy_Lambda_verifyUser

```
{
    "Version": "2012-10-17",
    "Statement": [                                   获取一个项目（通过
        {                                            主键, 也就是本例中
            "Action": [                              的邮件地址）
                "dynamodb:GetItem",        ◄──
                "dynamodb:UpdateItem"      ◄──       更新项目（标记
            ],                                        为已验证）
            "Effect": "Allow",
            "Resource": "arn:aws:dynamodb:<REGION>:<AWS_ACCOUNT_ID>:table/
<DYNAMODB_TABLE>"
        },
        {
            "Sid": "",
            "Resource": "*",
            "Action": [
                "logs:*"
            ],
            "Effect": "Allow"
        }
    ]
}
```

verify.html 页面的输出如图 9-7 所示。

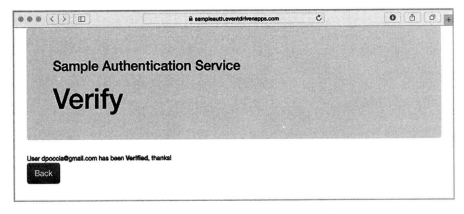

图 9-7　验证页面的输出，确认用户已被验证

总结

本章中，我们创建了一个实用 Web 客户端应用的认证服务，还专门学习了以下知识点：

❑ 使用多个 Lambda 函数实现后端。
❑ 使用带 JavaScript 的 HTML 来实现 Web 客户端应用。
❑ 使用 AWS CLI 来实现 AWS 资源创建和更新的自动化。
❑ 管理集中式配置和共享代码。
❑ 使用 Amazon SES 发送邮件。

下一章里，我们会往认证服务里添加更多高级功能，比如修改和重置密码，登录并用 Amazon Cognito 服务为认证用户获取 AWS 凭证。

练习

在注册界面里添加姓名栏，并在 DynamoDB 表和验证邮件里存储姓名。

 提示　在 Amazon DynamoDB 中，你只需要指定主键（也就是本例中的邮件），并可以在表中的任意项目下添加不同的属性。这样，Lambda 函数所需调用的 IAM 角色完全不需要变动。

解答

要添加姓名，你需要修改 HTML 页面（signUp.html）、客户端的 JavaScript 文件（signUp.js），以及 Lambda 函数（createUser）。以下代码简述了一种可行的做法，并用粗体标注了与文中标准实现的差别。

代码清单 `signUpWithName.html`（Sign Up page）

```html
<html>
<head>
  <title>Sign Up - Sample Authentication Service</title>
  <script src="https://sdk.amazonaws.com/js/aws-sdk-2.3.16.min.js"></script>
</head>
<body>
  <h2>Sample Authentication Service</h2>
  <h1>Sign Up</h1>
  <form role="form" id="signup-form">
    <div>
      <label for="email">Email:</label>
      <input type="email" id="email">
    </div>
    <div>
      <label for="name">Email:</label>
      <input type="text" id="name">
    </div>
    <div>
      <label for="password">Password:</label>
      <input type="password" id="password">
    </div>
    <div>
      <label for="password">Verify Password:</label>
      <input type="password" id="verify-password">
    </div>
    <button type="submit" id="signup-button">Sign Up</button>
    </form>
  <div id="result">
  </div>
  <a href="index.html">Back</a>
  <script src="js/signUp.js"></script>
</body>
</html>
```

代码清单 `signUpWithName.js`（浏览器中的JavaScript代码）

```javascript
AWS.config.region = '<REGION>';
AWS.config.credentials = new AWS.CognitoIdentityCredentials({
  IdentityPoolId: '<IDENTITY_POOL_ID>'
});

var lambda = new AWS.Lambda();

function signup() {

  var result = document.getElementById('result');
  var email = document.getElementById('email');
  var name = document.getElementById('name');
  var password = document.getElementById('password');
  var verifyPassword = document.getElementById('verify-password');

  result.innerHTML = 'Sign Up...';

  if (email.value == null || email.value == '') {
```

```
    result.innerHTML = 'Please specify your email address.';
  } else if (name.value == null || name.value == '') {
    result.innerHTML = 'Please specify your name.';
  } else if (password.value == null || password.value == '') {
    result.innerHTML = 'Please specify a password.';
  } else if (password.value != verifyPassword.value) {
    result.innerHTML = 'Passwords are <b>different</b>, please check.';
  } else {
    var input = {
      email: email.value,
      name: name.value,
      password: password.value,
    };

    lambda.invoke({
      FunctionName: 'sampleAuthCreateUser',
      Payload: JSON.stringify(input)
    }, function(err, data) {
      if (err) console.log(err, err.stack);
      else {
        var output = JSON.parse(data.Payload);
        if (output.created) {
          result.innerHTML = 'User ' + input.email + ' created. Please check
    your email to validate the user and enable login.';
        } else {
          result.innerHTML = 'User <b>not</b> created.';
        }
      }
    });
  }
}

var form = document.getElementById('signup-form');
form.addEventListener('submit', function(evt) {
  evt.preventDefault();
  signup();
});
```

代码清单　createUser Lambda 函数（Node.js）

```
console.log('Loading function');

var AWS = require('aws-sdk');
var crypto = require('crypto');
var cryptoUtils = require('./lib/cryptoUtils');
var config = require('./config');

var dynamodb = new AWS.DynamoDB();
var ses = new AWS.SES();

function storeUser(email, name, password, salt, fn) {
  var len = 128;
  crypto.randomBytes(len, function(err, token) {
    if (err) return fn(err);
    token = token.toString('hex');
```

```
    dynamodb.putItem({
      TableName: config.DDB_TABLE,
      Item: {
        email: {
          S: email
        },
        name: {
          S: name
        },
        passwordHash: {
          S: password
        },
        passwordSalt: {
          S: salt
        },
        verified: {
          BOOL: false
        },
        verifyToken: {
          S: token
        }
      },
      ConditionExpression: 'attribute_not_exists (email)'
    }, function(err, data) {
      if (err) return fn(err);
      else fn(null, token);
    });
  });
}
function sendVerificationEmail(email, name, token, fn) {
  var subject = 'Verification Email for ' + config.EXTERNAL_NAME;
  var verificationLink = config.VERIFICATION_PAGE + '?email=' +
    encodeURIComponent(email) + '&verify=' + token;
  ses.sendEmail({
    Source: config.EMAIL_SOURCE,
    Destination: {
      ToAddresses: [
        email
      ]
    },
    Message: {
      Subject: {
        Data: subject
      },
      Body: {
        Html: {
          Data: '<html><head>'
          + '<meta http-equiv="Content-Type" content="text/html; charset=UTF-8" />'
          + '<title>' + subject + '</title>'
          + '</head><body>'
          + 'Hello ' + name + ', please <a href="' + verificationLink +
          '">click here to verify your email address</a> or copy & paste the
          following link in a browser:'
          + '<br><br>'
```

```
              + '<a href="' + verificationLink + '">' + verificationLink + '</a>'
              + '</body></html>'
            }
          }
        }
      }, fn);
    }
exports.handler = (event, context, callback) => {
  var email = event.email;
  var name = event.name;
  var clearPassword = event.password;

  cryptoUtils.computeHash(clearPassword, function(err, salt, hash) {
    if (err) {
      callback('Error in hash: ' + err);
    } else {
      storeUser(email, name, hash, salt, function(err, token) {
        if (err) {
          if (err.code == 'ConditionalCheckFailedException') {
            // userId already found
            callback(null, { created: false });
          } else {
            callback('Error in storeUser: ' + err);
          }
        } else {
          sendVerificationEmail(email, name, token, function(err, data) {
            if (err) {
              callback('Error in sendVerificationEmail: ' + err);
            } else {
              callback(null, { created: true });
            }
          });
        }
      });
    }
  });
}
```

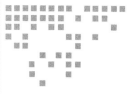

第 10 章

为认证服务添加更多功能

本章导读：

❑ 管理更多场景，诸如重置和修改密码。

❑ 将登录流程与 Amazon Cognito 集成。

❑ 以认证用户的身份登陆并获取 AWS 安全凭证。

❑ 只对认证用户开放 Lambda 函数访问权限。

在前面的章节里，我们为认证服务搭建了一个无服务器架构（图 10-1），可以创建新用户并验证其邮件地址。本章我们会添加更多有趣的功能，比如修改或重置密码，以 Amazon Cognito 认证开发者的身份登录。

> **注意** 本案例同时使用了客户端一方（运行于浏览器）和服务器一方（运行于 Lambda 函数）的代码。因为浏览器里的代码是 JavaScript，所以本章 Lambda 函数样例使用 JavaScript 语言。读者有兴趣的话，可以尝试用 Python 实现同样的功能，不会对应用的架构和业务逻辑产生影响。

10.1　处理密码遗忘

跟创建和验证用户的流程类似，我们可以用一封带随机令牌的邮件验证用户，执行密码重置。

> **注意** 为了方便，我们把这一功能叫做"遗忘密码"，虽然事实上它可以应用于很多场合。比如，如果用户怀疑他们的安全凭证被盗了，就可以请求重置密码。

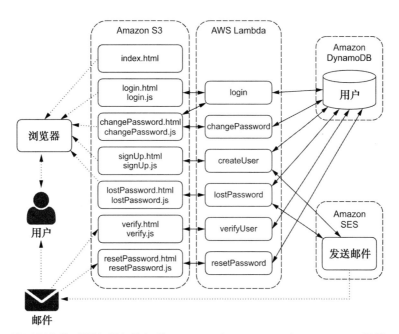

图 10-1　认证服务的无服务器架构概览。HTML 和 JavaScript 由 Amazon S3 提供，Lambda
函数提供后端逻辑，DynamoDB 表用于存储用户配置文件，Amazon SES 发送验
证邮件和密码重置邮件

首先，用户在 `lostPassword.html` 页面里报告遗忘密码（图 10-2）。

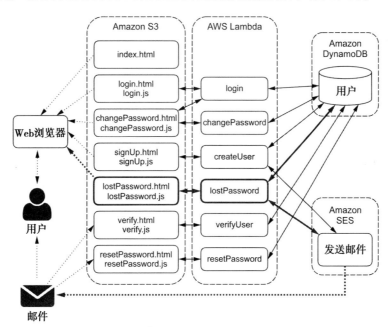

图 10-2　要重置密码，用户需要先报告遗忘密码。随后 `lostPassword` 这个 Lambda 函数
发送一封带有随机令牌的邮件，以验证请求

lostPassword.html 页面的代码如代码清单 10-1 所示。

代码清单10-1　`lostPassword.html`（遗忘密码界面）

```html
<html>
<head>
  <title>Change Password - Sample Authentication Service</title>
  <meta charset="utf-8">
  <script src="https://sdk.amazonaws.com/js/aws-sdk-2.3.16.min.js">
  </script>
</head>
<body>
  <h2>Sample Authentication Service</h2>
  <h1>Lost Password</h1>
  <form role="form" id="lost-password-form">
    <div>
      <label for="email">Email:</label>
      <input type="text" class="form-control" id="email">
    </div>
    <button type="submit" class="btn btn-default" id="lost-password-
button">
      Lost Password
    </button>
  </form>
  <div id="result">
  </div>
  <a class="btn btn-info btn-lg" href="index.html">Back</a>
  <script src="js/lostPassword.js"></script>
</body>
</html>
```

◁—— 客户端逻辑位
于浏览器里的
JavaScript
代码中

lostPassword.js JavaScript 代码（见代码清单 10-2）运行在浏览器里，调用 lostPassword
Lambda 函数来初始化重置密码进程。

代码清单10-2　lostPassword.js（浏览器中的JavaScript代码）

```javascript
AWS.config.region = '<REGION>';
AWS.config.credentials = new AWS.CognitoIdentityCredentials({
  IdentityPoolId: '<IDENTITY_POOL_ID>'
});

var lambda = new AWS.Lambda();

function lostPassword() {

  var result = document.getElementById('result');
  var email = document.getElementById('email');

  result.innerHTML = 'Password Lost...';

  if (email.value == null || email.value == '') {
    result.innerHTML = 'Please specify your email address.';
  } else {
```

```
    var input = {
      email: email.value
    };

    lambda.invoke({
      FunctionName: 'sampleAuthLostPassword',
      Payload: JSON.stringify(input)
    }, function(err, data) {
      if (err) console.log(err, err.stack);
      else {
        var output = JSON.parse(data.Payload);
        if (output.sent) {
          result.innerHTML =
            'Email sent. Please check your email to reset your password.';
        } else {
          result.innerHTML = 'Email <b>not</b> sent.';
        }
      }
    });
  }
}

var form = document.getElementById('lost-password-form');
form.addEventListener('submit', function(evt) {
  evt.preventDefault();
  lostPassword();
});
```

只需要提供邮件地址
就能重置密码

调用的后端 Lambda
函数，在输入事件
中传递邮件地址

lostPassword Lambda 函数（代码清单 10-3）生成一个随机重置令牌，存储在数据库中，并作为重置邮件内嵌链接的一个查询参数。函数所需的 IAM 角色如代码清单 10-4，重置邮件看起来会类似如下形式：

Subject: Password Lost for Sample Authentication

Please click here to reset your password or copy & paste the following link in a browser:

https://sampleauth.eventdrivenapps.com/
resetPassword.html?email=you@example.com&lost=7d66118778f1c222f51ca68802652e6
d569216a5e4b5ad93756bed9cb680755b3ef45be06714c17a62368d4853db408658223821aa02
08d9ef50e59460d7617995ac291b1973dd5dfae5bb15ebfd6eb3e1ae5f13c5339af0d8e4680af
42f96766c4b33933008e5c66e8fce32c05be2d089502779ca2112cfd09aba7890896155

代码清单10-3　lostPassword Lambda函数（Node.js）

```
console.log('Loading function');

var AWS = require('aws-sdk');
var crypto = require('crypto');
var config = require('./config.json');

var dynamodb = new AWS.DynamoDB();
var ses = new AWS.SES();

function getUser(email, fn) {
```

getUser() 函数从
DynamoDB 表中读
取所有用户数据；
邮件地址就是哈希值

```
dynamodb.getItem({
  TableName: config.DDB_TABLE,
  Key: {
    email: {
      S: email
    }
  }
}, function(err, data) {
  if (err) return fn(err);
  else {
    if ('Item' in data) {
      fn(null, email);
    } else {
      fn(null, null);                    ◁──── 该用户不存在
    }
  }
});
}
```

storeLostToken()
函数生成一个随机令
牌，并在 DynamoDB
表 中 的 lostToken
属性下存储数值

```
function storeLostToken(email, fn) {      ◁──
  var len = 128;
  crypto.randomBytes(len, function(err, token) {   ◁── 伪随机码
    if (err) return fn(err);                          字节大小
    token = token.toString('hex');
    dynamodb.updateItem({
      TableName: config.DDB_TABLE,
      Key: {
        email: {
          S: email
        }
      },
      AttributeUpdates: {
        lostToken: {
          Action: 'PUT',
          Value: {
            S: token
          }
        }
      }
    },
    function(err, data) {
      if (err) return fn(err);
      else fn(null, token);
    });
  });
}
```

sendLostPassword-
Email() 函数向用户发
送重置邮件信息

```
function sendLostPasswordEmail(email, token, fn) {   ◁──
  var subject = 'Password Lost for ' + config.EXTERNAL_NAME;
  var lostLink = config.RESET_PAGE +
    '?email=' + email + '&lost=' + token;       ◁──
  ses.sendEmail({
    Source: config.EMAIL_SOURCE,                 在指向 resetPassword.html
    Destination: {                               页面的链接中，随机令牌被用作
      ToAddresses: [                             查询参数
        email
```

Amazon SES 用于发送重置邮件

```
        ]
      },
      Message: {
        Subject: {
          Data: subject
        },
        Body: {
          Html: {
            Data: '<html><head>'
            + '<meta http-equiv="Content-Type"
              content="text/html; charset=UTF-8" />'
            + '<title>' + subject + '</title>'
            + '</head><body>'
            + 'Please <a href="' + lostLink + '">'
            + 'click here to reset your password</a>'
            + ' or copy & paste the following link in a browser:'
            + '<br><br>'
            + '<a href="' + lostLink + '">' + lostLink + '</a>'
            + '</body></html>'
          }
        }
      }
    }, fn);
}
exports.handler = (event, context, callback) => {          ◁    会被 AWS Lambda
  var email = event.email;                                       触发的输出函数

  getUser(email, function(err, emailFound) {              ◁
    if (err) {
      callback('Error in getUserFromEmail: ' + err);            从数据库中读
    } else if (!emailFound) {                                    取用户数据
      console.log('User not found: ' + email);
      callback(null, { sent: false });
    } else {                                               ◁    随机令牌存储
      storeLostToken(email, function(err, token) {              在数据库中
        if (err) {
          callback('Error in storeLostToken: ' + err);
        } else {
          sendLostPasswordEmail(email, token, function(err, data) { ◁
            if (err) {                                             重置邮
              callback('Error in sendLostPasswordEmail: ' + err);  件信息
            } else {                                               发送给
              console.log('User found: ' + email);                用户
              callback(null, { sent: true });
            }
          });
        }
      });
    }
  });
}
```

代码清单10-4　Policy_Lambda_lostPassword

```json
{
    "Version": "2012-10-17",
    "Statement": [
        {
            "Action": [
                "dynamodb:GetItem",                          读取并更新记录
                "dynamodb:UpdateItem"
            ],
            "Effect": "Allow",
            "Resource": "arn:aws:dynamodb:<REGION>:<ACCOUNT>:table/<TABLE>"
        },
        {
            "Effect": "Allow",
            "Action": [
                "ses:SendEmail",                            用 Amazon SES
                "ses:SendRawEmail"                          发送重置邮件
            ],
            "Resource": "*"
        },
        {
            "Sid": "",
            "Resource": "*",
            "Action": [
                "logs:*"
            ],
            "Effect": "Allow"
        }
    ]
}
```

图 10-3 中贴了一张 lostPassword.html 界面的示例截图。用户需要提供邮件地址才能接收重置邮件，开始密码重置。

图 10-3　遗忘密码界面的输出，提交后重置邮件会发送给用户

10.2　处理密码重置

当密码报失后，用户接收到密码重置邮件，点击邮件中的链接打开 `resetPassword.html` 页面（代码清单 10-5），传递 URL 里的遗失令牌（图 10-4）。

重置密码令牌由 resetPassword.js 文件里的 JavaScript 代码读取（代码清单 10-6），在浏览器里执行，并连同新密码传递给 `resetPassword` Lambda 函数（代码清单 10-7）。函数所需的 IAM 角色如代码清单 10-8 所示。

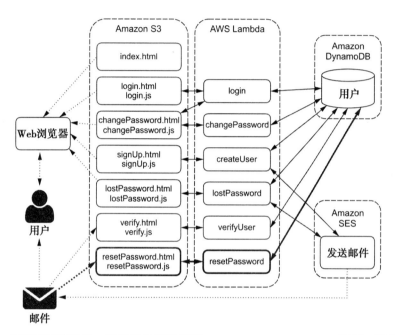

图 10-4　重置流程第二步：邮件里的链接打开 resetPassword.html 页面，请求一个新密码，并调用 resetPassword Lambda 函数传递丢失密码令牌。如果在数据库内检查，认定丢失密码令牌是正确的，Lambda 函数就会把密码换成新的

代码清单10-5　`resetPassword.html`（重置密码页面）

```html
<html>
<head>
  <title>Reset Password - Sample Authentication Service</title>
  <script src="https://sdk.amazonaws.com/js/aws-sdk-
2.3.16.min.js"></script>
</head>
<body>
  <h2>Sample Authentication Service</h2>
  <h1>Reset Password</h1>
  <form role="form" id="reset-password-form">
    <div>
      <label for="password">New Password:</label>
      <input type="password" class="form-control" id="new-password">
```

```
  </div>
  <div >
    <label for="password">Verify New Password:</label>
    <input type="password" class="form-control" id="verify-new-password">
  </div>
  <button type="submit" id="reset-password-button">
    Reset Password
  </button>
  </form>
  <div id="result">
  </div>
  <a href="index.html">Back</a>
  <script src="js/resetPassword.js"></script>
</body>
</html>
```

客户端逻辑位于浏览器里的 JavaScript 代码中

代码清单10-6　resetPassword.js（浏览器中的JavaScript代码）

```
AWS.config.region = '<REGION>';
AWS.config.credentials = new AWS.CognitoIdentityCredentials({
  IdentityPoolId: '<IDENTITY_POOL_ID>'
});

var lambda = new AWS.Lambda();

function getUrlParams() {
  var p = {};
  var match,
    pl    = /\+/g,
    search = /([^&=]+)=?([^&]*)/g,
    decode = function (s)
      { return decodeURIComponent(s.replace(pl, " ")); },
    query  = window.location.search.substring(1);
  while (match = search.exec(query))
    p[decode(match[1])] = decode(match[2]);
  return p;
}

function resetPassword() {

  var result = document.getElementById('result');
  var password = document.getElementById('new-password');
  var verifyPassword = document.getElementById('verify-new-password');

  var urlParams = getUrlParams();
  var email = urlParams['email'] || null;
  var lost = urlParams['lost'] || null;

  if (password.value == null || password.value == '') {
    result.innerHTML = 'Please specify a password.';
  } else if (password.value != verifyPassword.value) {
    result.innerHTML = 'Passwords are <b>not</b> the same, please check.';
  } else {
    if ((!email)||(!lost)) {
      result.innerHTML = 'Please specify email and lost token in the URL.';
    } else {
```

getUrlParams() 函数从 URL 中读取查询参数

用于替换其他符号的正则表达式

resetPassword() 函数会在提交表格时被执行

```
        result.innerHTML = 'Trying to reset password for user ' +
          email + ' ...';

        var input = {
          email: email,                    Lambda 函数的输入
          lost: lost,                      事件包括邮件、丢
          password: password.value         失令牌和新密码
        };
        lambda.invoke({
          FunctionName: 'sampleAuthResetPassword',    ◁── resetPassword Lambda
          Payload: JSON.stringify(input)                   函数被触发
        }, function(err, data) {
          if (err) console.log(err, err.stack);       用 resetPassword
          else {                                       Lambda 函数检查
            var output = JSON.parse(data.Payload);     密码是否已修改
            if (output.changed) {                  ◁──
              result.innerHTML = 'Password changed for user ' + email;
            } else {
              result.innerHTML = 'Password <b>not</b> changed.';
            }
          }
        });

      }
    }
  }
                                      init() 函数用于
                                      自定义 HTML 页面
                                      上的结果信息
  function init() {                ◁──
    if (email) {
      result.innerHTML = 'Type your new password for user ' + email;
    }
  }

  var form = document.getElementById('reset-password-form');
  form.addEventListener('submit', function(evt) {
    evt.preventDefault();
    resetPassword();
  });                           载入页面时，自动
                                执行 init() 函数
  window.onload = init();    ◁──
```

代码清单10-7　**resetPassword** Lambda函数（Node.js）

```
console.log('Loading function');

var AWS = require('aws-sdk');
var cryptoUtils = require('./lib/cryptoUtils');
var config = require('./config');

var dynamodb = new AWS.DynamoDB();
                                        getUser() 函数在数据
function getUser(email, fn) {           库中读取用户数据，包括
  dynamodb.getItem({               ◁──  lostPassword Lambda
    TableName: config.DDB_TABLE,        函数所写的丢失令牌
    Key: {
      email: {
```

```
            S: email
          }
        }
    }, function(err, data) {
      if (err) return fn(err);
      else {
        if (('Item' in data) && ('lostToken' in data.Item)) {
          var lostToken = data.Item.lostToken.S;
              fn(null, lostToken);
            } else {
              fn(null, null); // User or token not found
            }
          }
        });
      }

      function updateUser(email, password, salt, fn) {
        dynamodb.updateItem({
            TableName: config.DDB_TABLE,
            Key: {
              email: {
                S: email
              }
            },
            AttributeUpdates: {
              passwordHash: {
                Action: 'PUT',
                Value: {
                  S: password
                }
              },
              passwordSalt: {
                Action: 'PUT',
                Value: {
                  S: salt
                }
              },
              lostToken: {
                Action: 'DELETE'
              }
            }
          },
          fn);
      }

      exports.handler = (event, context, callback) => {
        var email = event.email;
        var lostToken = event.lost;
        var newPassword = event.password;

        getUser(email, function(err, correctToken) {
          if (err) {
            callback('Error in getUser: ' + err);
          } else if (!correctToken) {
            console.log('No lostToken for user: ' + email);
            callback(null, { changed: false });
```

updateUser() 函数更新数据库中的用户数据，更新哈希密码（或加盐哈希密码）并删除丢失密码令牌

输出给 AWS Lambda，准备触发的函数

在数据库中读取丢失密码令牌

如果数据库中没有丢失密码令牌，意味着用户并未请求重置密码（或者根本没找到用户）

如果丢失密码令牌正确，则

```
计算新的          } else if (lostToken != correctToken) {           如果丢失密码
加盐密码             // Wrong token, no password lost                令 牌 与 发 送
并在数据             console.log('Wrong lostToken for user: ' + email);  给 Lambda 函
库里更新             callback(null, { changed: false });             数的令牌不一
          └─> } else {                                             致，那么密码
                console.log('User logged in: ' + email);           不会被修改
                cryptoUtils.computeHash(newPassword,
            function(err, newSalt, newHash) {
          if (err) {
            callback('Error in computeHash: ' + err);
          } else {
            updateUser(email, newHash, newSalt, function(err, data) {
              if (err) {
                callback('Error in updateUser: ' + err);
              } else {
                console.log('User password changed: ' + email);
                callback(null, { changed: true });
              }
            });
          }
        });
      }
    });
  }
});
}
```

代码清单10-8　Policy_Lambda_resetPassword

```
{
  "Version": "2012-10-17",
  "Statement": [
    {
      "Action": [
        "dynamodb:GetItem",                读取并更新记录
        "dynamodb:UpdateItem"
      ],
      "Effect": "Allow",
      "Resource": "arn:aws:dynamodb:<REGION>:<ACCOUNT>:table/<TABLE>"
    },
    {
      "Sid": "",
      "Resource": "*",
      "Action": [
        "logs:*"
      ],
      "Effect": "Allow"
    }
  ]
}
```

resetPassword.html 页面的输出如图 10-5 所示。

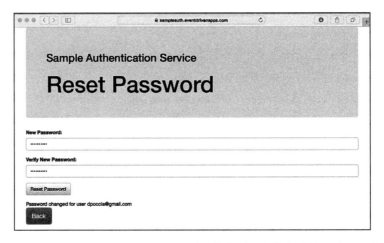

图 10-5　`resetPassword.html` 页面的截图，报告密码是否重置成功

10.3　处理用户登录

认证服务最要紧的功能大概就是登录了（图 10-6）。login.html 页面（代码清单 10-9）使用 login.js 文件（代码清单 10-10）中的 JavaScript 代码来调用带用户安全凭证（邮件和密码）的 `login` Lambda 函数（代码清单 10-11）来认证用户。函数所需的 IAM 角色如代码清单 10-12 所示。

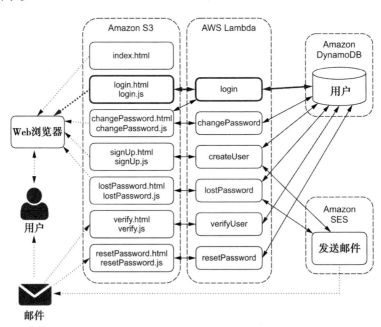

图 10-6　登录流程会在数据库里检查用户安全凭证，返回一个确认信息和一个 Cognito 开发者认证标识令牌，可用于为 AWS 认证用户获取安全凭证

代码清单10-9　`login.html`（登录页面）

```html
<html>
<head>
  <title>Login - Sample Authentication Service</title>
  <script src="https://sdk.amazonaws.com/js/aws-sdk-2.3.16.min.js">
  </script>
</head>
<body>
  <h2>Sample Authentication Service</h2>
  <h1>Login</h1>
  <form role="form" id="login-form">
    <div>
      <label for="email">Email:</label>
      <input type="text" class="form-control" id="email">
    </div>
    <div>
      <label for="password">Password:</label>
      <input type="password" class="form-control" id="password">
    </div>
    <button type="submit" id="login-button">Login</button>
  </form>
  <div id="result">
  </div>
  <a href="index.html">Back</a>                   客户端逻辑位于浏览器
  <script src="js/login.js"></script>   ◀────       里的 JavaScript 代码中
</body>
</html>
```

代码清单10-10　login.js（浏览器中的JavaScript代码）

```javascript
AWS.config.region = '<REGION>';
AWS.config.credentials = new AWS.CognitoIdentityCredentials({
  IdentityPoolId: '<IDENTITY_POOL_ID>'
});

var lambda = new AWS.Lambda();

function login() {

  var result = document.getElementById('result');
  var email = document.getElementById('email');
  var password = document.getElementById('password');
  result.innerHTML = 'Login...';

  if (email.value == null || email.value == '') {
    result.innerHTML = 'Please specify your email address.';
  } else if (password.value == null || password.value == '') {
    result.innerHTML = 'Please specify a password.';
  } else {

    var input = {                        邮件和密码位于
      email: email.value,                login Lambda
      password: password.value           函数的输入事件中
    };
```

```
    lambda.invoke({
      FunctionName: 'sampleAuthLogin',
      Payload: JSON.stringify(input)
    }, function(err, data) {
      if (err) console.log(err, err.stack);
      else {
        var output = JSON.parse(data.Payload);
        if (!output.login) {
          result.innerHTML = '<b>Not</b> logged in';
        } else {
          result.innerHTML = 'Logged in with IdentityId: '
            + output.identityId + '<br>';

          var creds = AWS.config.credentials;
          creds.params.IdentityId = output.identityId;
          creds.params.Logins = {
            'cognito-identity.amazonaws.com': output.token
          };
          creds.expired = true;

          // Do something with the authenticated role

        }
      }
    });
  }
}

var form = document.getElementById('login-form');
form.addEventListener('submit', function(evt) {
  evt.preventDefault();
  login();
});
```

login Lambda
函数被触发,输入
事件中带有用户凭证

检查是否
成功登录

使用 identity ID
和登录令牌来更新
AWS 安全凭证

直接停用当
前 AWS 凭
证会导致强
制刷新(这
次是作为认
证用户)

代码清单10-11　login Lambda函数(Node.js)

```
console.log('Loading function');

var AWS = require('aws-sdk');
var config = require('./config.json');
var cryptoUtils = require('./lib/cryptoUtils');

var dynamodb = new AWS.DynamoDB();
var cognitoidentity = new AWS.CognitoIdentity();

function getUser(email, fn) {
  dynamodb.getItem({
    TableName: config.DDB_TABLE,
    Key: {
      email: {
        S: email
      }
    }
  }, function(err, data) {
    if (err) return fn(err);
    else {
      if ('Item' in data) {
```

getUser() 函数
从数据库中读取
加盐密码(哈希
值和盐值)

```
                var hash = data.Item.passwordHash.S;
                var salt = data.Item.passwordSalt.S;
                var verified = data.Item.verified.BOOL;
                fn(null, hash, salt, verified);
            } else {
                fn(null, null); // User not found
            }
        }
    });
}

function getToken(email, fn) {
    var param = {
        IdentityPoolId: config.IDENTITY_POOL_ID,
        Logins: {}
    };
    param.Logins[config.DEVELOPER_PROVIDER_NAME] = email;
    cognitoidentity.getOpenIdTokenForDeveloperIdentity(param,
        function(err, data) {
            if (err) return fn(err);
            else fn(null, data.IdentityId, data.Token);
        });
}

exports.handler = (event, context, callback) => {
    var email = event.email;
    var clearPassword = event.password;

    getUser(email, function(err, correctHash, salt, verified) {
        if (err) {
            callback('Error in getUser: ' + err);
        } else {
            if (correctHash == null) {
                // User not found
                console.log('User not found: ' + email);
                callback(null, { login: false });
            } else if (!verified) {
                // User not verified
                console.log('User not verified: ' + email);
                callback(null, { login: false });
            } else {
                cryptoUtils.computeHash(clearPassword, salt,
                    function(err, salt, hash) {
                        if (err) {
                            callback('Error in hash: ' + err);
                        } else {
                            console.log('correctHash: ' + correctHash + ' hash: ' + hash);
                            if (hash == correctHash) {
                                // Login ok
                                console.log('User logged in: ' + email);
                                getToken(email, function(err, identityId, token) {
                                    if (err) {
                                        callback('Error in getToken: ' + err);
                                    } else {
                                        callback(null, {
                                            login: true,
```

getToken() 函数使用 config.json 配置文件里的 Developer Provider Name，从 Amazon Cognito 中为用户获取令牌和 identity ID

输出到 AWS Lambda，准备被触发的函数

从数据库中获取加盐密码（哈希值和盐值）

如果不存在哈希值，则用户不存在

如果用户未验证，则不允许登录

用同一个盐值，计算所输入密码的哈希值

如果两个哈希值是一致的，则允许用户登录

从 Amazon Cognito 中获取令牌，并作为返回值之一返回

```
                    identityId: identityId,
                    token: token
                  });
              }
            });
        } else {
        // Login failed
        console.log('User login failed: ' + email);
        callback(null, { login: false });
        }
      }
    });
  }
}
});
}
```

哈希值不一致，说明
输入的密码不正确

代码清单10-12　Policy_Lambda_login

```json
{
  "Version": "2012-10-17",
  "Statement": [
    {
      "Action": [
        "dynamodb:GetItem"
      ],
      "Effect": "Allow",
      "Resource": "arn:aws:dynamodb:<REGION>:<ACCOUNT>:table/<TABLE>"
    },
    {
      "Effect": "Allow",
      "Action": [
        "cognito-identity:GetOpenIdTokenForDeveloperIdentity"
      ],
      "Resource":
        "arn:aws:cognito-identity:<REGION>:<ACCOUNT>:identitypool/<POOL>"
    },
    {
      "Sid": "",
      "Resource": "*",
      "Action": [
        "logs:*"
      ],
      "Effect": "Allow"
    }
  ]
}
```

通过邮件，从表
格中读取记录

为开发者标识获取
Cognito 令牌

图 10-7 里贴了一张 login.html 页面的样本截图。

10.4　为认证用户获取 AWS 令牌

如果用户安全凭证（邮件和密码）是有效的，login Lambda 函数会向 Amazon Cognito

请求一个令牌，配给认证开发者（图 10-8）。Amazon Cognito 则向用户返回令牌，以及一个唯一的身份 ID。

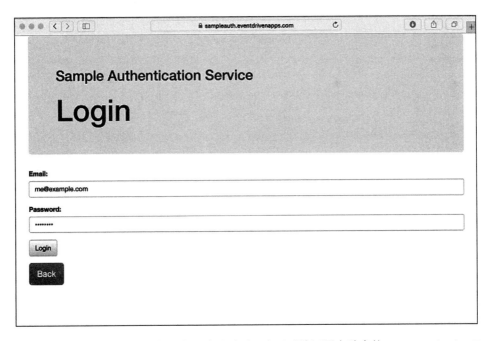

图 10-7　登录页面的输出。当用户正确登录时，会显示认证用户独有的 Cognito Identity ID 作为确认

令牌返回给 login.js 脚本。脚本可以用该令牌请求新的 AWS 安全凭证，配给 Cognito 标识库中认证过的 IAM 角色（图 10-9）。

有了新的 AWS 安全凭证，客户端应用可以使用已认证 IAM 角色所允许的全部资源和操作。比如，你可以用此方法，只允许认证用户修改密码。

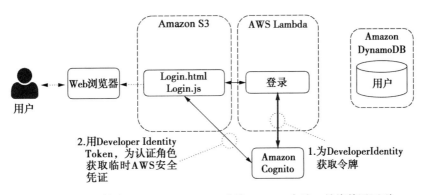

图 10-8　login Lambda 函数为 Developer Identities 获取 Cognito 令牌，并将其返回到 login.js 脚本里

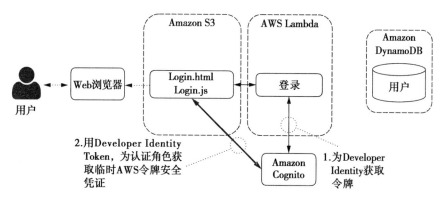

图 10-9　`login.js` 脚本可以使用 Cognito 令牌来为 Cognito 标识库 ID 池里的认证用户获取 AWS 令牌

10.5　处理密码修改

要修改密码，你需要知道旧密码；若不知道，则可以使用之前讲过的遗忘 / 重置密码进程。在此情况下，不需要把旧密码传送给 changePassword Lambda 函数，而是使用登录功能为认证 IAM 角色获取 AWS 凭证，并只对认证用户开放 changePassword Lambda 函数访问权限。

配给 Cognito ID 池中认证用户的 IAM 角色如代码清单 10-13 所示，可以看到已经添加了 changePassword Lambda 函数（粗体字），还有为非认证用户配属的角色。

代码清单10-13　Policy_Cognito_Authenticated_Role

```
{
  "Version": "2012-10-17",
  "Statement": [
    {
      "Effect": "Allow",
      "Action": [
        "mobileanalytics:PutEvents",
        "cognito-sync:*"
      ],
      "Resource": [
        "*"
      ]
    },
    {
      "Effect": "Allow",                          只有认证用户可以访
      "Action": [                                 问 changePassword
        "lambda:InvokeFunction"                   Lambda 函数
      ],
      "Resource": [
        "arn:aws:lambda:<REGION>:<ACCOUNT>:function:createUser",
        "arn:aws:lambda:<REGION>:<ACCOUNT>:function:verifyUser",
        "arn:aws:lambda:<REGION>:<ACCOUNT>:function:changePassword",
```

```
        "arn:aws:lambda:<REGION>:<ACCOUNT>:function:lostPassword",
        "arn:aws:lambda:<REGION>:<ACCOUNT>:function:resetPassword",
        "arn:aws:lambda:<REGION>:<ACCOUNT>:function:sampleAuthLogin"
      ]
    }
  ]
}
```

如此一来，changePassword.html 页面就是我们应用中唯一使用两个后端 Lambda
函数的页面了（图 10-10）：

❑ login 函数，用于认证用户。

❑ changePassword 函数，用于在数据库中修改密码。

changePassword.html 页面的内容如代码清单 10-14 所示。这一页面使用 change
Password.js 脚本（代码清单 10-15）和 changePassword Lambda 函数（代码清单 10-16）。
函数所需的 IAM 角色如代码清单 10-17 所示。

代码清单10-14　changePassword.html（修改密码页面）

```
<html>
<head>
  <title>Change Password - Sample Authentication Service</title>
  <script src="https://sdk.amazonaws.com/js/aws-sdk-2.3.16.min.js"></script>
</head>
<body>
  <h2>Sample Authentication Service</h2>
    <h1>Change Password</h1>
  <form role="form" id="change-password-form">
    <div>
      <label for="email">Email:</label>
      <input type="email" class="form-control" id="email">
    </div>
      <div>
      <label for="password">Old Password:</label>
      <input type="password" class="form-control" id="old-password">
    </div>
    <div>
      <label for="password">New Password:</label>
      <input type="password" class="form-control" id="new-password">
    </div>
    <div>
      <label for="password">Verify New Password:</label>
      <input type="password" class="form-control" id="verify-new-password">
    </div>
    <button type="submit" id="change-button">Change Password</button>
  </form>
  <div id="result">
  <a href="index.html">Back</a>
  <script src="js/changePassword.js"></script>
</body>
</html>
```

所有客户端逻辑都在
changePassword.
js 这个 JavaScrip
文件里

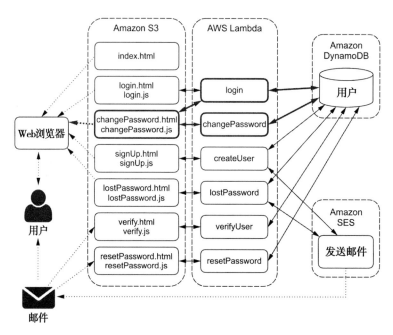

图 10-10 修改密码页面使用 login Lambda 函数来认证用户，并开放 changePassword
Lambda 函数的访问权限

代码清单10-15 changePassword.js（浏览器中的JavaScript代码）

```
AWS.config.region = '<REGION>';
AWS.config.credentials = new AWS.CognitoIdentityCredentials({
  IdentityPoolId: '<IDENTITY_POOL_ID>'
});

var lambda = new AWS.Lambda();

function changePassword() {

  var result = document.getElementById('result');
  var email = document.getElementById('email');
  var oldPassword = document.getElementById('old-password');
  var newPassword = document.getElementById('new-password');
  var verifyNewPassword = document.getElementById('verify-new-password');

  result.innerHTML = 'Change Password...';

  if (email.value == null || email.value == '') {
    result.innerHTML = 'Please specify your email address.';
  } else if (oldPassword.value == null || oldPassword.value == '') {
    result.innerHTML = 'Please specify your current password.';
  } else if (newPassword.value == null || newPassword.value == '') {
    result.innerHTML = 'Please specify a new password.';
  } else if (newPassword.value != verifyNewPassword.value) {
    result.innerHTML = 'The new passwords are <b>different</b>'
      + ', please check.';
  } else {
```

```
        var input = {
          email: email.value,
          password: oldPassword.value
        };

        lambda.invoke({
          FunctionName: 'sampleAuthLogin',
          Payload: JSON.stringify(input)
        }, function(err, data) {
          if (err) console.log(err, err.stack);
          else {
            var output = JSON.parse(data.Payload);
            console.log('identityId: ' + output.identityId);
            console.log('token: ' + output.token);
            if (!output.login) {
              result.innerHTML = '<b>Not</b> logged in';
            } else {
              result.innerHTML = 'Logged in with identityId: '
                + output.identityId + '<br>';

              var creds = AWS.config.credentials;
              creds.params.IdentityId = output.identityId;
              creds.params.Logins = {
                'cognito-identity.amazonaws.com': output.token
              };
              creds.expired = true;
              var input = {
                email: email.value,
                oldPassword: oldPassword.value,
                newPassword: newPassword.value
              };

              lambda.invoke({
                FunctionName: 'sampleAuthChangePassword',
                Payload: JSON.stringify(input)
              }, function(err, data) {
                if (err) console.log(err, err.stack);
                else {
                  var output = JSON.parse(data.Payload);
                  if (!output.changed) {
                    result.innerHTML = 'Password <b>not</b> changed.';
                  } else {
                    result.innerHTML = 'Password changed.';
                  }
                }
              });
            }
          }
        });
      }
    }

    var form = document.getElementById('change-password-form');
```

login Lambda
函数只需要输入
邮件和旧密码

login Lambda
函数被触发

成功登录后，AWS
安全凭证会被更
新为认证用户

changePassword
Lambda 函数需要输
入新密码和旧密码

changePassword
Lambda 函数被触发

检查密码是
否被修改

```
form.addEventListener('submit', function(evt) {
  evt.preventDefault();
  changePassword();
});
```

代码清单10-16　changePassword Lambda函数（Node.js）

```
console.log('Loading function');

var AWS = require('aws-sdk');
var cryptoUtils = require('./lib/cryptoUtils');
var config = require('./config');

var dynamodb = new AWS.DynamoDB();

function getUser(email, fn) {                      ← getUser()函数
  dynamodb.getItem({                                 从数据库中读取用
    TableName: config.DDB_TABLE,                      户数据；本案例中
    Key: {                                           它仅用于检查用户
      email: {                                       是否存在
        S: email
      }
    }
  }, function(err, data) {
    if (err) return fn(err);
    else {
      if ('Item' in data) {
        var hash = data.Item.passwordHash.S;
        var salt = data.Item.passwordSalt.S;
        fn(null, hash, salt);
      } else {
        fn(null, null); // User not found
      }
    }
  });
}
                                                   updateUser()
                                                   函数在数据库中更
                                                   新用户密码（哈希
function updateUser(email, password, salt, fn) {  ← 值和盐值）
  dynamodb.updateItem({
    TableName: config.DDB_TABLE,
    Key: {
      email: {
        S: email
      }
    },
    AttributeUpdates: {
      passwordHash: {
        Action: 'PUT',
        Value: {
          S: password
        }
      },
      passwordSalt: {
        Action: 'PUT',
```

```
          Value: {
            S: salt
          }
        }
      }
    },
    fn);
}

exports.handler = (event, context, callback) => {        ←── 输出到 AWS Lambda，
                                                             准备被触发的函数
  var email = event.email;
      var oldPassword = event.oldPassword;
  var newPassword = event.newPassword;
                                                         ←── 从数据库中读取
  getUser(email, function(err, correctHash, salt) {          用户数据
    if (err) {
      callback('Error in getUser: ' + err);
    } else {
      if (correctHash == null) {                         ←── 检查用户
        console.log('User not found: ' + email);             是否存在
        context.succeed({
          changed: false
        });
      } else {
        computeHash(oldPassword, salt, function(err, salt, hash) {
          if (err) {
            context.fail('Error in hash: ' + err);
          } else {                                       ←── 检查旧密码
            if (hash == correctHash) {                        是否正确
              console.log('User logged in: ' + email);
              computeHash(newPassword, function(err, newSalt, newHash) {
                if (err) {
                  context.fail('Error in computeHash: ' + err);
                } else {
                  updateUser(email, newHash, newSalt,    用新密码更
                      function(err, data) {              新数据库
                    if (err) {
                      context.fail('Error in updateUser: ' + err);
                    } else {
                    console.log('User password changed: ' + email);
                    context.succeed({
                      changed: true
                    });
                  }
                });
              }
            });
            } else {                                     ←── 否则密码
              console.log('User login failed: ' + email);     不被修改
              context.succeed({
                changed: false
              });
            }
          }
        });
```

```
      }
    }
  });
}
```

代码清单10-17 Policy_Lambda_changePassword

```
{
  "Version": "2012-10-17",
  "Statement": [
    {
      "Action": [
        "dynamodb:GetItem",              在数据库中读取
        "dynamodb:UpdateItem"            并更新记录
      ],
      "Effect": "Allow",
      "Resource":
        "arn:aws:dynamodb:<REGION>:<AWS_ACCOUNT_ID>:table/<DYNAMODB_TABLE>"
    },
    {
      "Sid": "",
      "Resource": "*",
      "Action": [
        "logs:*"
      ],
      "Effect": "Allow"
    }
  ]
}
```

图 10-11 中贴了一张修改密码页面的截图。

总结

本章中我们往认证服务里添加了多个功能，尤其是：

❏ 使用邮件验证地址，执行密码重置进程。

❏ 配合 Amazon Cognito，登录认证服务，提供对 AWS 资源的认证访问权限。

❏ 对认证用户和非认证用户的 IAM 角色做区别化，使函数或资源只对认证用户开放。

在下一章，我们会使用认证服务，构建一个媒体共享应用——它是一个更加复杂的事件驱动型无服务器应用。

练习

1. 如果你创建一个新的 readUserProfile Lambda 函数（顾名思义它可以从数据库读取所有用户的数据），你希望只对认证用户开放访问权限，那么你需要修改 IAM 角色里的哪些内容？

2. 有时 login Lambda 函数没有在回调中返回 {login: true}，你需要向客户端发回更多的信息，这时你该怎么做？

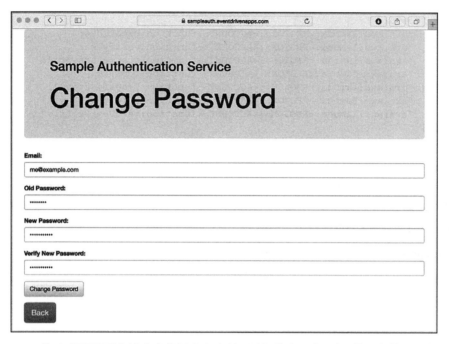

图 10-11　修改密码页面会请求当前用户安全凭证（邮件和旧密码），并要求输入两次新密码，以确保无误

解答

1. 你需要在 Policy_Cognito_Authenticated_Role 中添加 readUserProfile 到相关的 Lambda 函数里，如下代码清单所示。Policy_Cognito_Unauthenticated_Role 无须任何修改，因为新的函数不在那里，默认情况下非认证用户也无法得到访问权限。

代码清单　Policy_Cognito_Authenticated_Role（带readUserProfile）

```
{
    "Version": "2012-10-17",
    "Statement": [
        {
            "Effect": "Allow",
            "Action": [
                "mobileanalytics:PutEvents",
                "cognito-sync:*"
            ],
            "Resource": [
                "*"
            ]
        },
        {
```

```
    "Effect": "Allow",
    "Action": [
      "lambda:InvokeFunction"
    ],
    "Resource": [
      "arn:aws:lambda:<REGION>:<ACCOUNT>:function:createUser",
      "arn:aws:lambda:<REGION>:<ACCOUNT>:function:verifyUser",
      "arn:aws:lambda:<REGION>:<ACCOUNT>:function:changePassword",
      "arn:aws:lambda:<REGION>:<ACCOUNT>:function:lostPassword",
      "arn:aws:lambda:<REGION>:<ACCOUNT>:function:resetPassword",
      "arn:aws:lambda:<REGION>:<ACCOUNT>:function:sampleAuthLogin",
      "arn:aws:lambda:<REGION>:<ACCOUNT>:function:readUserProfile"
    ]
  }
 ]
}
```

2. 一个可行方案是往回调的 JSON 有效负载里添加信息，它可以中止 Lambda 函数，这样只有当登录失败时，你才可以在客户端读到它。比如：

```
callback(null, { login: false , info: "User not found"});
```

或者

```
callback(null, { login: false , info: "Wrong password"});
```

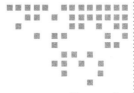

第 11 章 *Chapter 11*

构建一个媒体共享应用

本章导读:

❑ 使用 AWS Lambda 把架构设计付诸于技术实现。

❑ 简化、合并和改良架构的最佳实践。

❑ 在 Amazon S3 和 Amazon DynamoDB 上设计数据模型。

❑ 增强客户端应用的安全性。

❑ 在后端响应事件。

前一章我们完成了认证服务的架构设计和代码开发,添加了修改 / 重置密码等新功能,并用 Amazon Cognito 获取临时 AWS 安全凭证,整合进登录流程。

现在我们来使用认证服务管理用户,并构建一个更复杂的事件驱动无服务器应用:一个媒体共享应用程序。用户可以上传私密图片,或者与其他用户分享图片。

11.1 事件驱动架构

媒体共享应用的总体架构(见图 11-1)就是本书第 1 章用的案例,现在我们用学到的知识去实现它。

该应用可以上传私密或公开图片,公开图片对其他用户可见。用户可以看见对其可见的图片缩略图,包括标题、描述等元数据。

客户端应用和后端功能的通信基于 API 实现。我们用 JavaScript 来编写应用,以确保在桌面或移动端的网页内都能运行。如果你是移动端开发者,为不同设备移植客户端会非常简单,例如你可以像第 7 章介绍的那样,使用 AWS Mobile Hub 快速启动一个原生应用。

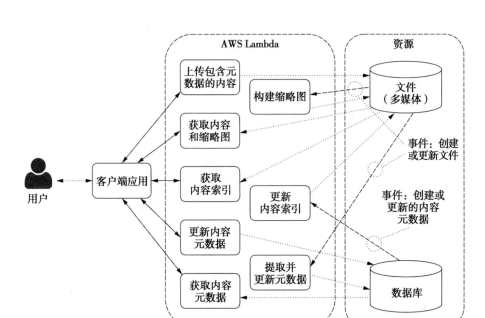

图 11-1 本书第 1 章曾展示的媒体共享应用事件驱动架构

> 注意 本案例同时用到了客户端（运行于浏览器）和服务器端（运行于 Lambda 函数）的代码。由于浏览器中的代码是 JavaScript，所以我们也采用 JavaScript 实现 Lambda 函数。作为练习，你也可以尝试使用 Python 实现以上函数，反正它不会改变应用的架构和逻辑。

对于这类应用，你肯定期望新内容的上传远远少于内容被用户访问的次数。为保证效率，你可以给用户能看到的公开或私密图片创建一个静态索引，这样就能用该索引展示图片，而不用在数据库上运行查询指令。索引可以是一个包含所有需要在客户端展现图片信息的文件（任何结构化的格式都可以，比如 XML 或 YAML）。我用的是 JSON，因为它是 JavaScript 原生支持的格式。

> 提示 缓存是一个重要的优化项，能改善应用的扩展性，减少延迟时间。缓存广泛存在于软硬件的架构模式里：大多位于我们常见的 CPU、数据库和网络栈中。在构建应用时，可以多想想哪些数据可以安全缓存，缓存多久。

11.1.1 简化实现

实现新应用时，要关注你能够使用的任何服务和功能，这样才能少走弯路，早出效果。

对于信奉精益理念的人而言，简化实现是相当重要的。《精益创业》一书（Eric Ries，Crown Business，2011）介绍了精益方法。在这一实践中，你要快速向用户发布最小可行产品（MVP）——它很初期，但需要具备足够的功能来验证你的产品和商业模式。接下来，你需要快速迭代，在其基础上推出新的产品。

这里我们采取精益方法，用同等效用的服务替换这些功能，选择几个实现方案来简化架构：

❑ 对于存储图片、缩略图和索引文件，你可以使用 Amazon S3，这样可以直接用 S3 API 上传或下载图片或索引文件，不用自己去实现。

❑ 对于标题、描述、图片链接和缩略图等元数据，你可以使用 Amazon DynamoDB（一种 NoSQL 数据库服务）。用 DynamoDB API 可以读取或更新内容元数据，不用从头开始实现这些 API。

❑ 要响应文件存储（Amazon S3）或数据库（Amazon DynamoDB）中的变动，你可以使用由事件触发的 Lambda 函数。

使用以上方案，图 11-1 中的架构可以映射到一个技术实现中，变成图 11-2 所示的模样。最初我们设计了 8 个 Lambda 函数，简化后只剩下 3 个，其余 5 个都被 S3 和 DynamoDB API 直接取代了。

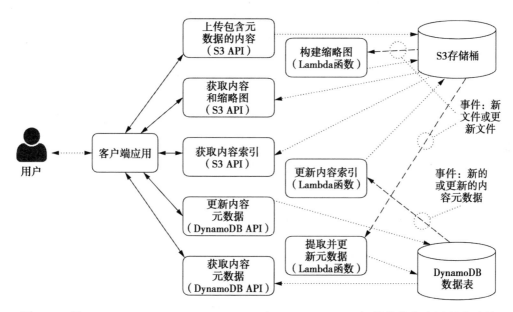

图 11-2　用 Amazon S3、Amazon DynamoDB 和 AWS Lambda，把媒体共享应用程序映射到具体的技术实现中。开发过程比图 11-1 简单不少，因为大部分功能都由 AWS 服务自己实现了，比如上传和下载图片（用 S3 API），读取和更新元数据（用 DynamoDB API）

你需要时刻问自己，是否确实可以用 Amazon S3 或 Amazon DynamoDB 替换所有这些函数。你需要检查函数和安全功能是否满足你的需求。在构建应用程序时，我们会详细介绍。

可以通过 Amazon Cognito 认证并授权客户端应用使用 AWS API（见图 11-3）。第 6 章讲过，AWS IAM 角色可以受控安全地访问 AWS 资源，比如用策略变量限制客户端对 S3 存储桶和 DynamoDB 数据表的访问。本章的实现中你还会用到这些功能。

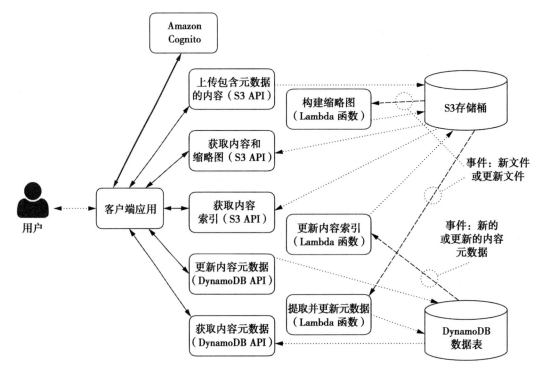

图 11-3　使用 Amazon Cognito，你可以更加安全、更有掌控地访问 AWS 资源，让客户端直接使用 S3 和 DynamoDB API

你现在可以把多个架构元素映射进各自所属的新的实现方式里，比如 Amazon S3、Amazon DynamoDB 或者 AWS Lambda（见图 11-4）。我们来更仔细地看看新的简化版架构。

客户端应用的前端现在完全基于 S3 API（用于操作图片和文件）以及 DynamoDB API（针对元数据）。具体而言，你会用 S3 PUT Object 来上传或更新内容，用 GET Object 来下载内容，利用 Amazon DynamoDB 的 GetItem 通过初始值检索项目，用 UpdateItem 更新之。

客户端不需要直接访问 DynamoDB PutItem 来创建新记录，因为当新内容上传到 S3 存储桶时，后端的 extractAndUpdateMetadata Lambda 函数会从 S3 对象读取自定义元数据，然后在 DynamoDB 插入一个带有元数据的新记录。buildThumbnails Lambda 函数会响应相同的事件（添加或更新文件），创建一张小缩略图，以便你在客户端中直接预览内容。缩略图存储于同一个 S3 存储桶中，并带有一个不同的前缀。

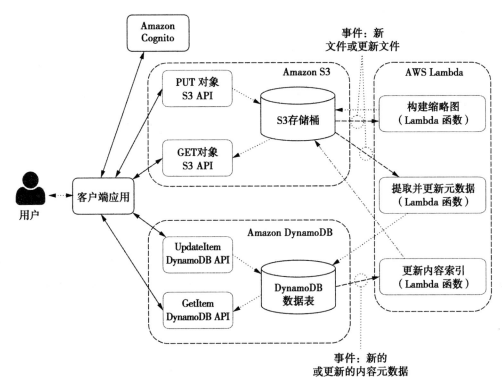

图 11-4　在新映射下，架构的诸多元素被映射进了各自所属的实现方式里，比如 Amazon
　　　　　S3、Amazon DynamoDB 或者 AWS Lambda

最后，元数据表中的变动会触发 updateContentIndex 函数，它会让 S3 存储桶里
的静态索引文件始终对一切变动保持更新。

> **注意**　Lambda 函数是在后端被事件触发的，不需要直接被客户端访问。从安全的角度讲
> 这很好，因为你不会把具体的 AWS API 暴露给客户端，也不会暴露给你自定义的实
> 现操作。

11.1.2　合并函数

设计应用架构之初，我们为不同功能创建了不同的模块。但在实现阶段，你会发现其
中一些模块（比如 Lambda 函数）可以组合使用，要么由于它们之间共享数据，或因为它们
在应用中的角色。

extractAndUpdateMetadata 和 buildThumbnails Lambda 函数被同一事件
（在 S3 存储桶里添加或更新内容）触发，可以直接组合到一起。如图 11-5 所示，第一个函
数可以在结束前同步触发第二个函数。

继续实现两个函数，它们都需要输入相同的数据：

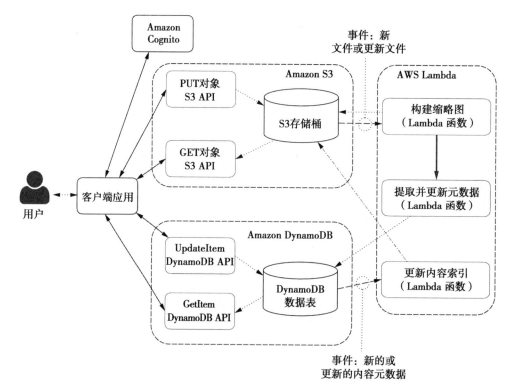

图 11-5 当两个函数被同一事件触发时，你可以考虑把它们组合到一起。像 `extractAnd-UpdateMetadata` 和 `buildThumbnails` Lambda 函数那样，一个函数可以在结束前同步触发另一个函数

❑ `buildThumbnails` 需要图片文件，以生成缩略图。

❑ `extractAndUpdateMetadata` 需要对象元数据，以便把信息放入数据库。

不过 Amazon S3 还有两个操作：

❑ `GET` 对象，可以读取整个对象、文件和元数据。

❑ `HEAD` 对象，可以在没有文件的情况下仅检索到元数据。

两个函数需要两次读取同一个 S3 对象，`GET` 一次，`HEAD` 一次。不过在对象很多时，这个方法就不太好用了。

本案例中，我建议创建一个单一函数，使用相同的输入值，以生成缩略图并处理元数据（见图 11-6）。

你的函数该有多小？

创建事件驱动应用时，你应当考虑清楚是否要把多个函数打包在一起。函数的大小多少各有其利弊：

❑ 函数小而多，应用的模块化程度会更高。在 AWS Lambda 上，当运行函数的容器部署在底层时，小函数的初次启动时间会更短。

❑ 函数大而少，可以简化代码复用，优化数据流程，避免同一个数据库或文件被反复读写。

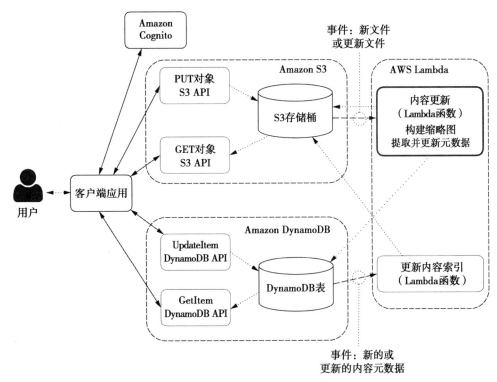

图 11-6　把 `extractAndUpdateMetadata` 和 `buildThumbnails` Lambda 函数打包进
单个 `contentUpdated` 函数里，优化存储访问，并且只对 S3 对象发起一次读取
请求

11.1.3　改进事件驱动架构

事件驱动应用（或者推而广之，响应式架构）的一大优点，就是你可以把函数中的逻辑
关联到数据流上，而不必建一个集中式工作流。比如在媒体共享应用程序中，你想为用户
增加删除内容的选项。

要添加这一功能，你需要有一个新的 delete API，不过 Amazon S3 已经准备好了，那就
是 `DELETE Object API`！你只需在 `contentUpdated` Lambda 函数中管理删除文件事件，
并保持内容索引的更新（以防 `updateContentIndex` 函数被删），如图 11-7 所示。

相比传统的工作流式应用架构，往事件驱动型应用里添加功能要更简单一些，因为你
可以专注于资源间的关系。从添加删除功能的例子中你会发现，由于数据建模方法和数据
变动响应策略的优越性，往项目里添加特定功能是很容易的。偶尔会有例外，添加功能变
得很复杂，这时我建议你再检查下已有的数据，看看用其他方法存储数据（文件、关系或
NoSQL 数据库）能否简化总体流程，并且实现新的功能。

现在，你对于如何把函数映射进软件模块，如何让实现变得更快、更高效，有了进一
步的认识。接下来，我们学习数据的架构方法。

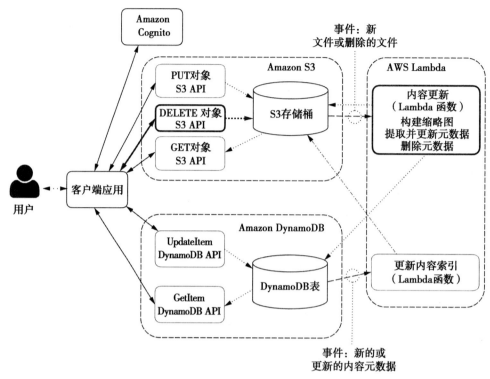

图 11-7 客户端可以用 S3 DELETE Object API 删除内容。你需要在 Lambda 函数中管理删除事件，保持数据库和内容索引里的元数据始终被更新

11.2 在 Amazon S3 中定义对象的命名空间

在 S3 存储桶中，你存了内容（图片）、缩略图，以及 Lambda 函数持续更新的静态索引。对于公开内容，你需要一个公共索引（对全体用户开放），对于私密内容，你需要一个私密索引（仅针对单个用户）。

Amazon S3 并非一个层级仓储，但你可以通过定义你想用的关键字，选择一个层级式语法，进而实现以下效果：

❑ 仅在需要的时候才触发 contentUpdated Lambda 函数。

❑ 通过 Amazon Cognito 和 IAM 角色，仅对正确的用户开放公开内容和私密内容的访问权限。

> ⚠️ **警告** 一定要谨慎小心，避免事件触发一些可以修改其他资源的函数，造成无限的事件循环。举个例子，S3 存储桶或 DynamoDB 数据表可能两次触发同一函数。

我建议的 S3 关键字层级语法如图 11-8 所示。在存储桶里，你有两个主要的前缀——public/ 和 private/——用于隔离公开内容和私密内容。它们可以映射进 IAM 角色。

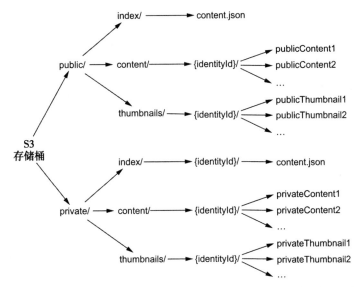

图 11-8 S3 存储桶中的 S3 关键字层级语法，通过 IAM 角色保护访问进程，允许带预定义
前缀的事件触发正确的 Lambda 函数

针对 public/ 和 private/ 前缀，它们各自有一个名为 content/ 的空间用于保存
用户上传内容，thumbnails/ 用于保存 contentUpdated Lambda 函数生成的缩略图，
index/ 用于保存静态索引文件。

private/ 和 public/ 的主要区别是，公开索引文件是单一的，私密索引文件是每
个用户专有的。在首次登录时，密钥的 {identityId} 部分会被 Amazon Cognito 赋予用
户的实际 ID 替代。

对于 S3 中的各个路径，不同用户和不同 Lambda 函数有不同的读写权限，如表 11-1 所示：

表 11-1 不同 S3 路径下的用户读写权限

S3 路径	哪些用户可读	哪些用户可写
public/index/content.json	所有用户（无论是否认证）	updateContentIndex Lambda 函数
public/content/{identityId}/*	所有用户（无论是否认证）和 contentUpdated Lambda 函数	拥有相同 identityId 的认证用户
public/thumbnails/{identityId}/*	所有用户（无论是否认证）	contentUpdated Lambda 函数
private/index/{identityId}/content.json	拥有相同 identityId 的认证用户	contentUpdated Lambda 函数
private/content/{identityId}/*	拥有相同 identityId 的认证用户和 contentUpdated Lambda 函数	拥有相同 identityId 的认证用户
private/thumbnails/{identityId}/*	拥有相同 identityId 的认证用户	contentUpdated Lambda 函数

表 11-2 列出了会触发 Lambda 函数和相应函数名的 S3 前缀。

表 11-2 Lambda 函数事件源的前缀

S3 前缀	Lambda 函数
public/content/ private/content/	contentUpdated contentUpdated

11.3 为 Amazon DynamoDB 设计数据模型

DynamoDB 数据表没有固定的数据模式，你需要定义主键（可能是单个 Partition Key，或一个带 Partition Key 和 Sort Key 的复合主键）。在本例中，你可以用带复合主键的内容表格，其中 identityId 是 Partition Key，objectKe 是 Sort Key（见表 11-3）。两者的数据类型都是字符串。

表 11-3 DynamoDB 内容表格

属　　性	类　　型	描　　述
identityId	Partition Key(String)	主键的一部分，用户的 identityId 是由 Amazon Cognito 服务提供的。只有经过认证并且有相同的 identityId 的用户才能访问读取这个数据表
objectKey	Sort Key(String)	主键的一部分，对象在 Amazon S3 的路径
thumbnailKey	Attribute(String)	缩略图在 Amazon S3 的路径
isPublic	Attribute(Boolean)	内容是否公开（是，否）
title	Attribute(String)	内容的标题
description	Attribute(String)	内容的描述
uploadDate	Attribute(String)	上传的日期和时间，从 S3 的元数据中获取而来
uploadDay	Attribute(String)	上传的日期，从 S3 的元数据获取而来，用于全局索引服务快速定位近期的上传

要查询公开内容，你需要创建 Global Secondary Index(GSI)。它由 Partition Key（只能通过数值查询）和 Sort Key（可以通过范围查询，并把结果排序）组成。

对于公开内容，你希望保持最近上传到公开索引的内容，并且只在用户需要查找旧内容（比如按范围浏览）时才查询数据库。这时你可以使用 uploadDate 的子集（比如 uploadDay，只是日期不带具体时间）作为 Partition Key 的一部分，然后再把全部 uploadDate 填充为 Sort Key（如表 11-4）。这样你就可以获得今天最近的 N 个上传，如果还不够，还能查询昨天甚至更早的上传。

表 11-4 公开内容查询函数的 DynamoDB Global Secondary Index (GSI)

属 性	类 型	描 述
uploadDay	属性（字符串）	索引的主键，上传的日期从 S3 元数据获取而来
uploadDate	属性（字符串）	索引的排序主键，包含具体时间的上传日期，从 S3 元数据获取而来

如果将来用户基数增加，上传内容量暴涨，索引的 Partition Key 就需要更加具体一些。比如，你可以添加上传发生的小时，获取本小时的上传，或者前一小时的上传。随着上传数量的增加，你可以添加更多的信息。事实上，partialUploadDay 是一个更好更灵活的 uploadDay 属性名——只要上传量增加，各个 Partition Key 没有太多记录，不会拖慢索引，你就可以延长其长度。

> **注意** 前面几段里，我特意强调了"数量多"，因为没有一个具体值来判断 Partition Key 的键值是否过多。根据访问数据（和索引）的模式，你可能达到某个量，增加了索引的延迟，这时可以使用更具体的 Partition Key。首要的规则是，拥有一个可以带上不同值（比如 identityId）的 Partition Key 总是好的。

在本案例中，我推荐用 GSI 投射索引中全部的属性，这样一个 DynamoDB 查询就可以返回所有你需要的信息，为应用构建内容索引，无须来回做多次查询。举个例子，如果你只映射数据表的主键（identityId 和 objectKey）到索引里，就得为每个被返回的项目运行一个 GetItem，以检索其他你需要的属性。

现在已经万事俱备，可以着手实现具体的 App 了，我们从客户端前端开始。

11.4 客户端应用

> **注意** 前面章节中我已经详细讲过如何实现类似配置了，所以现在我只讲重点，你可以用之前学过的知识，使用 AWS Web 控制台或 AWS CLI 进行必要的步骤。

要用 JavaScript 构建客户端应用，你需要一个 HTML 页面作为容器（见代码清单 11-1）：

代码清单11-1 **index.html**（首页）

```
<html lang="en">
  <head>
    <title>Sample Media Sharing - AWS Lambda in Action</title>
    <meta charset="utf-8">
    <meta name="viewport" content="width=device-width, initial-scale=1">
    <!-- JQuery - required by Bootstrap -->
    <script src="https://code.jquery.com/jquery-1.12.0.min.js">
    </script>
    <!-- Bootstrap -->
```

Bootstrap
需要 JQuery ←

载入 Boot
strap
Java
Script 和
CSS 样式表

载入 AWS
Java
Script
SDK

```html
<link rel="stylesheet" href="https://maxcdn.bootstrapcdn.com/bootstrap/
   3.3.6/css/bootstrap.min.css" integrity="sha384-
      1q8mTJOASx8j1Au+a5WDVnPi2lkFfwwEAa8hDDdjZlpLegxhjVME1fgjWPGmkzs7"
   crossorigin="anonymous">
   <link rel="stylesheet" href="https://maxcdn.bootstrapcdn.com/bootstrap/
      3.3.6/css/bootstrap-theme.min.css" integrity="sha384-fLW2N01lMqjakBkx3l/
      M9EahuwpSfeNvV63J5ezn3uZzapT0u7EYsXMjQV+0En5r" crossorigin="anonymous">
   <script src="https://maxcdn.bootstrapcdn.com/bootstrap/3.3.6/js/
      bootstrap.min.js" integrity="sha384-
      0mSbJDEHialfmuBBQP6A4Qrprq5OVfW37PRR3j5ELqxss1yVqOtnepnHVP9aJ7xS"
   crossorigin="anonymous"></script>
   <script src="https://sdk.amazonaws.com/js/aws-sdk-2.4.6.min.js"></script>
   <style>
      .public { background-color: LightCyan; }
      .private { background-color: LightYellow; }
   </style>
</head>
<body>
   <div class="container">
      <div class="jumbotron">
         <h2>AWS Lambda in Action</h2>
         <h1>Sample Media Sharing</h1>
         <p>This is an example of a serverless event-driven
            media-sharing app.</p>
      </div>
      <div class="row" id="result">
      </div>
      <div id="actions">
      </div>
      <div id="content">
      </div>
      <div id="myModalDetail" class="modal fade" role="dialog">
         <div class="modal-dialog">
            <div id="detail">
            </div>
         </div>
      </div>
   </div>
   <!-- This is where AWS Lambda is invoked -->
   <script src="mediaSharing.js"></script>
</body>
</html>
```

用于修改公开和私密
内容背景的样式表

通过Boot
strap,
把细节部
分变成一
个受Java
Script
控制的形
式对话

JavaScript 应
用的实际逻辑

> 🎞 注
> 意　为便于学习，本例中我只用了 HTML。本书附带的源代码里，我使用 Bootstrap 来增
> 强可视效果，并让它适用于移动平台。Bootstrap 最初由 Twitter 的一名设计师和一名
> 开发人员共同创建，是一款流行的 HTML、CSS 和 JavaScript 框架，广泛用于高响应
> 性、高移动性的网络项目开发。可以参看 http://getbootstrap.com 了解 Bootstrap 的更
> 多信息。

客户端应用的逻辑位于 mediaSharing.js JavaScript 文件内（见代码清单 11-2）。这个文

件很长，我在这里简单介绍下它的作用：

❑ 客户端使用你已经建好的 Amazon Cognito 和认证服务来管理用户。你需要让 AWS
账户内的认证服务位于同一区域，才能使用媒体共享应用程序。

❑ 登录函数类似于认证服务的登录页面所用的代码；主要的区别是一个用于在用户登
录或退出时刷新内容的自定义函数。

❑ 在上传对象时，我使用 S3 自定义元数据来返回更多信息，比如标题和描述。

❑ 为了周期性地检查更新，我用 If-Modified-Since（HTTP 标准规范的一部分）
向 Amazon S3 发送请求，这样只有在上次下载之后，S3 端有更新时才会下载更新
后的内容。

提示 你可以往媒体共享应用程序的索引页面里添加一个链接，指向认证服务的索引页面，
这样用户就能轻松创建和管理他们的身份了。

提示 要让服务器推送更新，而不是用客户端发送请求，为了实现这个目标你可以用 AWS
IoT 平台。你不需要安装任何设备，只需要使用 AWS IoT 服务提供的双向 MQTT
网关。有了它，你可以用浏览器的安全 WebSockets 为每个身份 ID（如 /users/
{identityId}）监听一个 MQTT 主题，然后用后端的 Lambda 函数向这些主题上发
布更新。如果对这一方法感兴趣，或想深入了解 AWS IoT，可参看 https://aws.amazon.
com/iot。MQTT 协议是一个轻量级的发布 / 订阅信息中转站，可参看 http://mqtt.org 详
细了解。

代码清单 11-2　mediaSharing.js（浏览器中的 JavaScript）

用于存储图片、缩略图和静态索引的 S3 存储桶

用于存储内容元数据的 DynamoDB 表

Cognito ID 池必须和认证服务里的一样，才能登录

```javascript
var S3_BUCKET = '<BUCKET>';
var ITEMS_TABLE = '<DYNAMODB_TABLE>';
var IDENTITY_POOL_ID = '<IDENTITY_POOL_ID>';

AWS.config.region = '<REGION>';
AWS.config.credentials = new AWS.CognitoIdentityCredentials({
  IdentityPoolId: IDENTITY_POOL_ID
});

var identityId = null;
var publicContent = emptyContent();
var privateContent = emptyContent();
var index = {};
```

从 Amazon Cognito 中为非认证角色获取 AWS 临时令牌

一开始没有公开内容……

也没有私密内容……

一开始你仍未认证

内容索引为空

```
var result = document.getElementById('result');
var actions = document.getElementById('actions');
var detail = document.getElementById('detail');
var content = document.getElementById('content');
```
从 DOM 页面获取主要元素，以进行编辑

```
var lambda = new AWS.Lambda();
var s3 = new AWS.S3();
var dynamodb = new AWS.DynamoDB();
```
获取 AWS 服务对象

```
function emptyContent() {
  return { lastUpdate: null, index: null };
}

function login() {
```
函数和认证服务里的类似

```

  var email = document.getElementById('email');
  var password = document.getElementById('password');

  result.innerHTML = getAlert('info', 'Login...');

  if (email.value == null || email.value == '') {
    result.innerHTML = getAlert('warning',
      'Please specify your email address.');
  } else if (password.value == null || password.value == '') {
    result.innerHTML = getAlert('warning',
      'Please specify a password.');
  } else {

    var input = {
      email: email.value,
      password: password.value
    };

    lambda.invoke({
      FunctionName: 'sampleAuthLogin',
      Payload: JSON.stringify(input)
    }, function(err, data) {
      if (err) {
        console.log(err, err.stack);
        result.innerHTML = getAlert('danger', err);
      } else {
        var output = JSON.parse(data.Payload);
        if (!output.login) {
          result.innerHTML = getAlert('warning', '<b>Not</b> logged in');
        } else {
          result.innerHTML = getAlert('success',
            'Logged in with IdentityId: ' + output.identityId + '<br>');
          identityId = output.identityId;
          var creds = AWS.config.credentials;
          creds.params.IdentityId = output.identityId;
          creds.params.Logins = {
            'cognito-identity.amazonaws.com': output.token
          };
          creds.expired = true;
          updateActions();
          updateContent();
        }
      }
    }
```

```
    });
  }
}

function logout() {
  identityId = null;
  result.innerHTML = getAlert('info', 'Logged out.');
  privateContent = emptyContent();

  var creds = AWS.config.credentials;
  creds.params.Logins = {};
  creds.refresh(function() {
    renderContent();
    updateActions();
  });
}

function updateActions() {

  if (identityId == null) {
    result.innerHTML = getAlert('info',
      '<p>Please login to upload and see your private content.</p>');
    actions.innerHTML =
      '<form class="form-inline" role="form" id="login-form">' +
        '<div class="form-group">' +
          '<label for="email">Email </label>' +
            '<input type="text" class="form-control" id="email">' +
          '</div> ' +
        '<div class="form-group">' +
          '<label for="password">Password </label>' +
            '<input type="password" class="form-control" id="password">' +
        '</div>' +
          '<button type="submit" class="btn btn-default">Login</button>' +
        '</form>';
    var form = document.getElementById('login-form');
    form.addEventListener('submit', function(evt) {
      evt.preventDefault();
      login();
    });
  } else {
    actions.innerHTML =
      '<form class="form-horizontal" role="form" id="add-picture-form">' +
        '<div class="form-group">' +
          '<label class="control-label col-sm-2" for="mediaFile">' +
            'Photo to Upload</label>' +
          '<div class="col-sm-10">' +
            '<input type="file" name="mediaFile" id="mediaFile">' +
          '</div>' +
        '</div>' +
        '<div class="form-group">' +
          '<label class="control-label col-sm-2" for="is-public">Public</label>' +
            '<div class="col-sm-10">' +
              '<input type="checkbox" value="" name="is-public" id="is-public" placeholder="is-public">' +
            '</div>' +
          '</div>' +
```

退出时，logout()
函数会清除私密内容

根据登录或退出
状况，更新相应
操作

```
              '</div>' +
              '<div class="form-group">' +
                '<label class="control-label col-sm-2" for="title">Title</label>' +
                '<div class="col-sm-10">' +
                  '<input type="text" class="form-control" name="title" id="title"
    placeholder="title">' +
                '</div>' +
              '</div>' +
              '<div class="form-group">' +
                '<label class="control-label col-sm-2"
    for="description">Description</label>' +
                '<div class="col-sm-10">' +
                  '<input type="text" class="form-control" name="description"
    id="description" placeholder="description">' +
                '</div>' +
              '</div>' +
              '<div class="form-group">' +
                '<div class="col-sm-offset-2 col-sm-10">' +
                  '<button type="submit" class="btn btn-default"> Add Picture</
    button>' +
                  '<button type="button" id="logout-button" class="btn btn-
    default"> Logout</button>' +
                '</div>' +
              '</div>' +
            '</form>';
        var form = document.getElementById('add-picture-form');
        form.addEventListener('submit', function(evt) {
          evt.preventDefault();
          addPicture();
        });
        var logoutButton = document.getElementById('logout-button');
        logoutButton.addEventListener('click', logout);
      }
    }
                                          ┌ 往 S3 存储桶里上传新图片
    function addPicture() {        ←┘
      var mediaFile = document.getElementById('mediaFile');
      var isPublic = document.getElementById('is-public');
      var title = document.getElementById('title');
      var description = document.getElementById('description');
      var file = mediaFile.files[0];

      if (!file) {
        result.innerHTML = getAlert('warning', 'Nothing to upload.');
        return;
      }
      if (description.value == '') {
        result.innerHTML = getAlert('warning', 'Please provide a description.');
        return;
      }

      result.innerHTML = '';
      var key = (isPublic.checked ? 'public' : 'private') +
        '/content/' + identityId + '/' + file.name;
      console.log(key);
      console.log(isPublic.checked);
```

```
  var params = {
    Bucket: S3_BUCKET,
    Key: key,
    ContentType: file.type,
    Body: file,
    Metadata: {
      data: JSON.stringify({
        isPublic: isPublic.checked,
        title: title.value,
        description: description.value
      })
  }};
  uploadToS3(params);
}

function uploadToS3(params) {

  if (identityId == null) {
    result.innerHTML = getAlert('warning', 'Please login to upload.');
  } else {
    result.innerHTML = getAlert('info', 'Uploading...');
    var s3 = new AWS.S3();
    s3.putObject(params, function(err, data) {
      result.innerHTML =
        err ? getAlert('danger', 'Error!' + err + err.stack)
            : getAlert('success', 'Uploaded.');
    });
  }

}

function updateContent() {

    var publicContentIndexKey = 'public/index/content.json';
    checkContent(publicContentIndexKey, publicContent);
    if (identityId != null) {
      var privateContentIndexKey = 'private/index/' + identityId + '/
      content.json';
      checkContent(privateContentIndexKey, privateContent);
    }

}

function checkContent(key, content) {

    var params = {
      Bucket: S3_BUCKET,
      Key: key
    };
    if (content.lastUpdate != null) {
      params.IfModifiedSince = content.lastUpdate;
    }
    s3.getObject(params, function(err, data) {
      if (err) {
        if (err.code == 'NotModified') {
          console.log('Not Modified');
        } else {
          console.log(err, err.stack);
        }
```

管理上传的实际函数

检查 updateContentIndex
Lambda 函数是否在内容索引中
添加了新的公开内容或私密内容

用 IfModifiedSince
HTTP 标头在更新后下
载内容，用一个更通用
的函数去检查更新内容
索引

```
    } else {
      console.log(key);
      console.log(data);
      currentUpdate = new Date(data.LastModified);
      console.log('currentUpdate: ' + currentUpdate);
      console.log('lastUpdate: ' + content.lastUpdate);
      if (content.lastUpdate == null ||
        currentUpdate > content.lastUpdate) {
          content.lastUpdate = currentUpdate;
          content.index = JSON.parse(data.Body);
          renderContent();
          console.log("Updated");
      }
    }
  });
}

function getSignedUrlFromKey(key) {          让一个程序函数用 AWS 令
                                             牌去标记 Amazon S3 URL
  var params = {Bucket: S3_BUCKET, Key: key, Expires: 60};
  var url = s3.getSignedUrl('getObject', params);
  console.log('The URL is', url); // expires in 60 seconds
  return url;
                                             在下载时渲染缩
}                                            略图和元数据
function renderContent() {

    index = {};
    console.log(publicContent.index);
    if (publicContent.index != null) {
      publicContent.index.forEach(function(element) {
        element.isPublic = true;
        element.isOwner = (identityId != null && element.identityId ==
 identityId);
        index[element.objectKey] = element;
      });
    }
    console.log(privateContent.index);
    if (privateContent.index != null) {
      privateContent.index.forEach(function(element) {
        element.isPublic = false;
        element.isOwner = (identityId != null && element.identityId ==
 identityId);
        index[element.objectKey] = element;
      });
    }
    var html = '';
    for(var objectKey in index) {
      var element = index[objectKey];
      console.log(element);

      html += '<div class="col-sm-3 thumbnail alert ' +
        (element.isPublic ? 'alert-success' : 'alert-warning') + '"">' +
        (element.isOwner ? '<button type="button" class="close"
   onclick=deleteContent("' +
        objectKey + '")>&times;</button>' : '') +
```

```
        '<h4 class="text-center">' + element.title + '</h4>' +
        '<a data-toggle="modal" data-target="#myModalDetail" ' +
        'onclick=showContent("' + objectKey + '")>' +
        '<img class="img-rounded" ' +
        'src="' + getSignedUrlFromKey(element.thumbnailKey) + '" ' +
        'alt="' + element.title + '" ' + '>' +
        '</a>' +
        '<p class="text-center">' + element.description + '</p>' +
        '</div>';
    }
    content.innerHTML = html;
}
function showContent(objectKey) {
    var element = index[objectKey];
    detail.innerHTML =
        '<div class="modal-content">' +
          '<div class="modal-header">' +
            '<button type="button" class="close" data-dismiss="modal">&times;</
        button>' +
            '<h4 class="modal-title">' + element.title + ' (' +
            (element.isPublic ? "Public" : "Private") +')</h4>' +
          '</div>' +
          '<div class="modal-body">' +
            '<p>' + element.description + '</p>' +
            '<div class="thumbnail">' +
              '<img class="img-responsive" src="' +
        getSignedUrlFromKey(objectKey) + '">' +
            '</div>' +
          '</div>' +
          '<div class="modal-footer">' +
            '<button type="button" class="btn btn-default" data-
        dismiss="modal">Close</button>' +
          '</div>' +
        '</div>' +
      '</div>';
}
function deleteContent(objectKey) {
    console.log(objectKey);
    var params = {
        Bucket: S3_BUCKET,
        Key: objectKey
    }
    deleteFromS3(params);
}
function deleteFromS3(params) {
    result.innerHTML = getAlert('info', 'Deleting...');
    s3.deleteObject(params, function(err, data) {
        result.innerHTML =
            err ? getAlert('danger', 'Error!' + err + err.stack)
                : getAlert('success', 'Deleted.');
    });
}
```

渲染内容细节
（原图和元数据）

删除同一用户
的内容片段

管理删除的
实际函数

```
function getAlert(type, message) {
  return '<div class="alert alert-' + type + '"  >' +
    '<a href="#" class="close" data-dismiss="alert" aria-
    label="close">&times;</a>' +
    message + '</div>';
}

function init() {
  updateActions();
  updateContent();
  setInterval(updateContent, 3000);
}

window.onload = init();
```

用一个程序函数去生成带Bootstrap Alerts 的 HTML

用一个初始化函数去准备内容和操作，安排一个循环的背景来检查内容更新（客户端询问）

载入浏览器窗口时，运行初始化函数

> 提示 在 S3 存储桶之前引入一个内容分发网络（如 Amazon CloudFront 这类的 CDN），会大大提升效率，尤其可以加快新内容的查询速度。在这种情况下，目前用于访问 Amazon S3 的 URL 应该被 CDN 供应商的其他技术替换（比如 cookie）。

在第 8 章和第 9 章里，我们用各种要素构建了一个认证服务，Cognito ID 池使用的 IAM 角色是这些要素的延伸。有了 IAM 角色，你可以往同一角色上添加多个策略。在本例中，你可以添加代码清单 11-3 和代码清单 11-4 中的策略到已有的认证和非认证角色上。

> 警告 如果你移除或重写了之前被 Cognito ID 池使用的策略，就无法再登录了，用来创建用户、更改或重置密码之类的 Lambda 函数也可能失效，继而你可能失去写 Amazon CloudWatch Logs 的能力。

代码清单11-3　Policy_Cognito_mediaSharing_Unauth_Role

```
{
    "Version": "2012-10-17",
    "Statement": [
        {
            "Effect": "Allow",
            "Action": [
                "s3:GetObject"
            ],
            "Resource": [
                "arn:aws:s3:::<BUCKET>/public/*"
            ]
        }
    ]
}
```

如果你未认证，就只能查看 S3 存储桶中的公开内容

代码清单11-4　Policy_Cognito_mediaSharing_Auth_Role

```
{
    "Version": "2012-10-17",
    "Statement": [
        {
            "Effect": "Allow",
            "Action": [
                "s3:GetObject"
            ],
            "Resource": [
                "arn:aws:s3:::<BUCKET>/public/*",
"arn:aws:s3:::<BUCKET>/private/index/${cognito-identity.amazonaws.com:sub}/*",
"arn:aws:s3:::<BUCKET>/private/content/${cognito-identity.amazonaws.com:sub}/
                *",
"arn:aws:s3:::<BUCKET>/private/thumbnail/${cognito-
                identity.amazonaws.com:sub}/*"
            ]
        },
        {
            "Effect": "Allow",
            "Action": [
                "s3:PutObject",
                "s3:DeleteObject"
            ],
            "Resource": [
"arn:aws:s3:::<BUCKET>/public/content/${cognito-identity.amazonaws.com:sub}/*",
"arn:aws:s3:::<BUCKET>/private/content/${cognito-identity.amazonaws.com:sub}/*"
            ]
        },
        {
            "Effect": "Allow",
            "Action": [
                "dynamodb:UpdateItem"
            ],
            "Resource": "arn:aws:dynamodb:<REGION>:<AWS_ACCOUNT_ID>:table/
<DYNAMODB_TABLE>",
            "Condition": {
                "ForAllValues:StringEquals": {
                    "dynamodb:LeadingKeys": [
                        "${cognito-identity.amazonaws.com:sub}"
                    ],
                    "dynamodb:Attributes": [
                        "title",
                        "description"
                    ]
                },
                "StringEqualsIfExists": {
                    "dynamodb:Select": "SPECIFIC_ATTRIBUTES",
                    "dynamodb:ReturnValues": [
                        "NONE",
                        "UPDATED_OLD",
                        "UPDATED_NEW"
                    ]
                }
            }
        }
    ]
}
```

只有在前缀包含用户 identity ID，使用了策略变量的情况下，你才可以读取 S3 存储桶里的私密内容

你可以读取 S3 存储桶里所有的公开内容

只有在前缀包含用户 identity ID，使用了策略变量的情况下，你才可以在 S3 存储桶里增删公开内容或私密内容

只有用户 identityID 位于 Partition Key 中时，你才可以更新 DynamoDB 表里的项目

只能在 DynamoDB 表里更新标题和描述

限制 DynamoDB 属性的可见性（对于本例无关紧要，但值得了解）

> 🎯 **提示** 为同一角色添加多个策略可以有效保持不同任务之间的隔离状态。在本例中，我们为每个角色都挂了一个认证服务所需要的策略，以及一个能拓展角色以满足应用专门需求的策略。

客户端应用正在往 Amazon S3 里上传新内容（图片），Lambda 函数需要在后端更新公共和私密索引。我们来看看它的运作方式。

11.5　响应内容更新

响应内容更新的第一步就是，当 S3 存储桶中公开或者私密的内容被添加或删除时，触发 contentUpdated 函数。更具体而言，触发的两个前缀是：

❑ public/content/
❑ private/content/

> ⚠️ **警告** 如果在触发器里添加了不同的或更长的前缀（如 public/ 或 private/），就会报错或陷入无限循环。因为 contentUpdated Lambda 函数会在 S3 存储桶里上传缩略图，这样的操作会触发同一函数的反复执行。

函数更新内容所需的代码如代码清单 11-5 所示。

代码清单11-5　contentUpdated Lambda Function（Node.js）

```
var async = require('async');                                    用于简化Java
var gm = require('gm').subClass({ imageMagick: true });          Script 中异
var util = require('util');                                      步回调的异步
var AWS = require('aws-sdk');                                     模块

                                                                 载入 Image
var DDB_TABLE = '<DYNAMODB_TABLE>';                               Magick 功
var MAX_WIDTH  = 200;                                            能集成
var MAX_HEIGHT = 200;                        缩略图的长宽上限

用于存储内
容元数据的   var s3 = new AWS.S3();                 Amazon S3 和 Amazon
DynamoDB    var dynamodb = new AWS.DynamoDB();    DynamoDB 的 AWS 客户端
表
            function startsWith(text, prefix) {              用于检查两
              return (text.lastIndexOf(prefix, 0) === 0)      个字符串开
            }                                                 头是否一致
                                                              的程序函数
            exports.handler = (event, context, callback) => {
              console.log('Reading options from event:\n',
                util.inspect(event, {depth: 5}));
            var srcBucket = event.Records[0].s3.bucket.name;
            var srcKey = unescape(event.Records[0].s3.object.key);
```

```
var eventName = event.Records[0].eventName;
var eventTime = event.Records[0].eventTime;
var dstBucket = srcBucket;
var dstKey = srcKey.replace(/content/, 'thumbnail');
var identityId = srcKey.match(/.*\/content\/([^\/]*)/)[1];

console.log('eventName = ' + eventName);
console.log('dstKey = ' + dstKey);
console.log('identityId = ' + identityId);

if (startsWith(eventName, 'ObjectRemoved')) {
  s3.deleteObject({
    Bucket: dstBucket,
    Key: dstKey
  }, function(err, data) {
    if (err) console.log(err);
    else console.log(data);
  });
  dynamodb.deleteItem({
    TableName: DDB_TABLE,
    Key: {
      identityId: { S: identityId },
      objectKey: { S: srcKey }
    }
  }, function(err, data) {
    if (err) console.log(err);
    else console.log(data);
  });

} else {

var typeMatch = srcKey.match(/\.([^.]*)$/);
if (!typeMatch) {
  callback('Unable to infer image type for key ' + srcKey);
}
var imageType = typeMatch[1];
if (imageType != 'jpg' && imageType != 'png' && imageType != 'gif') {
  callback('Skipping non-image ' + srcKey);
}

async.waterfall([
  function download(next) {
    // Download the image from S3 into a buffer.
    s3.getObject({
        Bucket: srcBucket,
        Key: srcKey
      },
      next);
  },
  function tranform(response, next) {
    gm(response.Body).size(function(err, size) {
      var scalingFactor = Math.min(
        MAX_WIDTH / size.width,
```

如果 Amazon S3
发来的事件是要
删除一个对象

从 S3 存储桶中
删掉相应缩略图

从 DynamoDB
表中删除对象
元数据

如果 Amazon S3
发来的事件是要
创建一个新对象

推算出图像格式

从 S3 存储桶中下载
图像(包括元数据)

使用"异步"
模组,开启一
个瀑布式代码
函数;各个函
数按次序执行

创建缩略图

```
        MAX_HEIGHT / size.height
      );
      var width  = scalingFactor * size.width;
      var height = scalingFactor * size.height;

      this.resize(width, height)
        .toBuffer(imageType, function(err, buffer) {
          if (err) {
            next(err);
          } else {
            next(null, response.ContentType,
              response.Metadata.data, buffer);
          }
        });
    });
  },
  function upload(contentType, metadata, data, next) {
    s3.putObject({
        Bucket: dstBucket,
        Key: dstKey,
        Body: data,
        ContentType: contentType
    }, function(err, buffer) {
      if (err) {
        next(err);
      } else {
        next(null, metadata);
      }
    });
  },
  function index(metadata, next) {
    var json_metadata = JSON.parse(metadata);
    var params = {
      TableName: DDB_TABLE,
      Item: {
        identityId: { S: identityId },
        objectKey: { S: srcKey },
        thumbnailKey: { S: dstKey },
        isPublic: { BOOL: json_metadata.isPublic },
        uploadDate: { S: eventTime },
        uploadDay: { S: eventTime.substr(0, 10) },
        title: { S: json_metadata.title },
        description: { S: json_metadata.description }
      }
    };
    dynamodb.putItem(params, next);
}], function (err) {
    if (err) console.log(err, err.stack);
    else console.log('Ok');
  }
);
  }
}
```

在内存中转换
图像缓冲

把缩略图上传
到 S3 存储桶

在 DynamoDB 表中
存储内容元数据

如果 async waterfall
代码中发生了报错，就
触发

警告　正如我们在第 5 章中所学到的，在把 `contentUpdated` 函数代码打包之前，我们需要在本地开发环境安装好 async 和 gm 这两个外部模块。可以使用 `npm install async gm` 来执行安装。

函数所需的策略（将被添加入 `AWSLambdaBasicExecution Role` 管理策略）如代码清单 11-6 所示。

代码清单11-6　Policy_Lambda_contentUpdated

```
{
    "Version": "2012-10-17",
    "Statement": [
        {
            "Effect": "Allow",
            "Action": [
                "s3:GetObject"
            ],
            "Resource": [
                "arn:aws:s3:::<BUCKET>/public/content/*",       读取 S3 存储
                "arn:aws:s3:::<BUCKET>/private/content/*"        桶中的公开和
            ]                                                    私密内容
        },
        {
            "Effect": "Allow",
            "Action": [
                "s3:PutObject",
                "s3:DeleteObject"
            ],
            "Resource": [
                "arn:aws:s3:::<BUCKET>/public/thumbnail/*",      编写 S3 存储
                "arn:aws:s3:::<BUCKET>/private/thumbnail/*"      桶中的公开和
            ]                                                    私密内容
        },
        {
            "Effect": "Allow",
            "Action": [
                "dynamodb:PutItem",
                "dynamodb:DeleteItem"
            ],
            "Resource":
            "arn:aws:dynamodb:<REGION>:<AWS_ACCOUNT_ID>:table/<DYNAMODB_TABLE>"
        }
    ]
}
```

在DynamoDB
表中增删项目

现在内容元数据已经写入 DynamoDB 数据表了。但让所有用户可见去访问表格是低效率的，我们可以缓存这些写入内容的索引，以便再次引用。

11.6 更新内容索引

DynamoDB 的 content 数据表中的元数据是由 contentUpdated 函数保持同步的，该函数会做两个重要操作：

❏ 如果往 S3 存储桶里上传了新对象，自定义元数据会被提取出来，写入 DynamoDB 数据表的新记录里。

❏ 如果在 S3 存储桶里删除了对象，DynamoDB 数据表的相应记录也会删除。

使用 DynamoDB Streams，每次 DynamoDB 数据表发生内容更新时，就可以触发一次 Lambda 函数。updateContentIndex 函数可以更新 S3 存储桶中以 JSON 文件格式保存的静态索引。这些静态索引文件会被 JavaScript 客户端应用读取，更新设备上显示的内容。updateContentIndex 函数代码如代码清单 11-7 所示。

代码清单11-7 updateContentIndex Lambda函数（Node.js）

```
console.log('Loading function');

var AWS = require('aws-sdk');
var dynamodb = new AWS.DynamoDB();
var s3 = new AWS.S3();

var S3_BUCKET = '<BUCKET>';
var ITEMS_TABLE = '<DYNAMODB_TABLE>';

function uploadToS3(params) {
  s3.putObject(params, function(err, data) {
    if (err) console.log(err);
    else console.log(data);
  });
}

function indexContent(dynamodb_params, s3_params) {
    var content = [];
    dynamodb.query(dynamodb_params, function(err, data) {
        if (err) {
            console.log(err, err.stack);
        } else {
            data.Items.forEach((item) => {
                console.log(item);
                content.push({
                    identityId: item.identityId.S,
                    objectKey: item.objectKey.S,
                    thumbnailKey: item.thumbnailKey.S,
                    uploadDate: item.uploadDate.S,
                    title: item.title.S,
                    description: item.description.S
                });
            });
            s3_params.Body = JSON.stringify(content);
            uploadToS3(s3_params);
```

带图片、缩略图和内容索引的 S3 存储桶

带内容元数据的 DynamoDB 表

上传到 Amazon S3 的程序函数

用于查询 DynamoDB 表和上传格式化结果到 S3 存储桶的通用函数。相关参数由输入事件提供，对公开内容和私密内容都使用同一函数

这就是 DynamoDB 的查询结果被以 JSON 格式添加到 S3 对象的地方

获取特定某天中
最新上传的公开
内容

DynamoDB
参数，用于
执行对公开
内容的查询

```javascript
        });
    }

    function indexPublicContent(day) {
        console.log('Getting public content for ' + day);
        var dynamodb_params = {
            TableName: ITEMS_TABLE,
            IndexName: 'uploadDay-uploadDate-index',
            Limit: 100,
            ScanIndexForward: false,
            KeyConditionExpression: 'uploadDay = :uploadDayVal',
            FilterExpression: 'isPublic = :isPublicVal',
            ExpressionAttributeValues: {
                ':uploadDayVal' : { S: day },
                ':isPublicVal' : { BOOL: true }
            }
        };
        var s3_params = {
            Bucket: S3_BUCKET,
            Key: 'public/index/content.json',
            ContentType: 'application/json'
        };
        indexContent(dynamodb_params, s3_params);
    }

    function indexPrivateContent(identityId) {
        console.log('Getting private content for ' + identityId);
        var dynamodb_params = {
            TableName: ITEMS_TABLE,
            KeyConditionExpression: 'identityId = :identityIdVal',
            FilterExpression: 'isPublic = :isPublicVal',
            ExpressionAttributeValues: {
                ':identityIdVal' : { S: identityId },
                ':isPublicVal' : { BOOL: false }
            }
        };
        var s3_params = {
            Bucket: S3_BUCKET,
            Key: 'private/index/' + identityId + '/content.json',
            ContentType: 'application/json'
        };
        indexContent(dynamodb_params, s3_params);
    }

    exports.handler = (event, context, callback) => {
        var uploadDays = {};
        var identityIds = {};
        event.Records.forEach((record) => {
            console.log(record.eventID);
            console.log(record.eventName);
            console.log('DynamoDB Record: %j', record.dynamodb);
            var image;
            if ('NewImage' in record.dynamodb) {
                image = record.dynamodb.NewImage;
```

把结果数
量限制为
100 项

对于索引中的
SortKey（Sort
Key 是一个包
含时间在内的
完整的 upload
Date），把结
果从新到旧按
倒序排列

用于查询的
Global
Secondary
Index(GSI)

选择索引中的
Partition Key
（即 uploadDay）

过滤后仅留下
公开的内容

表达式中的
实际值

S3 参数，用
于上传公开
内容索引

把 DynamoDB 和 S3
参数传递到 index
Content() 函数，
执行查询和上传结果

通过
Identity
Id，获取某
一指定用户
的私密内容

过滤私密内容

DynamoDB
参数，用于
执行对私密
内容的查询

选择用户的
Identi tyId
（表中的Part
ition Key）

表达式中的
实际值

用于上传私密内
容索引的 S3 参
数。前缀包含了
identityId

把 DynamoDB 和 S3
参数传递到 index
Content() 函数，
执行查询和上传结
果

使用 Lambda
函数轮询 Dyn
amo DB 通过
输入获得的数
据字段

```
      } else if ('OldImage' in record.dynamodb) {
        image = record.dynamodb.OldImage;
      } else {
        console.log('Unknown event format: ' + record);
      }
      if ('isPublic' in image &&
          image.isPublic.BOOL &&
          'uploadDay' in image) {
        var uploadDay = image.uploadDay.S;
        uploadDays[uploadDay] = true;
        console.log('Public content found for ' + uploadDay);
      } else {
        var identityId = record.dynamodb.Keys.identityId.S;
        identityIds[identityId] = true;
        console.log('Private content found for ' + identityId);
      }
    });
    var latestUploadDay = Object.keys(uploadDays).sort().pop();
    if (latestUploadDay) {
      indexPublicContent(latestUploadDay);
    }
    Object.keys(identityIds).forEach((identityId) => {
      indexPrivateContent(identityId);
    });
};
```

对于公开内容，标记上传日期（以关联数组的形式）

对于私密内容，标记上传的 identity ID（以关联数组的形式）

仅对最近的 uploadDay 做内容更新

除了 AWSLambdaBasicExecutionRole 管理策略，updateContentIndex 函数还需要代码清单 11-8 中的策略，以访问 S3 存储桶和 DynamoDB 数据表（包括索引）。

代码清单11-8　Policy_Lambda_updateContentIndex

```
{
    "Version": "2012-10-17",
    "Statement": [
        {
            "Effect": "Allow",
            "Action": [
                "s3:PutObject"
            ],
            "Resource": [
                "arn:aws:s3:::<BUCKET>/public/index/*",
                "arn:aws:s3:::<BUCKET>/private/index/*"
            ]
        },
        {
            "Effect": "Allow",
            "Action": [
                "dynamodb:Query",
                "dynamodb:GetRecords",
                "dynamodb:GetShardIterator",
                "dynamodb:DescribeStream",
                "dynamodb:ListStreams"
            ],
```

在 S3 存储桶中写入公开内容或私密内容索引

查询 DynamoDB 表

操作时间的 DynamoDB Stream

```
                          "Resource": [
                              "arn:aws:dynamodb:<REGION>:<AWS_ACCOUNT_ID>:table/
                      <DYNAMODB_TABLE>",
                                  "arn:aws:dynamodb: <REGION>:<AWS_ACCOUNT_ID>:table/
                      <DYNAMODB_TABLE>/*"
                          ]
                      }
                  ]
              }
```

访问 DynamoDB
表资源

访问 DynamoDB
Stream 和索引

　　现在，应用已经完成了，你可以用它共享图片或建立私人相册。图 11-9、图 11-10 和图 11-11 是应用的一些样例截图。样例中的图片都是 NASA 和维基基金会授权使用的。

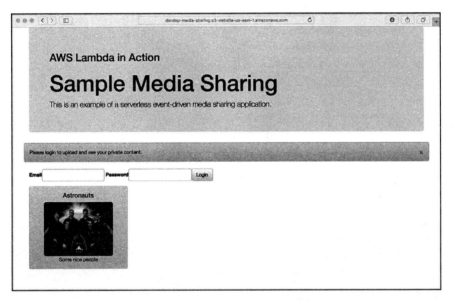

图 11-9　在媒体共享应用中，一开始你还没登录，作为 Amazon Cognito 的非认证 IAM 角色，只能看到公共图片

总结

本章我们用无服务器和事件驱动架构搭建了一个媒体共享应用，其中专门学习了：

❑ 设计事件驱动架构的技术实现。

❑ 用 AWS Lambda 在后端响应协同事件。

❑ 在 AWS 平台上选择合适的服务，简化实现流程。

❑ 使用 Amazon S3 上的分层关键字架构映射数据。

❑ 在 DynamoDB 上定义表格和索引结构。

❑ 用 AWS IAM 角色和策略，增强客户端和后端的安全性。

现在你已经可以设计和实现一个事件驱动应用了。在下一章中，你将更深入地了解事件驱动的意义，以及分布式架构对应用的影响。

图 11-10 登录后，作为 Amazon Cognito 的认证 IAM 角色，可以看到自己的私人图片

图 11-11 如果你选择了一张预览图，就可以看到全图的细节和元数据，比如标题和描述

练习

1. 为私密内容或公开内容添加更新标题或描述的选项。以注册用户身份登录后，标题栏和描述栏应该是可编辑的。如何实现这一点呢？要开启这一功能，是否需要修改后端 Lambda 函数呢？
2. Amazon Cognito 使用的认证角色只允许编辑 DynamoDB 的标题和描述。若要编辑 isPublic Boolean 属性，你需要做什么？

解答

1. 用注册用户登录客户端应用后，medisSharing.js showContent() 函数应当把标题和描述 HTML 标签改为 <input type="text">，并赋予一个独有的 ID，比如"新标题"和"新描述"。在显示可编辑栏之前，还要保存初始值。完成前，如果标题和描述的值与初始值不一样，你还要用带有相应初始值（identityId 和 objectKey）的 DynamoDB UpdateItem API 去选择要更新的项目。后端是事件驱动的，所以不用修改什么：update-ContentIndex Lambda 函数会从 DynamoDB stream 推进更新进程，根据配置内容更新私密/公共索引。
2. 修改 isPublic 属性要复杂得多，因为你需要修改图片和对应缩略图的 S3 密钥。Amazon S3 不允许你这么做，所以你需要插入新对象，删除旧对象，触发 contentUpdated 函数。最好的办法是从 S3 存储桶删除初始内容，换一个不同的 isPublic 值再插进去，让后端函数进行更新。你可以把"删除/再插入"的操作封装进一个 Lambda 函数里，或者在 updateContentIndex 函数（可以监控 DynamoDB stream 里的 isPublic 属性）中管理它。

为什么选择事件驱动

本章导读：

❑ 在系统前后端使用事件驱动架构。

❑ 将事件驱动架构和响应式编程相关联。

❑ 使用事件驱动方法来实现微服务。

❑ 管理扩展性、可用性和适应性。

❑ 预估费用并设计商业模式。

在前一章，我们实现了一个媒体共享应用，并向其中整合了认证服务来识别用户。本章我们来深入了解事件驱动的意义，学习如何使用多个函数来构建应用。

本章还会介绍不同的架构风格。我们会拿 AWS Lambda 的解决方案与近年来不断发展的其他模式进行对比，改善响应式编程和微服务架构这类分布式应用的扩展性、安全性和可管理性。

以前，人们总是以管理复杂和服务昂贵为理由，努力避免分布式系统。而自从互联网革命性地重新定义"扩展性"之后，在数千台服务器上运行分布式应用已经是兵家常事了。为应用设计良好的扩展性，是开发者必修的功夫之一。

本章不提供任何示例代码，但是会介绍用于设计事件驱动应用的工具。这一章更像是纸上谈兵，但很快我们就会把理论投入实战。

> 🎯 提示　尽管我们所学的东西主要围绕 AWS Lambda，但大部分知识都适用于一般的分布式系统。只要你想设计一款可扩展的、稳定可靠的应用，不管选择什么技术，本章的知识都是用得上的。

组成应用的各个函数有着不同的交互方式，有些会被终端用户直接调用，有些会订阅从应用资源发来的事件。后者会在资源被修改时触发，比如上传了新文件或更新了数据库时。不过总体来看，工作流里的所有逻辑都是由事件驱动的。

12.1　事件驱动架构总览

事件驱动应用无须集中式工作流来调配各个资源，可以直接对内外部事件进行响应。事件本质上是一个信号，信号源可能是某次输入、传感器、其他应用、计时器，或者任何涉及应用资源的操作。这些信号可以携带数据，比如用户做的某个选择，或者资源的某个改动。

事件驱动的一个关键点是，应用本身并不控制或强迫事件的序列。相反，整个执行流程是由事件主导的，并最终生成可以触发其他活动的事件。一般的过程化编程则是反过来，通过集中式工作流，安排不同的活动来完成最终目标。

事件驱动有很多立竿见影的优点：

- ❑ 把事件发送方和接收方互相解耦。
- ❑ 可以为单个事件设置多个接收方，还可以互不影响地增减接收方。
- ❑ 可以通过修改活动对事件的响应形式，改变应用的流程，比如在不触碰内部代码的情况下，开启或禁用某个特定的订阅。
- ❑ 数据通过事件或外部仓储（如数据库）在活动间共享，而且对各个活动没有特殊要求，可以共用一个执行环境。你可以分散执行活动，让分布在多个服务器上的应用具有更强的适应性和扩展性。

对于那些受众面极广的应用，比如电商网站、基因数据分析应用或者网游，采用事件驱动架构都可以带来良好的效果，应用的软件组件可以清晰直观地看到：

- ❑ 它们需要知道的（即接收到的事件）。
- ❑ 它们需要去做的（使用资源、更新文件或写入数据库）。
- ❑ 它们需要发布的新事件。

事件驱动架构会迫使你把大规模应用拆解成若干小部件，每个部件应对一个小问题。这一模式已经在电信行业运用多年，运营商们用它来构建高可用性、具备自我修复能力的电信网络系统。在最初由 Ericsson 开发的 Erlang 编程语言以及那些经常使用 actor 模型的 Akka 工具包和运行时里，我们都能看到事件驱动的身影。

> **actor 模型**
>
> actor 模型最早见于 1973 年，它把 actor 作为计算的主体：每个东西都是一个 actor，可以响应它所接收到的信息，actor 可以做本地决策，创建另一个 actor，向其他 actor 发送信息，并决定如何处理以后的信息。以下我提供一些文献，帮助你深入了解 actor 模型：

"A Universal Modular ACTOR Formalism for Artificial Intelligence," by Carl Hewitt, Peter Bishop, and Richard Steiger (1973), http://dl.acm.org/citation.cfm?id=1624775 .1624804.

"Foundations of Actor Semantics," Mathematics Doctoral Dissertation by William Clinger (1981), http://hdl.handle.net/1721.1/6935.

12.2 从前端起步

提起事件驱动编程，首先映入脑海的就是 UI。你在 UI 里点击某个按钮，然后会发生某些事情。要用编程语言实现这一点，你需要把函数（或方法）关联到相应的事件上，就像"当用户点击该按钮时，执行这一系列操作"。

这么做是有原因的，毕竟你不知道用户什么时候会与 UI 交互，也不知道用户会做什么。当交互发生时，你需要有应对的操作。

假设你想追踪登录过你网址的访问者，让他们能在应用内创建新用户。一个用于创建新用户的 UI 大致类似于图 12-1。

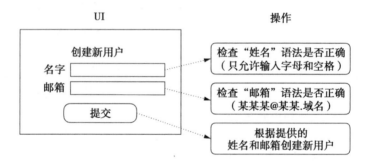

图 12-1 创建新用户的样本 UI：用户与 UI 组件交互时会触发操作。比如，每当文本框里的字符被写入或修改时，用来写"姓名"和"邮箱"的语法就会检查一次。如果语法无效，"提交"按钮就不会激活。"提交"按钮一旦激活并被点击，就会创建一个新用户

UI 的实现需要你将交互行为与操作关联起来，例如：

❑ 只要"姓名"文本框里写入或修改了字符，就要检查它是不是一个合法姓名（只看字母和空格，不管其他字符）。此外，你还可以把输入的名字大写。

❑ 只要"邮箱"文本框里写入或修改了字符，就要检查它是不是一个合法邮箱地址（某某某 @ 某某 . 域名）。此外，你还可以检查域名是否合法。

❑ 如果前面的检查结果有一个出错了，提交按钮就会禁用，同时发出警告提醒用户修正（比如"姓名只能输入字母和空格）。

在 C++ 和 Javascript 这类面向对象的语言中，UI 通常是用观察者模式实现的。观察者是一个对象，用来观察目标对象，并在点击按钮或选择下拉菜单选项时执行操作和方法（图 12-2）。

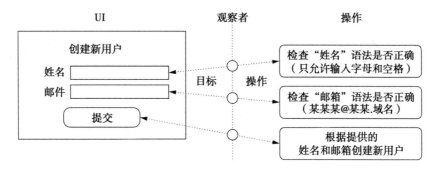

图 12-2　在面向对象的语言中，观察者模式广泛应用于 UI，用来把目标 UI 元素从特定交
互（如改动文本框，点击按钮等）触发的事件中解耦

> **注意** 在实现观察者模式时，通常用事件循环来处理观察者事件。事件循环一般是单线程
> 的，只能用来触发其他线程上的操作，因为如果事件循环过于繁忙，新事件就需要
> 排队了，这会拖慢用户与 UI 的交互速度——这是一定要避免的。好消息是，有了
> AWS Lambda，平台自身就能管理事件了，而且还是可扩展的，因此在接下来的内
> 容中我们都用不着事件循环。

12.3　关于后端

你会把所有不能在客户端安全实现的逻辑放进应用后端——之所以这么做，要么是因
为某些数据必须与其他客户端共享，要么是出于安全考虑（因为无法信任客户端去做某些
决策）。

在开发后端时，请牢记一些重要事项。第一，如果你是用面向过程的方法设计应用的，
每当客户端往后端发送一个请求，你就必须执行一个繁复的工作流去实现请求的逻辑，完
成所有必需的数据操作和检查。每次应用需要更新功能或处理 bug 时，这一工作流都会变
得复杂无比。

第二，随着用户数量和交互数量的增加，你需要扩大后端的规模。而且不能想当然
地认为，应用会永远留在单个服务器上——终有一天它会演化成为横跨多个系统的分布式
应用。

第三，后端经常会发生多个数据源之间的事务，这些数据有时需要同步修改（提交），
有时需要放弃修改（回滚）。如果数据是分散在多个仓储里的，事情就会显得异常复杂，因
为分布式事务是迟缓且难于管理的。

分布式系统在设计时就应该避免强求数据的同步，数据只要最终能保持一致性就好。
换言之，如果数据是存储在不同数据源之上的，就不必要求数据始终处于相同状态。强求
同步、步调一致的应用刚开始看起来安全稳妥，但它所提供的解决方案在实际操作中将是
难以实现、管理和扩展的。

> **CAP 定理**
>
> 要想更好地理解分布式系统架构的复杂性，我建议了解一点计算机科学中的 CAP 定理（又叫布鲁尔定理）。根据这一定理，分布式计算机系统是不可能同时满足以下三大条件的：
>
> ① 不同节点间的数据一致性（Consistency）。
>
> ② 发送给分布式系统并要求响应的请求可用性（Availability）。
>
> ③ 分区容错性（Partition tolerance）：如果节点之间由于网络问题失去联系，系统仍能继续运行。
>
> Seth Gilbert 和 Nancy Lynch 合写的 "Brewer's Conjecture and the Feasibility of Consistent Available Partition-Tolerant Web Services"（2002）详细介绍了 CAP 定理，建议参阅：http://citeseerx.ist.psu.edu/viewdoc/sum-mary?doi=10.1.1.20.1495。

理想的办法是，让应用分布在空间（不同的环境）和时间（数据平时异步发送和更新，只在某个时间点上整合一致）上[⊖]。这意味着，架构的各个部分只需通过一个预定义界面（"协议"）进行不同步的交流就好。

显然，事件驱动架构采取的就是这种理想的办法：

- ❑ 各个操作都是独立执行互不干扰的，而且可以在不同系统上执行。
- ❑ 数据都是通过事件交换的。如果多个操作都访问了同一个数据，就用包含数据的资源在数据发生更改时，通过事件触发所有相关操作。
- ❑ 各个操作都只认识它的输入事件，它能改变的资源，以及它要最终触发的事件（这里我没有考虑被操作控制的资源所触发的事件）。

我们来详细了解下，如何通过 AWS Lambda 和你用得上的交互手段，来实现这样一个架构。

获取事件的途径之一是通过 UI，或者推而广之，是通过客户端。我们将这类事件称为自定义事件，以区分从资源订阅而来的订阅事件。客户端的直接触发通常需要一个带返回值的响应，其调用也是同步的（图 12-3）。

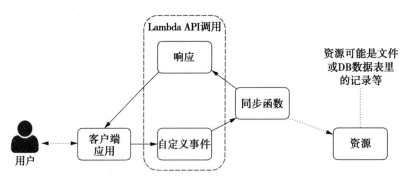

图 12-3　客户端同步调用的交互模型。函数可以在某些资源（文件、数据库）里读写，返回一个响应。本章会把这一模型进行扩展，以包含其他交互

⊖　参见 Jonas Bonér（Akka 工具包和运行时的创建者）的演讲 "Without Resilience，Nothing Else Matters"。

你也可以让自定义事件触发的异步调用不返回任何值，而是修改系统内容，比如应用所使用的资源（文件、数据库）。其中的主要区别是，客户端应用不需要知道操作何时结束，只需知道初始化操作的请求已经正确接收就行了。把剩下的交给后端，后端自会响应请求的（图 12-4）。

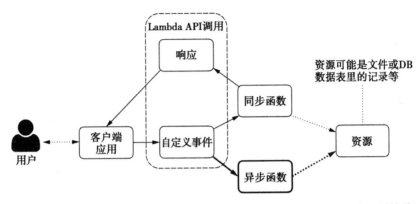

图 12-4　往上一个模型里添加异步调用。异步调用不会返回响应，客户端无须等待函数运行完成

资源发生变动时，会触发自己的事件。比方说，上传图片后，你希望生成一张缩略图，在索引页面里渲染图片，或者在数据库里为图片元数据做索引。如果数据库里创建了新用户，你会需要发送一封验证邮件，确认用户所提供的邮箱地址是正确的，用户可以通过该地址接收到邮件（图 12-5）。

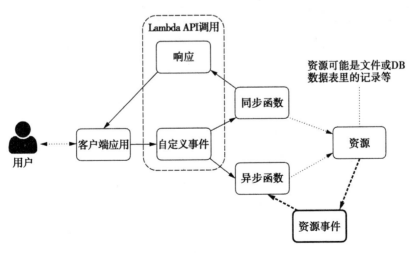

图 12-5　往前一个模型里添加资源生成的事件。如果函数创建了新文件或更新了数据库，你可以让其他函数订阅该事件。这些描述了资源变动的事件会作为输入事件，异步调用订阅了它的函数

在后端，函数之间也可以互相同步调用，不过在 AWS Lambda 里最好别这么做，因为会造成两次时间浪费：第一次是函数发出同步调用（一旦被阻止，就得等到调用返回），一次是函数接收调用。在极少数情况下，函数会被另一函数异步调用（图 12-6）。

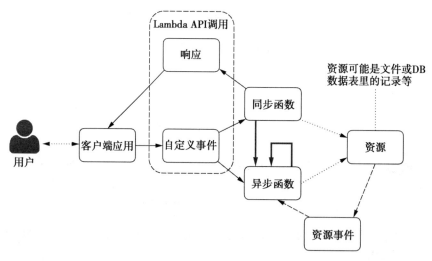

图 12-6　往交互模型里添加被其他函数异步调用的函数。这样一来，你就可以针对不同任务反复多次使用同一个函数，同一个函数可以直接被客户端或另一个函数调用

💡提示　通常做法是用第一个函数作为路由器，异步调用多个函数，让它们同时工作，完成一个任务。如果工作负荷可以细分成块，就能让多个函数同时运行，每个函数针对一块，把输出结果写入一个集中式仓储，然后在仓储里集中各路输出结果。

某些资源可以直接从客户端交互（图 12-7），比如 Amazon S3 这类的文件仓储，Amazon DynamoDB 这类的 NoSQL 数据库，或者 Amazon Kinesis ⊖这类流服务，都可以像 AWS Lambda 一样，被客户端安全使用：它们使用同一套由 IAM 实现的安全架构，还有 Amazon Cognito 发放的临时安全凭证保障安全。

图 12-7 所示的交互范式说明了事件驱动应用如何从不同源头接受事件，以及各个交互之间如何互相关联。使用这些交互，你可以为构建和开发分布式系统采取最优策略，比如响应式编程和微服务。你可以像图 12-8 那样，用 AWS Lambda 的事件驱动架构设计一款媒体共享应用。请记得，客户端应用是可以在任何平台上运行的，包括移动端和网页端。

12.4　响应式编程

如果不想把用户人数限制得太死，或者想让应用在生产环境中能处理更多的交互，你

⊖　本书没有介绍 Amazon Kinesis，如果你对实时分析感兴趣，或者需要一个负载并分析流数据的平台，用它可以大大节省你的时间。可参看 https://aws.amazon.com/kinesis 了解详情

就需要把应用分布在多个环境里。若要追求扩展性,分布式应用是唯一选择,不过其设计难度、管理难度和扩展难度依然很高。

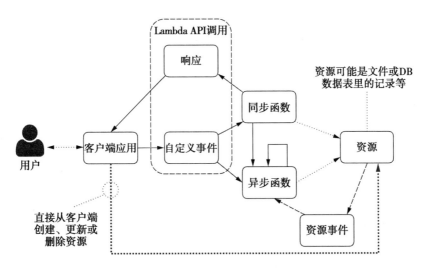

图 12-7 我们来完成交互模型的最后一步:让客户端可以直接访问资源。比如,客户端可能上传一个文件(或图片)或者修改数据库里的东西。这一事件可以触发函数,分析发生的事情,并对新的或更新的内容采取操作——例如为上传的高分辨率图片渲染缩略图,或者根据数据库里的新内容更新文件

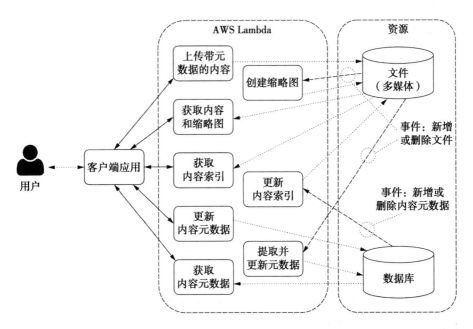

图 12-8 使用 AWS Lambda 事件驱动架构设计的媒体共享应用。有些函数是客户端直接调用的,有些函数订阅了后端资源(如文件共享和数据库)的事件

有时，为了加快开发，小型团队和创业公司会快速搞出一个可以在网上共享，但不能扩展的应用原型。尽管它只是一个雏形原型，有待下一步开发和更新，但这个权宜之策仍有自相矛盾之处。如果原型所验证的想法是好的，大批用户就会蜂拥而至。这些用户可能是听了某个著名网站的评论或网上流传的口碑慕名而来的，当他们使用应用时，团队必须抓紧机会留下好印象。万一这时应用因为无法扩展，支持不了这么多的用户，导致运行缓慢甚至罢工，之前的努力可就付诸东流了。如果从设计伊始，应用原型就能支持扩展，岂不是更好吗？

> 🎯 **提示** 我的建议是，开发过程中要始终考虑应用的扩展性，哪怕它在一开始还不算什么要紧问题。除了个别为少数人开发的应用，比如管理应用，大部分情况下用户的基数是难以估量的，甚至会根据日/周/月周期变化起伏。

你可以采取不同的架构策略来设计可以轻松扩展的应用，其中一种比较有趣的方法就是响应式编程。在响应式编程下，你可以用类似电子制表的方式编写系统：逻辑围绕数据构建，在数据流中展开修改。

我们仔细想想，即使是同一语法，在面向过程和事件驱动两种思想下，意义都是不一样的。我们用矩形面积公式做例子：

```
area = length x width
```

在面向过程的编程里（包括函数化的非响应式编程），这一语法的意义是，一个函数获得两个输入（长和宽），并同步返回一个值（面积）。在响应式编程里，这一语法代表一个把数据值关联到一起的规则：如果某个输入值（长或宽）改变了，相应数据（面积）也会自动改变，无须发送求新面积的请求。现在你能理解两种编程思想的差异了吗？

响应式编程和事件驱动编程类似，你通过订阅事件来触发操作，对相应数据进行更新——例如在改变了仓储里的长或宽时，计算新矩形的面积。主要区别在于，响应式编程一般通过函数把多个值关联起来，而事件驱动编程主要关注交换的信息（事件）和由信息触发的操作。

> 🎯 **提示** 想要简化设计事件驱动应用所需的分析，我建议你从响应式编程开始（用一种类似于 UI 的数据捆绑的方式），然后把结果映射到事件和操作上。

条条大路通罗马，你最后都能构建一个健壮、适应力强、灵活多变，可以随时处理不可预测工作量的软件。我在《Reactive Manifesto》里找到一个挺不错的形式，建议看看http://www.reactivemanifesto.org。

按照本书的说法，响应式系统是一种分布的、松散耦合的、可扩展的解决方案，可以容忍内部的错误和崩溃（图 12-9）。换言之，响应式系统须符合以下条件：

❏ 响应性——只有在可接受的连续时间内给出响应，才能让系统变得可用和可维护。

❏ 适应性——即使崩溃了，系统仍然可以响应。

❏ 弹性——系统可以根据实际工作需求调整资源，避免任何瓶颈影响其性能。

❏ 信息驱动——系统的组件可以通过无阻碍的异步交流进行响应。

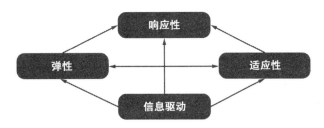

图 12-9　响应式系统的四大特征

我们再来看看 CAP 定理。根据这一定理，分布式系统不可能同时做到以下三点：

❏ 不同节点间数据的一致性。

❏ 发送给分布式系统并要求响应的请求可用性。

❏ 分区容错性（如果节点之间由于网络问题失去联系，系统仍能继续运行）。

分布式系统的四大特性是如何按照 CAP 定理影响各个组件的呢？在传统的基于服务器的实现里，我们需要修改什么呢？

我认为四大特性中最重要的是信息驱动，它直接颠覆了 CAP 定理中的 C，即数据一致性：如果交互都是异步的，那么多个交互并不会同时发生，数据就不需要在某个时间点上保持一致了。我们共享的数据是不会变更的，从而避免了不同交互间彼此冲突的风险。

> 注意　我建议在网上通读《Reactive Manifesto》（http://www.reactivemanifesto.org），想想那些特性如何跟你的应用，以及你在本书习得的概念结合起来。

12.5　通向微服务之路

微服务没有官方定义，通常认为它是一种架构风格，把应用解构成小的、独立部署的服务。微服务通常具有以下特征：

❏ 每个服务需要建立在业务领域而非技术领域上，这保证了在技术更新迭代时，服务的边界依然存在。

❏ 服务之间需要松散耦合，这样一个服务的变化不会影响另一个。

❏ 服务需要在作为整个业务领域一部分的"限界上下文"里工作，以简化服务之间的沟通。

> 注意　"限界上下文"概念属于领域驱动的范畴，跟本书无关。我建议从 Martin Fowler 的相关文章读起，可参阅 http://martinfowler.com/bliki/BoundedContext.html。

> **DevOps 和微服务**
>
> 我发现一个很有趣的问题，微服务的核心特性——可独立部署——是一项操作性要求。得益于使用微服务架构前沿公司的 DevOps 文化，它成了一个由运维向开发提供的清晰反馈。

和微服务类似，DevOps 也没有正式定义。不过一般而言，DevOps 的目的是培养公司内开发者、操作者和其他 IT 相关人员的交流与协作。

微服务的"微"是有多微呢？没有专门的测量方法，不过你可以直观感受到，因为无论是新建还是重建一个服务，都不会超过两周。我认为"微"意味着你可以在有限的部署日程表里面，轻松地重写完一个微服务。

重建服务的能力是非常重要的：有时你会提出新的需求，而且很难直接整合进现有的服务，这时你需要重建一个新服务，可以实现新的需求和所有旧的需求。在创建新服务时，可以考虑采用不同的技术，比如把 Java 换成 Scala，把 Ruby 换成 Python。

 提示 采用新技术除了可以提高开发效率，还有助于鼓舞士气振奋精神，因为开发者知道自己可以根据需要自主选择新的开发环境，不必嫁狗随狗，在余下的工作生涯中被迫用老旧工具干活。

自由的代价是，有时开发者会随大流，仅仅出于猎奇心理就采用了某种新技术。一个服务的生命周期很长，使用稳定成熟的技术才是长久之策。如果应用于服务的某项技术失去了牵引和支持，你仍然可以换一种技术，在两周之内重写个新的，但如果使用了这项技术的服务不止一个，你就得花大把时间去重建一堆服务了，而这对用户是毫无增益的。

 提示 我建议阅读 Martin Fowler 的指导手册，深入了解微服务的意义和具体用法：http://martinfowler.com/microservices/ ⊖ 。

如果你还记得如何设计一个事件驱动应用，记得 AWS Lambda 如何把应用解构成更小的、只能通过事件交互的函数，你就会发现本书介绍的方法已经把你扶上了实现微服务的正途——不过具体的实现很大程度上还是要靠你自己。

AWS Lambda 提供了一个接口简洁的架构，来构建小型的、基本异步的服务，并解决了微服务架构生产管理中的几个大难题，比如：

❑ 通过 Amazon CloudWatch Logs 实现集中式日志。

❑ 通过 AWS Lambda API 实现服务发现。

你需要在整个开发过程中善用这些功能，比如：

❑ 要简化微服务的调试，集中式日志需要一个可追踪的"身份"，该身份在所有交互服务中跟随单一个请求。AWS Lambda 和 Amazon CloudWatch Logs 并不提供它，

⊖ 建议阅读 Chris Richardson 的微服务设计模式网站：microservices.io。——译者注

你需要好好想想。

❑ 要自动化服务发现，你需要在函数描述中使用一个从 AWS Lambda API 那儿得来的标准语法。

要理解 AWS Lambda 如何支持微服务架构，我认为还有一个重要的点——它是否有助于服务的编排或调度。

为了说清楚这点，我们先从艺术的视角，用韦氏词典来描述以下定义。

> **韦氏词典的定义**
>
> 编舞（choreography）（编排）：决定表演中舞者如何移动、如何做动作的艺术或职业。
>
> 编曲（orchestration）（调度）：管弦乐队对各个乐部的安排。

我们把以上定义放到 IT 架构中去。对于调度，你有一个自动执行的工作流，以及一个执行工作流并管理所有交互的调度引擎。对于编排，你要描述两个交互元素之间子集的协调互动。如果你熟悉面向服务架构（SOA）的企业级部署，很容易就能看出调度引擎和企业信息总线的扩展（诸如路由器、过滤器，或者根据集中式逻辑做出的翻译信息）之间的相似性。有了微服务，信息平台不应该有活跃的角色，逻辑应该被限定在服务的边界里。

在事件驱动架构里，你是在为各个服务进行编排，无须一个面面俱到却又无比臃肿复杂的集中式工作流。随着服务和交互数量的增长，加上各个服务之间的交互可能远不止一个，集中式工作流的复杂度将会指数级上升，在大规模部署中变得极难管理。

12.6　平台的扩展性

扩展性是 IT 架构的核心命题之一。我们先从 IT 系统的层面上，给扩展性下一个定义。

> **定义** 扩展性是指某个系统、网络或流程处理激增工作量的能力，或者扩大自身以应对激增工作量的潜力。这个概念来自于 André Benjamin Bondi 的 "Characteristics of Scalability and Their Impact on Performance"（2000），可参看 http://dl.acm.org/citation.cfm?doid=350391.350432。

在事件驱动应用中，扩展性是由全体函数的并发执行驱动的。并发的执行总量取决于新事件的数量以及事件所触发的函数的运行时长，公式如下：

当前执行量＝每秒的事件数量 × 函数的平均运行时间

举例说明一下：我们用 AWS Lambda 做多个交互，一些直接来自用户（自定义事件），一些来自订阅的资源事件：

❑ 有 1000 名用户，每秒都在与应用交互，查找他们位置附近是否有相关图片。所用 Lambda 函数平均执行时间是 0.2 秒，那么当前执行量＝1000（事件）×0.2s＝200。

❑ 每秒有 10 名用户往 Amazon S3 里上传一张图片，某个订阅了这一资源的 AWS Lambda

函数在每次上传时被触发，它创建一份缩略图，提取元数据，并把元数据插入 Amazon DynamoDB 数据表。该函数平均 2 秒运行完一次（别嫌慢，因为有些图片是高分辨率图），那么当前执行量＝10（事件）×2s＝20。

❑ 另一个 Lambda 函数订阅了 DynamoDB 数据表，它接收所有的事件，更新用户图片索引，平均运行时间是 3 秒（显然你还可以优化，但出于简化的考虑，我们还是默认 3 秒吧），那么当前执行量＝10（事件）×3s＝30。

❑ 这样一来，总的当前执行量＝200＋20＋30＝250。

有了 AWS Lambda，你就不必操心扩展性和当前执行量了，因为 AWS 服务就是设计来同时运行多个函数实例的。当然了，你必须操心下 Lambda 函数所用资源的扩展性。如果你有多个运行中的函数正在读取或写入数据库，就要确保数据库能扛得起如此大的工作负荷。

不过，系统为每个账户在每个区域设置了 100 个当前执行量的安全上限，可以防止报错或循环函数导致的执行量暴增。如果你觉得这个上限影响了应用的使用，可以申请把上限调高，在 AWS 支持中心里免费增加上限数额。

> **注意** 当前执行量的上限数额是对同一账户的同一区域内所有 AWS Lambda 函数累加获得的。

当账户内执行量超过安全上限后，函数的执行会被阻止。你可以在对应的 Amazon CloudWatch 指标（见于 Monitoring 标签页里的 AWS Lambda web 控制台）上监控这一行为。

Lambda 函数被阻止后，会同步返回一个 HTTP 错误代码 429，表示"请求过多"。错误代码 429 是由 AWS SDK 自动管理的，SDK 重试多次，并且重试的时间间隔成倍增加。

那些异步调用的 Lambda 函数在被阻塞时，会被自动重试 12～30 分钟。就算后端堵车了，这段等待时间也足够恢复通畅并执行函数了。超过了重试期，所有没赶上的事件都会被放弃。如果 Lambda 函数订阅了由其他 AWS 事件生成的事件，那么这些事件会被保留和重试，它们的重试期是 24 小时，不过你需要查阅 AWS Lambda 和相关服务的文档，获知更多细节。

12.7　可用性和适应性

可用性决定了生产过程中 IT 系统可以何时、如何被使用。我们来看看可用性的定义。

> **定义** 可用性是指一个系统处于工况条件下的时间比例。

要在 IT 的语境下定义弹性并不简单，因为它通常属于生物或心理学的范畴，不过我们或多或少可以达成以下共识。

> **定义** 弹性是指对不利条件的适应能力。

根据以上定义，可用性能够衡量获得某个能使用、能响应的系统的概率，弹性表示该系统从影响响应的故障中自动复原的能力。在大规模部署中，硬件和软件错综复杂，报错难免发生。我们需要弹性强的系统来提高可用性。

AWS Lambda 可以在硬件和软件层面实现拷贝和冗余，为服务本身和相关的函数提供较高的可用性，而 AWS Lambda 自己并不存在维护窗口期或有计划的休工期。

然而 Lambda 函数偶尔也会因为内部逻辑被一个报错结束而崩溃，比如在 Node.js 运行时里使用 context.fail()，或者在 Python 运行时里出现了异常。

崩溃时，同步函数会发生异常响应，异步函数会至少重试三次，然后事件会被遗弃掉。从 AWS 服务（诸如 Amazon Kinesis 和 DynamoDB）发出的事件会不断重试，直到 Lambda 函数恢复正常或者数据过期。这一过程通常是 24 小时。

12.4 节讲过，异步信息传递是后端不同组件间交流的理想方式，应该尽可能采用。有些时候，你需要改写部分内部逻辑，来适应异步通讯。

12.8 预估费用

费用是云计算服务绕不开的话题，它和服务的技术规格一起，决定了使用服务的时间、方式和场合。费用越低，就越能适应那些经费上捉襟见肘的项目。

AWS Lambda 的每月开销主要是：

❑ 所有函数的请求费用，包括 Web 控制台的测试触发。

❑ 持续时间费用，根据你为函数配置的内存，每个函数的执行时间四舍五入大约为 100 毫秒。

持续时间费用和函数的内存配置线性相关。如果你把内存配置加倍（或减半），持续时间不变，那么持续时间费用也相应地加倍（或减半）。

函数的内存配置同样牵动着 CPU 运算力和其他资源的分配，因此，根据函数的 CPU 和 I/O 使用情况，配置的内存越多，函数的执行速度越快。

> 注意 本节提供的费用信息在写作本书时都是最新的。虽然现在某些数值已经变了，但理解费用模式，为自己的应用精打细算，仍是你使用 AWS Lambda 前的必修课。想了解最新的 AWS Lambda 费用信息和 AWS Free Tier，请参看 https://aws.amazon.com/lambda/pricing/ 和 http://aws.amazon.com/free/。

每个 AWS 账户都有 AWS 免费资源包，只有超过其期限时，你才需要缴费。其中 Lambda 的免费资源包和其他 AWS 服务不同，不会在 12 个月后到期，对所有 AWS 用户都是无期限开放的。

Lambda 免费资源包允许你免费学习、测试、扩展程序的原型，其额度是：

❑ 每个月的前十万次请求。

❑ 每个月的前 400 000GB 秒（每 GB 内存每秒）的计算时间。

这里的 400 000GB- 秒是指同一账户内所有函数执行时间的总长（如果给函数配了 1G 内存，那么执行时间大约为 100 毫秒）。如果配给的内存更少，执行时间会更长，但多出的时间是免费的。比如你配置了 128MB 的内存（也就是 1G 的八分之一），那么执行时间就是 8×400 000＝3 200 000 秒。

由于平均执行时间是 100 毫秒，那些执行很快的函数（比如 20 毫秒）会比以平均时间执行的函数，对费用产生更大影响。

> ⏱提示　要想优化费用结构，有时可以把某些执行时间远远少于 100 毫秒的函数打包成一组。不过，如果函数更小，开发和更新的难度就会更低。你需要在生产费用和开发费用之间做好平衡取舍。

当你从另一个函数触发一个 Lambda 函数时，可能会有两种情形：

① 后一个函数被异步调用，于是前一个函数可以停止，让后一个继续执行，两者的费用完全是独立计算的。

② 后一个函数被同步调用，于是前一个函数会被阻止，等待后一个函数停止后才继续执行。这种情形下，你要为第二个同步函数支付双倍执行时间，得不偿失，所以一般要避免从另一个函数同步调用函数。

要预估应用费用，你需要估算所有的事件——包括直接触发的自定义事件和订阅自资源的事件——和由这些事件触发的函数的执行时间。可以在 Web 控制台里用（多个）测试事件来估算执行时间，或者查看 Amazon CloudWatch 记录的执行时间度量。

估算每个用户的平均费用（和消耗量）是了解费用模式的最好办法，你可以知道需要多少用户才能超过免费资源包，以及随着用户数量的增加，费用会如何增长。

以第 1 章中的媒体共享应用为例。分析了第一批测试用户后，你估计每个用户平均每月进行 100 次函数调用（请求），有些是直接通过移动应用，有些是通过订阅图片存储和数据库表。平摊下来，有一半函数运行得很快，用 128M 的内存，只需 30 毫秒，另一半运行得很慢（比如为高分辨率图片构建缩略图），用 512M 的内存，平均也要 1 秒。

我们来算算每个用户贡献了多少 GB- 秒：

❑ 对于快的函数,50×100 毫秒（因为要四舍五入到 30 毫秒）×128MB＝5/8GB- 秒（需要除以 8 来获得 GB 单位）＝0.625GB- 秒。

❑ 对于慢的函数,50×1 秒 ×512MB＝50/2GB- 秒（需要除以 2 来获得 GB 单位）＝25GB- 秒。

每个用户贡献的总执行时间是 25.625GB- 秒，快的函数贡献的远远少于慢的函数。

现在可以建立一个简单的费用模型，来告诉你：

❑ 什么时候会用完免费资源包。

❑ 为 10 个、100 个、1000 个……用户需要支付多少给 AWS Lambda。

> ⚠ 警告　我至今还没算上存储和数据库费用，不过这两个都很好算，而且 Amazon S3 和 Amazon DynamoDB 都有免费资源包。

表 12-1 是基于写作本书时的费用做的一张预览表：

表 12-1　AWS Lambda 的费用模式。得益于免费资源包，只有在用户数量接近 100 000 时，你才需要支付费用。有了这张表，你也可以估算每个用户的平均费用，从而协助你制定相应的商业模式

用 户 数 量	请 求 数 量	运 行 时 长	需要计费的请求数量	需要计费的运行时长	请 求 花 费	运 行 花 费	总 花 费
1	100	25.63	0	0	0	0	0
10	1 000	256.25	0	0	0	0	0
100	10 000	2 562.50	0	0	0	0	0
1 000	100 000	25 625	0	0	0	0	0
10 000	1 000 000	256 250	0	0	0	0	0
100 000	10 000 000	2 562 500	9 000 000	2 162 500	1.8	36.05	37.85
1 000 000	100 000 000	25 625 000	99 000 000	25 225 000	19.8	420.50	440.30

如表所示，用户数量不接近 100 000，你都无须缴费。随着用户基数的增长，费用也会相应地线性增长。

从上表中你还可以估算每个用户的平均费用。如果不同类型的用户（如普通用户和高级用户）使用的交互方式不同，带来的平台费用不同，你就要单独估算各自的开销。这有助于你设计相应的商业模式，并判断这一模式可否维系。用户的平均费用可以帮你了解：

- ❑ 创业团队常用的 "freemium" 定价策略是否适用于你的应用。
- ❑ 是否需要根据用户的需求，制定价格不同的 tier。
- ❑ 是否需要以及何时需要引入广告。

> ✅ 定义　freemium 是一种商业模式，指的是将产品或服务的核心内容免费提供给大多数用户，只针对小部分用户使用的高级功能或虚拟商品收取费用。建议参阅 Eric Benjamin 写的 "Freemium Economics"（原载于 Savvy Manager's Guides，2013）。

总结

本章我们学习了：

- ❑ 事件驱动架构的工作原理。
- ❑ 事件驱动架构在前端的一般用法。
- ❑ 在后端使用事件驱动架构的优势。

❑ 事件驱动架构与交互式编程、微服务的关联。

❑ 事件驱动架构对于 IT 架构的两大基本特性——扩展性和可用性——的助益。

❑ 如何估算事件驱动应用的 AWS Lambda 费用，并依此设计商业模式。

下一章我们进入本书的第三部分，用那些支持 AWS Lambda 的工具和方法，从开发走向生产。

练习

为了检验你在本章所学的知识，请回答下列多选题：

1. 按照 Reactive Manifesto，系统组件最好通过哪种方式交互？

　a. 通过同步交流，因为它能保证组件的响应是高度一致的

　b. 通过异步交流，这样组件就能松散耦合，交互是非阻塞的

　c. 只要系统保持响应，交流方式并不要紧

2. 要实现事件驱动架构：

　a. 编排比调度好，因为前者描述了资源间的关系

　b. 调度比编排好，因为前者可以将工作流自动化

　c. 取决于你如何设计集中式工作流

3. 要管理 AWS Lambda 函数的扩展性：

　a. 需要把每秒的事件数量控制在安全上限以下

　b. 需要把当前执行量控制在安全上限以下

　c. 需要把每秒的触发数量控制在安全上限以下

4. 要估算 AWS Lambda 的费用：

　a. 需要知道你正用着多少函数，以及它们是同步还是异步

　b. 需要知道请求的数量和函数执行的总时长。不用管免费资源包，因为它对总支出的影响微乎其微

　c. 需要知道请求的数量和函数执行的总时长，同时考虑进免费资源包

解答

1. b

2. a

3. b

4. c

第三部分 *Part 3*

从开发环境到生产部署

本书的第三部分重点关注事件驱动应用程序的开发、测试、部署和生产环境管理。你将学习在 AWS Lambda 中应用版本和别名，如何通过框架来提升开发体验，如何使用 Amazon S3 或 AWS CloudFormation 等服务实现单区域或跨区域的自动化部署。我们也将重点关注基础设施的监控、日志、告警管理。

Chapter 13 | 第 13 章

改进开发和测试

本章导读:

❏ 权衡本地开发 Lambda 函数的利与弊。

❏ 记录日志和调试代码。

❏ 使用 Lambda 函数版本和别名。

❏ 展示一个无服务器应用最常见的工具和架构。

❏ 为 Lambda 函数实现一个无服务器的测试框架。

在前一章,我们从更加理论化的层面,了解了事件驱动应用和分布式架构的利弊。

现在我们动动手,看看如何用高级的 AWS Lambda 功能(比如版本和别名),以及某些专为无服务器架构开发的工具,来改进开发和测试流程。

13.1　本地开发

别人经常问我,怎样在本地环境下进行 AWS Lambda 开发。其实只要几行代码就能把 Lambda 函数打包,用于本地执行了。如果要用到那些函数中的其他 AWS 服务,可以找一些能在本地模拟服务的工具,例如:

❏ AWS 提供了一个可供下载的 DynamoDB,可以在本地运行。可以参看以下网址,了解如何在计算机上运行 DynamoDB:https://docs.aws.amazon.com/amazondynamodb/latest/developerguide/DynamoDB- Local.html。

❏ AWS 社区开发了一些工具,可以模拟 Amazon S3,比如 FakeS3。它是一款轻量级的服务器,可以响应和 Amazon S3 相同的调用。也可以选择 Minio,它是一款兼容

Amazon S3 的对象存储服务器。可以参看以下网址，了解更多关于 FakeS3 和 Minio 的信息：https://github.com/jubos/fake-s3 和 https://github.com/minio/minio。

AWS 的开发费用极低，你在开发时使用的平台和基础设施（如服务器和网络连接），很有可能就是最终产品的平台和基础设施。这是一项很大的优势，因为在老式架构里，开发测试阶段的产品和最终产品可能迥异甚至完全不同。举个例子，你也许会从其他供应商那里拿到一个稍老版本的服务器或网络负载均衡器，即使硬件一样，不同的操作环境也是由不同团队管理的，要让这些环境里的全部固件和软件保持同步，简直难于登天。这也就是 Docker 等技术的存在意义：它们允许你把整个容器（包括所有用户空间依赖项文件）移植到不同的环境里。

> 🎯 提示 有了 AWS，你可以用完全一样的资源完成开发、测试和生产。这些资源包括 Lambda 函数和 DynamoDB 数据表，而且能够从世界上的不同地方（也就是 AWS 所谓的区域）获得。开发测试生产共用同一平台，能极大减少应用生命周期里的缺陷和麻烦。因此，我不是十分赞成本地开发。如果你发现某些场合下本地开发环境十分好用，请记得联系我，然后说出你的故事，我非常有兴趣知道。

使用 AWS 的唯一问题是需要保持稳定的联网，不过这算事儿吗？就算偶尔断网，你也可以趁空闲优化一下应用的架构设计，设计一个认证服务，或者完成一个媒体共享应用的事件驱动架构和数据模型（见第 8 章和第 11 章）。根据我的经验，当我们的关注点移动到技术堆栈的上层以后，整体架构的优化变得简单且易于实现，所以在整个开发过程中，我们应该花更多的时间去优化它。

可能你还是想做本地开发，不要紧，我们来做一个快速测试，用 Node.js 和 Python 两种语言，在本地执行第 2 章中建过的一个 greetingOnDemand 函数。

13.1.1 用 Node.js 做本地开发

为了方便，下列代码清单提供了 greetingOnDemand 函数的 Node.js 版本。

代码清单13-1 greetingOnDemand函数（Node.js）

```
console.log('Loading function');

exports.handler = (event, context, callback) => {          ◁── Lambda 函数
    console.log('Received event:',                              作为处理程
        JSON.stringify(event, null, 2));                        序导出
    console.log('name =', event.name);
    var name = '';
    if ('name' in event) {
        name = event['name'];
    } else {
        name = "World";
    }
    var greetings = 'Hello ' + name + '!';
```

```
        console.log(greetings);
        callback(null, greetings);
};
```

在代码清单 13-2 中，我们用一个普通的打包器在本地执行函数，将其作为一个独立文件（runLocal.js）来实现，放在和代码清单 13-1 同名文件相同的目录下。

代码清单13-2　runLoad（Node.js）

把 Lambda 函数作为模块导入

```
var lambdaFunction = require('./greetingsOnDemand');
var functionHandler = 'handler';

var event = {}; // { name: 'Danilo'};
var context = {};

function callback(error, data) {
    console.log(error);
    console.log(data);
}

lambdaFunction[functionHandler](event, context, callback);
```

从模块导出的函数的名字

传给函数的测试事件

传给函数的虚假上下文

一个回调函数，负责处理函数返回的数据或报错

实际函数调用

> 💡 提示　如果你的 Lambda 函数使用了上下文对象（context），你需要复制结果，而不是像我一样传一个空的对象。想了解 Node.js 上下文里的可用信息，可以参见 https://docs.aws.amazon.com/ lambda/latest/dg/nodejs-prog-model-context.html。

13.1.2　用 Python 做本地开发

为了方便，以下代码清单提供了 greetingOnDemand 函数（来自第 2 章）的 Python 版本。

代码清单13-3　greetingOnDemand函数（Python）

```
import json

print('Loading function')

def lambda_handler(event, context):
    print("Received event: " +
        json.dumps(event, indent=2))
    if 'name' in event:
        name = event['name']
    else:
        name = 'World'
    greetings = 'Hello ' + name + '!'
    print(greetings)
    return greetings
```

Lambda 函数在这里声明

在以下代码中，我们用一个普通的打包器清单在本地执行函数，将其作为一个独立文件来实现，放在和代码（runLocal.py）13-3 同名文件相同的目录下。

代码清单13-4　runLoad（Python）

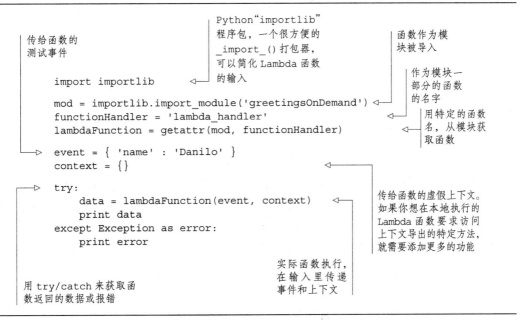

提示　如果你的 Lambda 函数访问了上下文对象（context），你需要复制结果，而不是像我一样传一个空的对象。想了解 Python 上下文里的可用信息，可以参见 https://docs.aws.amazon.com/ lambda/latest/dg/python-context-object.html。

13.1.3　社区工具

理解了如何打包 Lambda 函数做本地执行后，我们可以选看一些由社区开发的、可以简化过程的工程：

❑ lambda-local，为 Node.js 函数开发，安装使用都很方便，可以从 https://github.com/ashiina/lambda-local 上下载。

❑ aws-lambda-python-local，为 Python 函数开发，更复杂一点，也更强大一点，覆盖了 Amazon API Gateway 和 Amazon Cognito。可以从 https://github.com/sportarchive/aws-lambda-python-local 上下载。

13.2　日志与调试

Amazon CloudWatch 日志服务会使用 Java Script（Node. js）中的 console.log() 或 Python

中的 `print` 自动收集整理 Lambda 函数的输出结果。AWS Lambda 会提供集中式日志框架功能，你只需要支付日志的存储费用，而且存储量是可以配置的。

在 Web 控制台里，你可以快速查看 Lambda 函数的测试日志。一般情况下，在 Lambda 控制台选择一个函数，就能找到一个链接，指向 CloudWatch 控制台中 Monitoring 表格里的函数日志。

每个函数都有一个 CloudWatch 日志组，名字以 `/aws/ lambda/` 起头，后加函数名。例如：

`/aws/lambda/greetingsOnDemand`

> 🎯提示　如果选择日志组，可以通过 Expire Events After 选项自定义日志存量。默认是 Never Expire，即永不删除，永久保存日志。你可以改为保留一天、三天或其他时长，最长为 10 年。时限一到，组里的日志就会被清空。

在日志组内，你也可以添加指标过滤器，用于在日志数据中查找并提取某些值。AWS 的日志服务默认支持 JSON 和用空格间隔的日志格式。从日志中提取的信息可以用于创建一个受控制面板监控的自定义 CloudWatch 指标，或者被 CloudWatch Alarm 用来触发后续事件。比如，用指标过滤器统计应用程序的错误登录次数，可以用这一指标设置告警器，一旦错误登录次数在单位时间内超过了预期值（这可能意味着有人尝试攻击你的应用），就触发报警。

> 🎯提示　Amazon CloudWatch 功能繁多：可以监测 AWS 云资源，监控 AWS 上运行的应用，收集并跟踪指标和日志文件，设置告警，自动响应 AWS 资源的变更。建议参看以下网址了解详情：https://aws.amazon.com/cloudwatch/。

在日志组内，你有多个日志流，对应 Lambda 函数的若干个执行。日志流的名字包含了执行日期、函数版本和唯一的 ID 等信息，比如：

`2016/07/12/[$LATEST]7eb5d765b13c4649b7019f4487870efd`

可以用以下指令，通过 AWS CLI 检查日志：

```
aws logs get-log-events --log-group-name /aws/lambda/<FUNCTION_NAME>
    --log-stream-name 'YYYY/MM/DD/[$LATEST]…'
```

你可以把以上指令的输出发送到文本编辑工具（如 UNIX/Linux 系统上的"grep"），进一步处理输出结果，在日志里搜索一些相互关联的模式。

> 🎯提示　在 CloudWatch 控制台里，你可以自动输出一个日志组到 Amazon Elasticsearch Service-managed 集群，并用 Kibana 进一步分析日志。Kibana 是一个为 Elasticsearch 设计的可视化工具。Amazon Elasticsearch Service 是一项被管理的服务，可以简化 AWS Cloud 上 Elasticsearch 的部署、操作和测量。欲知详情，可参看 https://aws.amazon.com/elasticsearch-service/。

你也可以输出一个日志组到 Lambda 函数里，快速处理信息并响应指定的日志模式，或者把日志数据存储进数据库这类长期的存储库中。图 13-1 展示了本节所述各项工具和功能如何协同工作。

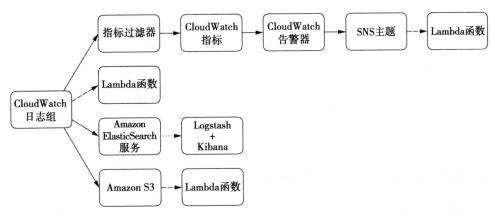

图 13-1　这里介绍了 CloudWatch 日志的处理和存储方法，以及如何使用其他功能和服务从日志里提取信息

13.3　使用函数版本

AWS Lambda 原生支持函数版本的概念。在默认情况下，只显示最新版本的函数，命名为 $LATEST。可以用三种办法创建多个函数版本：

❑ 创建函数时，你可以要求发布一个新版本（函数一创建，就自动生成版本 1）。

❑ 更新函数代码时，你也可以要求发布一个新版本，从最近版本号往上加，比如 2、3，等等。

❑ 任何时候，你都可以在当前 $LATEST 函数的基础上发布新版本，版本号依序递增。

创建多个版本后，你可以从 Web 控制台或 CLI 浏览并访问它们。在 Web 控制台，你可以用 Qualifiers 按钮来改变手头的版本。如果用的是 CLI，你可以通过——version 自变量来指定特定的版本函数。例如，你可以添加——version 自变量，绕开最新版本，直接触发较老版本。

在配置角色和许可证用以调用 Lambda 函数的时候，你曾用过函数 ARN（Amazon Resource Name）来指定要用的函数。有两种 ARN 指定方法：

❑ 对于 Unqualified ARN（也就是目前为止你在用的那个），尾部没有版本后缀，直接指向当前的 $LATEST 版本。

❑ 对于 Qualified ARN，在尾部跟上清晰的版本后缀。

以下代码是 helloWorld 函数里 Unqualified ARN 的用法示例：

```
arn:aws:lambda:<REGION>:<ACCOUNT_ID>:function:helloWorld
```

如果想更具体一点，你可以用 Qualified ARN 指向最新版本：

`arn:aws:lambda:<REGION>:<ACCOUNT_ID>:function:helloWorld:$LATEST`

比如，若要用版本 3 的函数，你可以用 Qualified ARN，结尾填 ":3"：

`arn:aws:lambda:<REGION>:<ACCOUNT_ID>:function:helloWorld:3`

在配置 Lambda 与其他 AWS 服务的交互方式时（包括用 Amazon API Gateway 整合或根据事件调用函数），你可以用 Qualified ARN 清晰指明要用哪个版本的函数。

 提示 *建议用* `greetingsOnDemand` *函数（Node.js 或 Python 都行）来练习函数版本的使用，比如你可以把 "Hello" 改成 "Hi" 和 "Goodbye"，触发各个版本来看看测试结果。*

13.4 使用别名来管理不同环境

拥有多个版本的函数时，这些函数可能对应不同的环境。比如最新的版本很有可能就是你正在开发环境中使用的版本。进入生产前，函数需要经历不同阶段的测试，诸如集成测试或用户验收测试。

 提示 *Amazon API Gateway 拥有多个阶段，可以选择创建阶段变量，根据阶段的不同存放值（比方说，数据库的名字在开发阶段和生产阶段就有可能不同）。不要把阶段和 AWS Lambda 的别名混清了。*

可以用 AWS Lambda 给某个版本安排一个别名，这些别名可以作为 Qualified ARN 的一部分来引用你想用的函数版本。当你更新别名，使用新版本函数后，所有与别名相关的参考都会自动关联到新版本。让我们来看一个例子。

 注意 *创建或更新别名时，不能使用 Unqualified ARN——AWS Lambda 只接受 Qualified ARN。*

如果你手头的函数有多个版本，你目前正在使用 $LATEST，但前面还有版本 1~5。在这些版本中，有两个用于测试环境，最旧的一个用于生产环境。现在的情况如图 13-2 所示。

从图 13-2 的示例开始，如果版本 3 的 UI 测试正确完成，你会希望进入生产环境，并在版本 4 里开始新的 UI 测试。你可以更新别名 UITest，指向版本 4，把别名 Production 指向版本 3。你可以从图 13-3 中看到别名的前后变化。

 提示 *要熟悉别名，我建议你使用多个版本来修改* `greetingsOnDemand` *函数，赋予它们不同的别名。例如最新的版本可以叫 "Dev"，前一版本叫 "Test"，第一个版本叫 "Production"。*

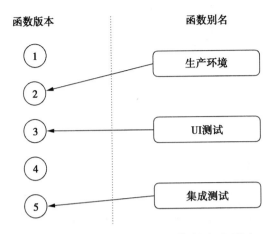
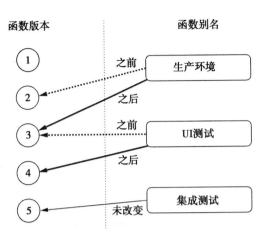

图 13-2　如何使用 Lambda 函数版本和别名。
每个别名对应一个不同的环境（生产、
UI 测试、整合测试），每个环境使用一
个特定版本的 AWS Lambda 函数

图 13-3　一个例子展示在进入 Production 和 UI 测
试的新版本时，你该如何更新 Lambda
函数别名

13.5　开发工具和框架

　　AWS Lambda 和其他你想用到的服务（诸如 Amazon S3、Amazon DynamoDB 和 Amazon API Gateway）会搭建一些代码块，可以用于实现某些复杂的应用，比如之前的认证服务，还有我们之前做过的媒体共享应用。

　　这些服务提供了许多高级功能，可以简化开发过程和常规操作（比如版本和别名）。不过，我们并不会单纯用 JavaScript 来编写网络应用，而是会采用 Express 这类的框架来实现。如今，已经有越来越多的工具和框架问世，可以用来在 AWS Lambda 和其他 Cloud 工具上开发无服务器应用。

　　这些框架的意义就在于简化开发体验，尤其是在应用、函数和服务的复杂程度越来越高的今天。

注意　本节的一些框架只支持 UNIX/Linux 环境。如果你用的是 Windows 系统，我建议用 Linux（或 Ubantu）Amazon Machine Image（AMI）创建一个 Amazon EC2 .t2. micro 实例类型。作为 AWS Free Tier 的一部分，它对新注册的 AWS 用户免费开放一年。可以参见 https://aws.amazon.com/free，了解更多关于 AWS Free Tier 的信息。

　　市面上有趣好玩的框架多如繁星，本书只撷取其中的个别精华。我们应该超越简单的代码应用层面，把这些框架视作一个个可以实现的样本。根据你的开发部署习惯，多尝试其他选项，挑选用得最顺手的工具。大部分工具和框架都是开源项目，你可以为你最喜欢的那个添砖加瓦。

📷注
　意 本书写作时，AWS 正在开发 Flourish 框架。Flourish 是一个为无服务器应用开发的运行时应用模块，原理接近于 SwaggerHub。可以参见 https://swaggerhub.com 了解更多关于 SwaggerHub 的信息。

13.5.1　Chalice Python 微框架

　　在这里我极力推荐 AWS Developer Tool 团队开发的 Chalice。它旨在为应用的创建、部署和管理提供一个 CLI 工具。虽然目前是作为预览项目发布的，但它简单实用的特性仍然值得大书特书。

📷注
　意 Chalice 用 Python 运行时工作，集合了 Flask 和 Bottle 的语法。Flask 和 Bottle 是两款应用广泛、内容有趣的互联网应用微框架，可以把你的自定义逻辑用 HTTP 协议的方式实现并对外交互。

　　微框架可以让 API 开发更加简单，还能拓展到一般的网络开发。在本案例中，Chalice 用一个应用文件就生成了 Amazon API Gateway 上所有必需的 API 资源和方法，还生成了要被这些方法执行的 Lambda 函数。

　　Chalice 同时还会检查代码，找到你需要访问的 AWS 资源（如 S3 存储桶），并自动为相应的 Lambda 函数生成 IAM 策略。

　　要安装 Chalice，可以使用 "pip"：

```
pip install chalice
```

　　以下代码简述了如何用 Chalice 重新实现 greetingsOnDemand 函数和 Web API。这一应用会使用 AWS CLI 里配置好的默认 AWS 区域和令牌。

```
chalice new-project greetingsOnDemand
cd greetingsOnDemand
chalice deploy
```

　　上述指令的输出就是 Chalice 的功劳：它创建了 Lambda 函数和为 Lambda 函数配套的 IAM 角色，然后用 Amazon API Gateway 把 API 绑定到 HTTPS 端点上：

```
Initial creation of lambda function.
Creating role
Creating deployment package.
Lambda deploy done.
Initiating first time deployment...
Deploying to: dev
https://<ENDPOINT>.execute-api.<REGION>.amazonaws.com/dev/
```

　　你可以用 curl 在上述输出的最后一行测试 HTTPS 端口（对于你的部署，这个输出是唯一的），又或者，由于该端口响应的是标准 HTTPS GET，你也可以用任何浏览器做测试。

如果用的是 curl，你会得到以下结果（记得用你的输出值替换下面的 <ENDPOINT> 和
<REGION>）：

```
curl https://<ENDPOINT>.execute-api.<REGION>.amazonaws.com/dev
{"hello": "world"}
```

应用的逻辑和网络界面保存在 app.py 文件里。Chalice 自动生成了样本 app.py 文件
作为骨架模版，这个文件大致如下。

代码清单 13-5　Chalice 生成的 app.py（Python）

```
from chalice import Chalice

app = Chalice(app_name='greetingsOnDemand')

@app.route('/')
def index():
    return {'hello': 'world'}
```

这条语句是把
函数 index()
的逻辑关联到
了 "/" 资源
的 API 之上

在调用 API 端点 root "/" 时，应用会返回一个用 JSON 打包的 {'hello': 'world'}
语句。HTTP GET 方法是默认被使用的，但你也可以指定别的方法（如 POST）。熟悉 Flask
或 Bottle 微框架的开发者会发现，大家的语法是很相似的。你还可以在 URL 里输入参数，
让路由更加灵活，并且像下列代码清单里的黑体字那样，为 "/greet/…" 添加一个 "route"，
返回一个自定义的问候语。

代码清单 13-6　自定义的 app.py 文件，通过 name() 返回一个自定义的问候语（Python）

```
from chalice import Chalice

app = Chalice(app_name='greetingsOnDemand')

@app.route('/')
def index():
    return {'hello': 'world'}
@app.route('/greet/{name}')
def hello_name(name):
    return {'hello': name}
```

从 URL 里取出
的 {name} 参
数，把 hello
传给 name()

把 app.py 里的内容改成如代码清单 13-6 所示，然后用 Chalice deploy 更新 API，重
新部署。你会获得一个新的输出，它确认 Lambda 函数和 API Gateway 配置已经更新成功
了，可以响应新的路由：

```
Updating IAM policy.
Updating lambda function...
Regen deployment package...
Sending changes to lambda.
Lambda deploy done.
API Gateway rest API already found.
Deleting root resource id
Done deleting existing resources.
```

```
Deploying to: dev
https://<ENDPOINT>.execute-api.<REGION>.amazonaws.com/dev/
```

现在可以用 curl 或浏览器试一试新的路由了。这里我们还用 curl：

```
curl https://<ENDPOINT>.execute-api.<REGION>.amazonaws.com/dev/greet/John
{"hello": "John"}
```

有了 Chalice，你可以轻松快捷地访问 CloudWatch 存储的 Lambda 函数日志，比如你可以用以下指令，在工程目录里查看最新的日志：

```
chalice logs
```

要在开发阶段以外的 API Gateway 阶段做部署，你可以在部署指令结尾添加不同的阶段名，Chalice 会为你自动创建新的阶段：

```
chalice deploy prod
```

于是结果会变成：

```
Updating IAM policy.
Updating lambda function...
Regen deployment package...
Sending changes to lambda.
Lambda deploy done.
API Gateway rest API already found.
Deleting root resource id
Done deleting existing resources.
Deploying to: prod
https://<ENDPOINT>.execute-api.<REGION>.amazonaws.com/prod/
```

> 🎯提示　专用的配置文件存储在工程文件夹下的 .chalice 子目录里（注意开头的小点，它会让目录在 UNIX/Linux 环境下隐藏）。你可以在那里修改存储在 config.json 文件里的默认 API Gateway 阶段。

使用 virtualenv（一个创建封闭 Python 环境的工具）下载 Chalice 代码。可以参见 https://github.com/awslabs/chalice，获取更多样例和最新信息。

13.5.2　Apex 无服务器架构

Apex 是一个可以简化 AWS Lambda 函数构建、部署和管理的框架。它支持所有的原生运行时（Node.js、Python 和 Java），并且能在构建中自动引入 Node.js 打包函数，允许开发者使用 AWS Lambda 不能原生支持的语言，比如 Golang（可参看 https://golang.org，详细了解 Go 语言）。

Apex 最重要的功能在于改进开发部署工作流。比如在测试函数时，它可以回滚部署，检查各种指标，还能追踪日志。

可以用以下指令在 macOS、Linux 或 OpenBSD 上安装 Apex（如果用户不能在 " /usr/

local"上写入，就需要在"sh"指令前加上"sudo"）：

```
curl https://raw.githubusercontent.com/apex/apex/master/install.sh | sh
```

 可以在 Apex 官网上找到一个 Windows 二进制安装包：http://apex.run。

用以下指令创建第一个函数：

```
mkdir test-apex && cd test-apex
apex init
```

Apex 给了你一个交互式输出来创建工程：

输入工程名，名字应该对机器友好些，因为它会被作为 Lambda 函数的前缀：

```
Project name: test
```

输入工程描述（可选填）：

```
  Project description: Just a Test
```

```
[+] creating IAM test_lambda_function role
[+] creating IAM test_lambda_logs policy
[+] attaching policy to lambda_function role.
[+] creating ./project.json
[+] creating ./functions
```

安装完成，接着部署函数：

```
$ apex deploy
```

你可以按照交互脚本的建议进行部署：

```
apex deploy

  • creating function         function=hello
  • created alias current     function=hello version=1
  • function created          function=hello name=test_hello version=1
```

现在可以触发并测试新创建的 Lambda 函数了：

```
apex invoke hello

{"hello":"world"}
```

apex help 展示了所有的选项和功能。刚才介绍的选项可以实现以下功能：
❑ 用 apex list 查看函数列表，或者用 apex logs 查看近期日志。

- ❑ 用 apex rollback 把部署回滚到前一个版本去。
- ❑ 用 apex delete 删除函数。
- ❑ 用 apex docs 获取 Apex 文档。

可以参看以下链接，了解更多有关 Apex 项目的信息和样例：

- ❑ 项目主页：http://apex.run
- ❑ 开源项目：https://github.com/apex/apex

13.5.3　Serverless 框架

Serverless 框架（以前叫做 JAWS）是一种由 AWS Lambda、AWS API Gateway 和第三方工具驱动的应用架构，用于构建互联网、移动端和物联网应用。

从发明伊始，Serverless 框架的目的就是用多个 Lambda 函数和不同的 API 网关路径，把单个 Lambda 函数扩大成复杂的 Web API。它还可以通过插件系统进行拓展，你可以替换或扩展每个插件。

 比起 Chalice 和 Apex，Serverless 框架可以支持更为复杂的应用，这导致它的初期学习曲线比较陡峭，但好处是，你能使用的平台和生态系统也更广泛。

用以下代码将其初始化：

```
npm install -g serverless
```

 根据 Node.js 的安装情况，你可能需要用 sudo 给 npm 指令加前缀。

Serverless 框架支持 Node.js、Python 和 Java，你可以随意选择。

要用 Node.js 创建演示服务，需要使用 aws-node.js 模板，如下所示：

```
serverless create --template aws-nodejs -path my-service
```

作为选项，你可以用 aws-python 模板创建一个 Python 语言的示例服务：

```
serverless create --template aws-python -path my-service
```

以下输出确认了服务已创建：

```
Serverless: Creating new Serverless service...


 _____                               __
|  _____| -_|   _|  |   | -_|   _|  | -__|__ --|__ --.
|_____|_____|__| \__/|_____|__| |__|_____|_____|_____|
|     |                  The Serverless Application Framework
|     |                           serverless.com, v1.0.0-beta.2
 _____|


Serverless: Successfully created service in the current directory
Serverless: with template: "aws-<RUNTIME>"
```

```
Serverless: NOTE: Please update the "service" property in serverless.yml with
your service name
```

现在可以进入工程路径，继续部署服务了。我们使用以下指令：

```
serverless deploy
```

输出结果强调了 AWS 实现服务的步骤：

```
Serverless: Creating Stack...
Serverless: Checking stack creation progress...
......
Serverless: Stack successfully created.
Serverless: Zipping service...
Serverless: Uploading .zip file to S3...
Serverless: Updating Stack...
Serverless: Checking stack update progress...
...............
Serverless: Deployment successful!

Service Information
service: aws-<RUNTIME>
stage: dev
region: <REGION>
endpoints:
  None
functions:
  aws-<RUNTIME>-dev-hello:
arn:aws:lambda:<REGION>:<AWS_ACCOUNT_ID>:function:aws-<RUNTIME>-dev-hello
```

现在可以调用 Lambda 函数（Node.js 或 Python 都行）作为服务的一部分：

```
serverless invoke --function hello

{
    "message": "Go Serverless v1.0! Your function executed successfully!",
    "event": {}
}
```

要清理账户，可以用：

```
serverless remove

Serverless: Getting all objects in S3 bucket...
Serverless: Removing objects in S3 bucket...
Serverless: Removing Stack...
Serverless: Checking stack removal progress...
.....
Serverless: Resource removal successful!
```

想了解更多有关 Serverless 框架的信息和示例，可参见：

❑ 项目主页：http://serverless.com

❑ 开源项目：https://github.com/serverless/serverless

13.6 简单的无服务器测试

AWS之上，万物皆可自动化，Lambda函数也是同理。你有很多种方法来将测试自动化，比如构建使用AWS CLI（或AWS SDK）的脚本，进行自动测试，比较输出结果与预期值。

为了让你领略它的简单性，启发你的想象力，我们做如下试想：从Web控制台创建新的Lambda函数后，会生成一个 lambda-test-harness 模板（只能用Node.js语言，但你可以先测试Python函数，理解工作原理后就能轻松弄一个Python语言的相应模板）。你可以用这个模板运行单元或载入测试。用一个Lambda函数去测试另一个Lambda函数，不亦巧乎？

首先，从Web控制台创建一个新的Lambda函数，选择 lambda-test-harness 模板。为函数命名（比如 lambdaTest），并查看代码（见代码清单13-7）。函数需要一个IAM角色来允许它触发Lambda函数，对于单元测试来说，IAM角色还允许函数往DynamoDB数据表里写入结果（dynamodb:PutItem）。

代码清单13-7　lambdaTest（Node.js）

```
'use strict';

let AWS = require('aws-sdk');
let doc = require('dynamodb-doc');

let lambda = new AWS.Lambda({ apiVersion: '2015-03-31' });
let dynamo = new doc.DynamoDB();

const asyncAll = (opts) => {                    用于多次异步运行
    let i = -1;                                 一个给定函数的工
    const next = () => {                        具函数，负责压力
        i++;                                    测试
        if (i === opts.times) {
            opts.done();
            return;
        }
        opts.fn(next, i);
    };
    next();
};
                                                用于单元测
const unit = (event, callback) => {             试的函数
    const lambdaParams = {
        FunctionName: event.function,
        Payload: JSON.stringify(event.event)
    };
    lambda.invoke(lambdaParams, (err, data) => {    触发Lambda
        if (err) {                                  函数进行测试
            return callback(err);
        }
        // Write result to Dynamo
        const dynamoParams = {
            TableName: event.resultsTable,
```

```
            Item: {
                testId: event.testId,
                iteration: event.iteration || 0,
                result: data.Payload,
                passed:
        !JSON.parse(data.Payload).hasOwnProperty('errorMessage')
            }
        };
        dynamo.putItem(dynamoParams, callback);     ◁────  把单元测试的结果存
    });                                                    进 DynamoDB 数据表
};
const load = (event, callback) => {                 ◁────  用于压力测试的
    const payload = event.event;                           函数，使用先前定
    asyncAll({                                             义 的 asyncAll
        times: event.iterations,                           工具函数
        fn: (next, i) => {
            payload.iteration = i;
            const lambdaParams = {
                FunctionName: event.function,
                InvocationType: 'Event',
                Payload: JSON.stringify(payload)
            };
            lambda.invoke(lambdaParams, (err, data) => next());
        },
        done: () => callback(null, 'Load test complete')
    });
};

const ops = {
    unit: unit,
    load: load
};
exports.handler = (event, context, callback) => {
    if (ops.hasOwnProperty(event.operation)) {
        ops[event.operation](event, callback);
    } else {
        callback(`Unrecognized operation "${event.operation}"`);
    }
};
```

其核心思想是，把运行单元和在其他 Lambda 函数上载入测试所需的全部信息，存入一个事件里，再把该事件作为输入事件传递进 lambdaTest 函数中。

假如你想在 greetingsOnDemand 函数上运行一个单元测试，把一个名字作为输入。在 JSON 语法下，greetingsOnDemand 函数需要一个包含相关信息的事件。比如：

```
{ "name": "John" }
```

要运行单元测试，你需要传递以下事件，在 lambdaTest 函数里指定所有的必需信息，例如：

```
{
  "operation": "unit",
```

```
"function": "greetingsOnDemand",
"event": { "name": "John" },
"resultsTable": "myResultTable",
"testId": "myTest123"
}
```

结果会被保存进 DynamoDB 数据表中（记得赋予函数写入权限）。你可以在 DynamoDB 数据表里的属性中自定义测试，以匹配你的实际需求。现在，`lambdaTest` 函数检查到了函数返回的 payload 中的一个错误。可选的 `testID` 可用于区分同一张表里的不同测试。

要对先前的函数调用 50 次，运行一个载入测试，你需要改变载入操作，添加你需要的迭代数（而不再需要 DynamoDB 数据表了）。比如：

```
{
  "operation": "load",
  "iterations": 50,
  "function": "greetingsOnDemand",
  "event": { "name": "John" }
}
```

在载入测试里，你可以在 Lambda 或 CloudWatch 控制台中查看性能结果。

 提示 要用 Amazon API Gateway 测试 HTTPS 端点，你可以使用任何支持 HTTPS 的网络测试工具。我建议不要用 Lambda 调用，而要自定义 `lambdaTest` 函数，以支持 HTTPS 请求，比如可以使用 "https" Node.js 模块。

总结

本章我们学习了如何用 AWS Lambda 的高级功能或专用架构来简化和自动化一些必要的步骤，优化无服务器应用的开发测试流程。

其中我们具体学习了：

❑ 使用 Lambda 函数的版本和别名。

❑ 使用函数日志来简化调试。

❑ 使用几个最常见的无服务器框架，理解它们的开发测试方法。

❑ 使用 Lambda 函数去执行单个单元，并载入其他 Lambda 函数的测试。

下一章我们会把函数应用于生产环境。我们会再次着重讨论自动化，用它来支持持续集成的流程。

练习

1. 创建一个 testMe Lambda 函数，始终返回一个固定的字符串（比如 "Test Me"）。你可以选择 Node.

js 或 Python。为 testMe 函数创建三个版本，分别返回不同的输出（比如"Test Me One""Test Me Two"和"Test Me Three"）。用 AWS CLI 调用三个版本。

2. 为 testMe 函数创建三个别名（"dev""test"和"prod"），指向前面三个版本，"dev"指向最新版本，"prod"指向最旧版本。用 AWS CLI 调用三个别名。

3. 用本章介绍的 lambdaTest 函数，为 testMe 函数做十次异步执行。这个 lambdaTest 函数的输入事件是什么？

4. 使用 lambdaTest 函数测试 greetingsOnDemand 函数的默认结果，在输入空事件时，把结果写入 DynamoDB 数据表的 defaultResults 里。这个 lambdaTest 函数的输入事件是什么？

解答

1. Node.js 中 test Me 函数的写法如下：

```
exports.handler = (event, context, callback) => {
    callback(null, 'Test Me');
};
```

Python 中 test Me 函数的写法如下：

```
def lambda_handler(event, context):
    return 'Test Me'
```

要创建多个版本，先保存新编辑的代码，然后从 Lambda 控制台的 Actions 菜单里发布一个新版本。每次想要编辑函数时，就回到最新的版本里（$LATEST）。

使用 AWS CLI，你可以通过以下代码发布新版本（基于 $LATEST 版本的当前内容）。

```
aws lambda publish-version --function-name testMe --description newVersion
```

可以用以下代码，通过 AWS CLI 调用三个版本：

```
aws lambda invoke --function-name testMe:1 output1.txt
aws lambda invoke --function-name testMe:2 output2.txt
aws lambda invoke --function-name testMe:3 output3.txt
```

在 Lambda 控制台的 Actions 菜单里，创建三个别名。可以用以下代码，通过 AWS CLI 根据别名调用某个指定版本：

```
aws lambda invoke --function-name testMe:dev output_dev.txt
aws lambda invoke --function-name testMe:test output_test.txt
aws lambda invoke --function-name testMe:prod output_prod.txt
```

2. 可以用以下事件：

```
{
    "operation": "load",
    "iterations": 10,
    "function": "testMe",
    "event": {}
}
```

3. 可以用以下事件：

```
{
    "operation": "unit",
    "function": " greetingsOnDemand ",
    "event": {},
    "resultsTable": " defaultResults "
}
```

第 14 章 *Chapter 14*

自动化部署

本章导读：

❏ 使用 Amazon S3 存储 Lambda 函数代码，并触发自动化部署。

❏ 使用 AWS CloudFormation，用代码来管理部署。

❏ 为跨多区域的复杂架构管理部署。

在前一章，我们学习了如何改善开发过程，如何用高级 AWS Lambda 功能和框架进行测试，以简化编程体验。

现在我们来学习如何用 AWS CloudFormation 模板和 Amazon S3 存储桶来处理代码，实现 Lambda 函数的自动化部署。

14.1 在 Amazon S3 上存储代码

在本书案例中，我们已经多次使用 Amazon S3 来存储不同种类的信息，比如图片或 HTML。现在我们如法炮制，在 S3 存储桶上存入 Lambda 函数的 ZIP 文件。

AWS Lambda 支持直接从 Amazon S3 上存储的 ZIP 文件部署 Lambda 函数，以简化部署流程。你不必在创建或更新 Lambda 函数代码时上传和发送 ZIP 文件，而是可以通过任何可用的工具（比如 S3 控制台、AWS CLI，或者支持 Amazon S3 的第三方工具），直接把 ZIP 文件上传到 S3 存储桶里，然后调用 `CreateFunction` 或 `UpdateFunctionCode` Lambda API 来使用作为函数代码资源的 S3 对象。见图 14-1。

你可以使用 Lambda Web 控制台，把源代码保存到 Amazon S3 文件中。不过，为了让整个过程更加自动化，我们先用 AWS CLI 上传 `greetingsOnDemand` 函数，创建并更新函数代码。

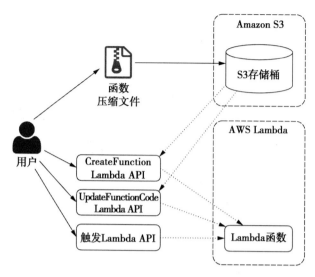

图 14-1 往 Amazon S3 里上传了包含函数代码的压缩文件后，你可以使用 Web 控制台、AWS CLI、SDK 或者 Lambda API，创建新函数或更新现有函数，来使用压缩文件里的代码。在此之后，就可以像往常一样触发函数了

> **注意** 在这里我使用 Node.js 代码，但具体操作与实际运行时无关，除非你没有用上某些专门的配置——对于 Python 代码也是如此。

首先，你需要创建一个存储桶（或重新使用已有的存储桶），以存放载有以下函数代码的压缩文件：

```
aws s3 mb s3://<BUCKET>
```

> **提示** 请记住，存储桶的名字是在整个 AWS 范围内全局唯一的，你需要找一个没被占用的名字，否则将无法创建存储桶。比如，你可以选一个普通的用户名替代"danilop"。

创建一个空目录，把 greetingsOnDemand 函数代码（如代码清单 14-1 所示）放进一个名为 index.js 的单独文件里。

代码清单14-1 greeetingsOnDemand函数的index.js（Node.js）

```
console.log('Loading function');

exports.handler = (event, context, callback) => {
    console.log('Received event:',
        JSON.stringify(event, null, 2));
    console.log('name =', event.name);
    var name = '';
    if ('name' in event) {
        name = event['name'];
    } else {
```

```
        name = "World";
    }
    var greetings = 'Hello ' + name + '!';
    console.log(greetings);
    callback(null, greetings);
};
```

这一函数没有任何依赖项文件，所以你不必使用 npm 去安装任何模块。在目录下，用
任意 ZIP 工具创建一个代码压缩文件，比如：

```
zip -r ../greetingsOnDemand-v1 .
```

💡**提示**　注意看，我在 ZIP 文件名中包含了版本信息。如果要同时运行同一函数的不同版本，在文件名中做好标记可以避免混淆。不过这一操作需要你手动完成，系统不会自动帮你做这件事。

把文件上传到你创建的 S3 存储桶中。你可以添加 code/ 前缀，只为代码使用存储桶
的一部分，把其他部分留下来用作他图，如以下指令所示：

```
aws s3 cp greetingsOnDemand-v1.zip s3://<BUCKET>/code/
```

现在你可以用 Web 控制台或者 AWS CLI 创建 Lambda 函数了（需要确认代码位于
Amazon S3 中），比如：

```
aws lambda create-function  \
    --function-name anotherGreetingsOnDemand \
    --code S3Bucket=<BUCKET>,S3Key=code/greetingsOnDemand-v1.zip \
    --runtime nodejs4.3 \
    --role arn:aws:iam::123412341234:role/lambda_basic_execution \
    --handler index.handler
```

⚠**警告**　你需要在前面的指令中替换掉存储桶的名字和 IAM 角色 ARN。对于 IAM 角色 ARN，你可以使用本书开头为 greetingsOnDemand 函数创建的基本执行角色。可以在 IAM 控制台里查询角色，也可以使用自带 AWS IAM 角色列表的 AWS CLI 查询。

💡**提示**　--handler 选项的值是 <file name without extension.function name>，所以如果你用 index.js 作为文件名，index.handler 就会运行。如果你已经用了其他名字，还是改过来吧。

现在我们用同样的方法更新函数代码。改掉函数里的一些内容（比如把"Hello"改成
"Goodbye"），然后创建一个新的 ZIP 文件并更新它，比如：

```
zip ../greetingsOnDemand-v2 . -r
aws s3 cp greetingsOnDemand-v2.zip s3://<BUCKET>/code/
```

> 注意 为了避免覆盖之前的代码，我使用了带有 v2 字样的名称命名这个 ZIP 文件。这样可以确保之前版本的文件不被覆盖，在需要时可以查阅旧版代码或者实施回滚操作。

要在 Lambda 控制台上更新函数代码，需要选择"Code"面板，输入 ZIP 文件的新路径。你可以像创建函数那样使用 AWS CLI，这一次用 update-function-code 选项，输入如下代码：

```
aws lambda update-function-code  \
    --function-name anotherGreetingsOnDemand  \
    --s3-bucket <BUCKET> --s3-key code/greetingsOnDemand-v2.zip
```

要发布新版本的 Lambda 函数，你可以在以上指令的结尾加上 --publish。

> 提示 如果你采用持续集成流程来生成 Lambda 函数的 ZIP 文件，可以在最后一步用上 AWS CLI 的同步功能，把 CI 构建进程的输出结果复制到 Amazon S3 里。

14.2 事件驱动的无服务器持续部署

如果你从本章开始就步步紧从，现在估计会想："唔，我可以往 Amazon S3 里传东西了，但自动化又在何方呢？"

这个方法的有趣之处在于，你可以使用 S3 存储桶来触发另一个 Lambda 函数（这个 Lambda 函数可以用于创建或更新 greetingsOnDemand 函数），并构建一个事件驱动的无服务器持续部署（Continuous Depolyment）流程（图 14-2）。

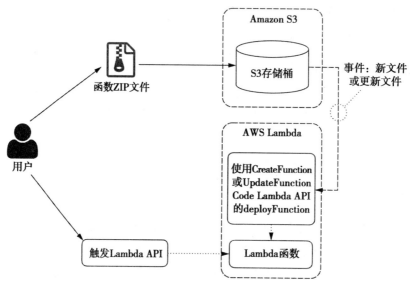

图 14-2　事件驱动的无服务器部署流程，使用 Amazon S3 作为一个部署中 Lambda 函数的触发器，它可以让另一个 Lambda 函数进行自动更新

这样，每次往 Amazon S3 上传带有新版本代码的 ZIP 文件时，就能触发新的部署。为了避免混淆，你可以为触发器使用专门的前缀（比如 code/），并只在特定文件夹里才响应部署。deployFunction 可以使用和 AWS CLI（UpdateFunctionCode）相同的 Lambda API，并可以被写入任何支持的运行时，诸如 Node.js 和 Python。

在 Node.js 中，通过 JavaScript 中的 AWS SDK，你可以使用 Lambda 服务对象的 update FunctionCode() 方法，如以下代码所示。

代码清单14-2　updateFunctionCode（Node.js）

```
var lambda = new AWS.Lambda();
var params = {
  FunctionName: 'anotherGreetingsOnDemand',
  S3Bucket: 'danilop-functions',
  S3Key: 'code/greetingsOnDemand-v2.zip'
  Publish: true,
};
lambda.updateFunctionCode(params, function(err, data) {
  if (err) console.log(err, err.stack);
  else     console.log(data);
});
```

更新 Lambda 函数代码所需的参数

发布一个新版本函数。如果不想等待新版本，可以使用"false"

发送给 Lambda API，用于更新函数的实际调用

在 Python 中，AWS SDK 使用 Boto 的第 3 版，你可以用 Lambda 客户端的 update_ function_code() 方法，如以下代码所示。

代码清单14-3　updateFunctionCode（Python）

```
awslambda = boto3.client('lambda')

response = awslambda.update_function_code(
    FunctionName='anotherGreetingsOnDemand',
    S3Bucket='danilop-functions',
    S3Key='code/greetingsOnDemand-v2.zip',
    Publish=True
)
```

调用 Lambda API 来更新函数调用

更新 Lambda 函数代码所需的参数

发布一个新版本函数。如果不想等待新版本，可以使用"false"

在部署 Lambda 函数时使用这些方法，你可以从输入事件中获取 S3 存储桶和 ZIP 文件路径。不同的 S3 存储桶，以及 S3 存储桶里被上传的代码，可以用不同的文件名触发单一函数。

你可以选择性地使用 S3 路径的一部分（比如前缀或文件名）来为部署中函数传递特定信息，如部署的阶段（开发、测试或者生产）。举个例子：

❑ 使用 deploy/dev/function.zip 文件路径来部署函数，发布新版本，并把开发别名迁入该版本。

❑ 使用 deploy/prod/function.zip 文件路径来部署函数，发布新版本，并把生产别名迁入该版本。

本节我只是蜻蜓点水地介绍了如何用 Lambda 函数部署其他 Lambda 函数，并通过上传 ZIP 文件之类的事件进行触发。你可以用这个或其他类似方法，在你的部署流程中整合进 AWS Lambda。

> 🎯 **提示** 如果你的函数体积超过了几兆，上传到 S3 会比在创建或更新 Lambda 函数时上传代码要好得多。如果函数体积大或者上传时网络不稳定，你也可以用 S3 的多段上传，把函数拆分成若干小块，同时传输，万一哪一块出错了，还能重新续传。想了解更多有关 S3 多段上传的信息，可参见 https://docs.aws.amazon.com/AmazonS3/latest/dev/uploadobjusingmpu.html。

14.3　用 AWS CloudFormation 部署

在管理 IT 架构时，自动化是简化操作、减少人为失误的关键。这些年来，人们开发了不少工具，用于描述管理和配置步骤，以及如何将它们自动应用于架构上。我们可以了解下 Chef ⊖、Ansible ⊜或 Fabric ⊜。

得益于云计算，IT 资源可以通过 API 管理，并可以轻松地实现自动化。不过，如果你用的是常规的编程语言，要描述你想构建的东西还要清楚说明如何更新它，依然是很复杂的。

有了 AWS CloudFormation，AWS 引入了一种基于 YAML ®（或 JSON）的陈述性语法，可以描述你想使用的 AWS 服务，说明如何将这些服务配置到应用程序部署中。这样一来，你目前所有跟 AWS CLI 有关的操作步骤都可以被一个或一组文本文件替代了。

> 🎯 **提示** 以代码管理架构的思想对开发者大有裨益，比方说，使用代码可以最高效地为架构管理进行版本编译和测试。

我们用这一语言写一个模板——一个可以提供所有基础信息来实现一套 AWS 资源，并为函数和应用准备好架构的文本文件。AWS CloudFormation 可以使用模板来实现一个堆栈的实际资源。从某种程度上讲，模板好比菜谱，堆栈好比把这张菜谱烹饪出来。

> 📷 **注意** 本节中，我着重于支持 AWS Lambda 的 AWS CloudFormation。想了解更多其他的 AWS 服务，可参见 https://aws.amazon.com/cloudformation 。

我们从一个基本的、总是返回"Hello World"字符串的 Lambda 函数开始。我们可以管它叫 `helloWorldFromCF`。因为这个函数很小，我们可以把它所有的源代码都放进模板里。你可以参看代码清单 14-4（YAML）和代码清单 14-5（JSON）的样例。

⊖ Chef 是一款开源软件，可以将架构管理和配置自动化。欲知详情可参见 https://www.chef.io/chef。
⊜ Ansible 对于 IT 自动化可谓另辟蹊径，无须安装代理。欲知详情可参见 https://www.ansible.com。
⊜ Fabric 是一个 Python 库和 CLI 工具，为应用部署或系统管理任务使用 SSH。欲知详情可参见 http://www.fabfile.org。
® YAML 是一个数据序列化标准，在我看来比 JSON 具有更好的可读性。欲知详情可参见 http://yaml.org。

代码清单14-4 AWS CloudFormation的helloWorld模板（YAML）

被该 CloudFormation 模板创建的资源：本案例中是一个 Lambda 函数，但你可以添加多个函数、S3 存储桶，或 DynamoDB 数据表……总之把应用所需的东西都塞进模板里

资源属性

资源类型；本案例中是 Lambda 函数

函数代码；本案例中内嵌于模板

创建新 Lambda 函数所需的全部常用参数，跟 Web 控制台或 AWS CLI 类似。请记得更新 IAM 角色 ARN

```yaml
Resources:
  HelloWorldFunction:
    Type: AWS::Lambda::Function
    Properties:
      Code:
        ZipFile: |
          exports.handler = (event, context, callback) => {
            callback(null, 'Hello World from AWS CloudFormation!');
          };
      Description:
        A sample Hello World function deployed by AWS CloudFormation
      FunctionName: helloWorldFromCF
      Handler: index.handler
      MemorySize: 256
      Role: arn:aws:iam::123412341234:role/lambda_basic_execution
      Runtime: nodejs4.3
      Timeout: 10
```

代码清单14-5 AWS CloudFormation的helloWorld模板（JSON）

被该 CloudFormation 模板创建的资源：本案例中是一个 Lambda 函数，但你可以添加多个函数、S3 存储桶，或 DynamoDB 数据表……总之把应用所需的东西都塞进模板里

资源属性

资源类型；本案例中是 Lambda 函数

资源类型；本案例中是 Lambda 函数

创建新 Lambda 函数所需的全部常用参数，跟 Web 控制台或 AWS CLI 类似。请记得更新 IAM 角色 ARN

```json
{
  "Resources" : {
    "HelloWorldFunction": {
      "Type" : "AWS::Lambda::Function",
      "Properties" : {
        "Code" : {
          "ZipFile" : { "Fn::Join": ["\n", [
            "exports.handler = (event, context, callback) => {",
            "  callback(null, 'Hello World from AWS CloudFormation!');",
            "};"
          ]]}
        },
        "Description" :
        "A sample Hello World function deployed by AWS CloudFormation",
        "FunctionName" : "helloWorldFromCF",
        "Handler" : "index.handler",
        "MemorySize" : 256,
        "Role" : "arn:aws:iam::123412341234:role/lambda_basic_execution",
        "Runtime" : "nodejs4.3",
        "Timeout" : 10
      }
    }
  }
}
```

使用 Fn::Join CloudFormation 内置函数，把内嵌的代码放入多个字符串，增加可读性

现在进入 AWS CloudFormation Web 控制台。如果没有预先建好 CloudFormation 堆栈，你所见的页面会类似于图 14-3。在这里你可以通过图形化的方式设计一个新模板。基于已有资源，用一个名叫 CloudFormer 的工具创建一个模板（这一步很有用，特别是当你想用 AWS CloudFormation 手动复制之前工作的时候），或者创建一个新堆栈。选择创建新堆栈的选项。

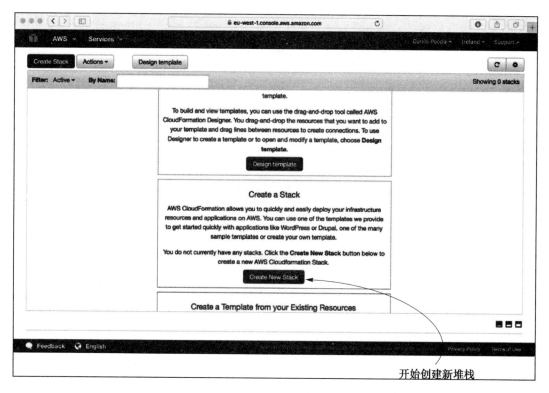

图 14-3　AWS CloudFormation 控制台提供了创建新堆栈、图形化设计模板，以及使用
　　　　　Cloud Former 工具创建新模板的选项

现在可以选择模板来实现你创建的新堆栈了（图 14-4）。可以参考样本模板，制定一个已上传到 S3 存储桶的模板，或者上传一个本地硬盘已有的模板。

选择你中意的语法（YAML 或 JSON），在本机创建 helloWorld_template.yaml 文件或 helloWorld_template.json 文件，然后上传。

命名新堆栈（比如"MyFirstLambdaStack"），点击 Next（图 14-5）。

现在你可以跳过添加标签和高级设置的步骤，然后页面上会显示你目前为止所有的选择。如果万事妥当，就开始创建堆栈。你会看见一个堆栈列表和一个事件列表，类似于图 14-6。这是 CloudFormation 主控制台，顶部会显示所有的堆栈，底部会显示所选堆栈的全部信息（比如事件、模板、所创建的资源等）。

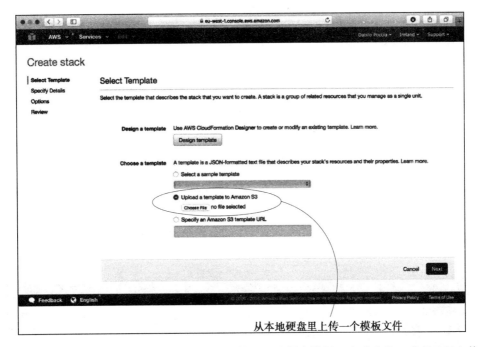

从本地硬盘里上传一个模板文件

图 14-4 要创建新的 CloudFormation 堆栈，你可以从样本模板、本地文件，或者已经上传
到 Amazon S3 的文件中进行选择

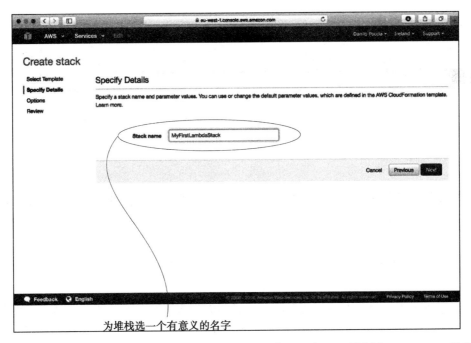

为堆栈选一个有意义的名字

图 14-5 每个 CloudFormation 堆栈都有一个名字，你可以在 Web 控制台、AWS CLI 编程
代码和 SDK 里用到它，以访问堆栈信息、更新堆栈或删除堆栈

稍候片刻，堆栈状态显示为"CREATE_COMPLETE"，颜色转绿。如果有错误，AWS CloudFormation 会默认回滚所有的内容变动。你可以通过事件标签提供的信息诊断并修复故障。如果出现了诸如"Cross-account pass role is not allowed"这类的错误，大概是因为你在使用 AWS 账户 ID 时没有更新角色 ARN。

> 提示　如果你需要做深入分析，可以关闭该堆栈的自动回滚，保留报错前创建的资源，以便进一步诊断。

现在你可以进入 Lambda 控制台，查询 AWS CloudFormation 创建的 helloWorldFromCF 函数。你可以测试这个函数，看看是否输出了"Hello World"。

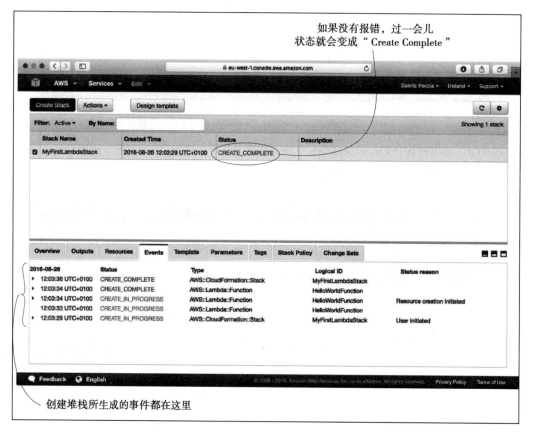

图 14-6　屏幕上半部分是你创建的 CloudFormation 堆栈列表，下半部分是许多标签，显示了创建堆栈所产生的事件，以及所创建的资源

CloudFormation 堆栈很有意思，因为你还可以通过更新模板来更新堆栈（当然修改输入参数也行，但我就不做讲解了）。要测试更新，你可以修改模板文件中的代码部分，在最终的函数回调里产生不同的输出（比如把"Hello"换成"Goodbye"）。尽量避免不标准的 ASCII 字符，因为它可能与模板的 JSON 语法冲突。

现在，从堆栈列表里选择你创建的堆栈，并在 Actions 菜单下选择更新堆栈。你会看到一个类似于图 14-4 的选项，选择它来上传并更新模板文件。

更新完成后，堆栈状态又变绿了。回到 Lambda 函数并测试更新的函数，会看到函数结果和之前不一样了，它已经是你写入更新模板里的那个了。

如果 Lambda 函数代码很长，或者你有一些依赖项文件，需要额外创建 ZIP 文件，你就不能使用 CloudFormation 的内置代码，因为你的函数不是单纯的文本文件。你可以把 CloudFormation 指向一个已上传到 Amazon S3 的 ZIP 文件。

我们来用一下第 13 章中已经上传到 Amazon S3 的 `greetingsOnDemand` 函数的 ZIP 文件。你需要更新存储桶的名字、IAM 角色的 ARN，以及模板中的对象关键字——如代码清单 14-6（YAML）或代码清单 14-7（JSON）所示。

代码清单14-6　AWS CloudFormation的greetingsOnDemand_template（YAML）

```
Resources:
  GreetingsOnDemandFunction:
    Type: AWS::Lambda::Function
    Properties:
      Code:
        S3Bucket: danilop-functions
        S3Key: code/greetingsOnDemand-v1.zip
      Description: Say your name and you'll be greeted
      FunctionName: greetingsOnDemandFromCF
      Handler: greetingsOnDemand.handler
      MemorySize: 256
      Role: arn:aws:iam::123412341234:role/lambda_basic_execution
      Runtime: nodejs4.3
      Timeout: 10
```

> 这次不要把代码放入模板，提供代码文件在 S3 存储之上的位置即可

代码清单14-7　AWS CloudFormation的greetingsOnDemand_template（JSON）

```
{
  "Resources" : {
    "GreetingsOnDemandFunction": {
      "Type" : "AWS::Lambda::Function",
      "Properties" : {
        "Code" : {
          "S3Bucket" : "danilop-functions",
          "S3Key" : "code/greetingsOnDemand-v1.zip"
        },
        "Description" : "Say your name and you'll be greeted",
        "FunctionName" : "greetingsOnDemandFromCF",
        "Handler" : "greetingsOnDemand.handler",
        "MemorySize" : 256,
        "Role" : "arn:aws:iam::123412341234:role/lambda_basic_execution",
        "Runtime" : "nodejs4.3",
        "Timeout" : 10
      }
    }
  }
}
```

> 这次不要把代码放入模板，提供代码文件在 S3 存储之上的位置即可

验证模板中的 S3 存储桶和密钥是正确的。你可以查询 S3 或 AWS CLI 控制台。比如：

```
aws s3 ls s3://danilop-functions/code/greetingsOnDemand-v1.zip
```

现在用这一模板创建一个新堆栈。当状态转绿，资源创建完成时，你可以进入 Lambda 控制台去测试新函数。

> **注意** 我给新的 Lambda 函数换了个名字（以前是 `greetingsOnDemandFromCF`），因为一旦新旧函数重名，堆栈创建就会失败，并返回错误结果。

你可以用 AWS CLI 创建和更新 CloudFormation 堆栈。语法很浅显，你只需提供和 Web 控制台一样的信息即可。想了解更多关于该语法的知识，可以用以下两条指令：

```
aws cloudformation create-stack help
aws cloudformation update-stack help
```

现在你已经知道如何用 AWS CloudFormation 去自动创建一个多函数堆栈了：只要把函数按顺序列在 JSON 模板里就行了。

还有许多功能我没在这里介绍，比如堆栈参数，在把同一个模板应用在不同场景时十分好用。你可以在开发和测试中使用同一个模板，为 Lambda 函数使用不同的内存大小（把这个值作为参数传递），以降低开发费用。我建议大家在 Web 控制台或 AWS CLI 上体验一把这些功能。

> **提示** 如果你把 CloudFormation 模板放到一个托管的资源控制系统上（比如 GitHub 或 AWS CodeCommit），就能在更新时收到事件（如 `git commit`），并用这些事件触发一个部署中的 Lambda 函数，去更新模板所实现的堆栈，为你的应用程序构建一个事件驱动的持续部署流程。`git` 分支可用来决定要更新哪个堆栈——在本案例中，生产堆栈位于主干上，测试堆栈位于开发分支里。

14.4 多区域部署

在 AWS 上做大规模部署，可以使用多个 AWS 区域，以降低延迟，提高可用性。只需简单几步，Amazon S3 就能实现对 Lambda 函数的多区域自动化部署。

❑ 上传了函数代码的 S3 存储桶可以使用跨区域副本，把内容复制到另一个区域上的 S3 存储桶中。

❑ 在各个区域里，你可以用 S3 存储桶里的新文件，触发一个部署中的 Lambda 函数，实现本地更新。

比如，如果你在欧洲（爱尔兰）区域有一个源存储桶，就可以在存储桶名字后面挂上 AWS 区域，如 `danilop-functions-eu-west-1`。

这一源存储桶可以把所有变更的内容复制到另一个位于东京区域，名为 danilop-functions-ap-northeast-1 的 S3 存储桶上。

> 注意　要在 S3 控制台上开启自动复制，需要创建两个存储桶，然后选择一个作为源存储桶。在存储桶属性表里查找 "Cross-Region-Replication"。你需要开启源存储桶和目标存储桶的版本编译，因为这是进行跨区域复制的基本需求。

现在可以在源区域内（比如欧洲区爱尔兰）上传带有函数代码的 ZIP 文件了，接着就能在爱尔兰和东京两个区域上自动部署函数。图 14-7 描绘了总体流程。

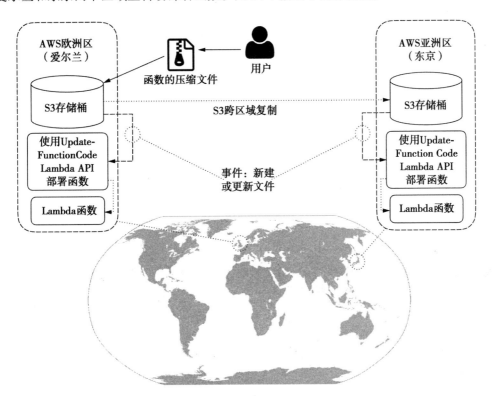

图 14-7　在欧洲区（爱尔兰）和亚洲区（东京）之间实现多区域、事件驱动、无服务器部署，使用 S3 跨区域副本，复制带函数代码的压缩文件，并用 S3 存储桶上的新文件触发一个本地部署函数，来管理更新

你也可以始终手动复制。在一些灾难恢复的特殊情况下，为了避免复制错误信息，系统管理员通常会在系统上线后等待几个小时再进行复制。此时你可以使用以下指令，安排执行 AWS CLI，手动同步源存储桶和目标存储桶的内容：

```
aws s3 sync s3://source-bucket s3://target-bucket --source-region eu-west-1
--region ap-northeast-1
```

提示　请注意，在使用以上指令进行双边同步时，必须添加一个具体的参数，明确指出源区域。

总结

本章我们学习了如何进行自动化部署，使用 Amazon S3 作为函数代码仓储，用 AWS CloudFormation 模板描述你想构建的东西。我们具体讲了：

- ❑ 从 S3 存储桶里的代码创建一个 Lambda 函数。
- ❑ 使用一个部署中的函数，在 Amazon S3 中传入新代码时自动更新 Lambda 函数。
- ❑ 创建 CloudFormation 模板来描述应用程序所需要的函数，并在堆栈里实现它们。
- ❑ 使用 S3 跨区域复制功能，实现多区域的连续部署进程。

下一章我们将学习 AWS Lambda 处理应用业务逻辑以外的一些功能，用它来实现基于服务器或无服务器架构的自动化管理。

练习

1. 假设你用以下 URL 往 Amazon S3 里上传了三个版本的 helloWorld 函数代码：

```
s3://mybucket/code/helloWorld-v1.zip
s3://mybucket/code/helloWorld-v2.zip
s3://mybucket/code/helloWorld-v3.zip
```

　　函数已经创建了，你想使用 AWS CLI 更新函数三次，用三个 ZIP 文件，每次在 AWS Lambda 上创建一个新的版本。请问你该用什么命令？

2. 写一个 CloudFormation 模板，用上问题 1 中的三个 ZIP 文件，创建三个不同的函数，分别叫 helloWorldOne、helloWorldTwo 和 helloWorldThree。每个 ZIP 文件包含一个 hello.py 文件。在这个文件里，AWS Lambda 需要调用的函数应该是 say_hi()。给它们分配 512MB 的内存和 30 秒的时间，只需要基本的执行许可就够了。

解答

1. 使用如下三条指令：

```
aws lambda update-function-code --function-name helloWorld \
    --s3-bucket mybucket --s3-key code/helloWorld-v1.zip --publish
aws lambda update-function-code --function-name helloWorld \
    --s3-bucket mybucket --s3-key code/helloWorld-v2.zip --publish
aws lambda update-function-code --function-name helloWorld \
    --s3-bucket mybucket --s3-key code/helloWorld-v3.zip -publish
```

2. 使用以下代码清单（YAML）或最后的代码清单（JSON）中的模板，记得更新你的角色 ARN。

代码清单　AWS CloudFormation的helloWorldThreeTimes_template（YAML）

```yaml
Resources:
  HelloWorldOneFunction:
    Type: AWS::Lambda::Function
    Properties:
      Code:
        S3Bucket: mybucket
        S3Key: code/helloWorld-v1.zip
      Description: HelloWorld One
      FunctionName: helloWorldOne
      Handler: hello.say_hi
      MemorySize: 512
      Role: arn:aws:iam::123412341234:role/lambda_basic_execution
      Runtime: python
      Timeout: 30
  HelloWorldTwoFunction:
    Type: AWS::Lambda::Function
    Properties:
      Code:
        S3Bucket: mybucket
        S3Key: code/helloWorld-v2.zip
      Description: HelloWorld Two
      FunctionName: helloWorldTwo
      Handler: hello.say_hi
      MemorySize: 512
      Role: arn:aws:iam::123412341234:role/lambda_basic_execution
      Runtime: python
      Timeout: 30
HelloWorldThreeFunction:
  Type: AWS::Lambda::Function
  Properties:
    Code:
      S3Bucket: mybucket
      S3Key: code/helloWorld-v3.zip
    Description: HelloWorld Three
    FunctionName: helloWorldThree
    Handler: hello.say_hi
    MemorySize: 512
    Role: arn:aws:iam::123412341234:role/lambda_basic_execution
    Runtime: python
    Timeout: 30
```

代码清单　AWS CloudFormation的helloWorldThreeTimes_template（JSON）

```json
{
  "Resources": {
    "HelloWorldOneFunction": {
      "Type": "AWS::Lambda::Function",
      "Properties": {
        "Code": {
          "S3Bucket": "mybucket",
          "S3Key": "code/helloWorld-v1.zip"
        },
        "Description": "HelloWorld One",
```

```
        "FunctionName": "helloWorldOne",
        "Handler": "hello.say_hi",
        "MemorySize": 512,
        "Role": "arn:aws:iam::123412341234:role/lambda_basic_execution",
        "Runtime": "python",
        "Timeout": 30
      }
    },
    "HelloWorldTwoFunction": {
      "Type": "AWS::Lambda::Function",
      "Properties": {
        "Code": {
          "S3Bucket": "mybucket",
          "S3Key": "code/helloWorld-v2.zip"
        },
        "Description": "HelloWorld Two",
        "FunctionName": "helloWorldTwo",
        "Handler": "hello.say_hi",
        "MemorySize": 512,
        "Role": "arn:aws:iam::123412341234:role/lambda_basic_execution",
        "Runtime": "python",
        "Timeout": 30
      }
    }
  },
  "HelloWorldThreeFunction": {
    "Type": "AWS::Lambda::Function",
    "Properties": {
      "Code": {
        "S3Bucket": "mybucket",
        "S3Key": "code/helloWorld-v3.zip"
      },
      "Description": "HelloWorld Three",
      "FunctionName": "helloWorldThree",
      "Handler": "hello.say_hi",
      "MemorySize": 512,
      "Role": "arn:aws:iam::123412341234:role/lambda_basic_execution",
      "Runtime": "python",
      "Timeout": 30
    }
  }
}
```

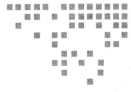

第 15 章 *Chapter 15*

自动化的基础设施管理

本章导读：

❑ 使用 CloudWatch 告警来触发 Lambda 函数，以此解决基础设施层的问题。

❑ 使用 Amazon SNS 触发 Lambda 函数。

❑ 使用 CloudWatch 事件和 Lambda 函数来同步 DNS 或服务发现工具。

❑ 使用 Lambda 函数处理 CloudWatch 日志。

❑ 使用 CloudWatch 事件安排系统管理。

❑ 使用 Amazon API Gateway、Lambda 函数和 DynamoDB 数据表设计跨区域架构。

在上一章，我们学习了如何实现自动化部署，采用 Amazon S3 作为 Lambda 部署函数的触发器，也学习了如何使用 AWS CloudFormation 和脚本文件来管理 Lambda 函数。

现在我们将把本书所学到的知识应用在一个全新的领域：基础架构管理。虽然说在一个纯无服务器架构下，我们并没有太多的底层基础设施需要关心，但是我们仍旧需要配置类似 DynamoDB 吞吐能力或者对 Kinesis 流进行分片这样的基础设施服务。而且，你很有可能还有一些组件使用到了虚拟服务器或负载均衡器这些需要被管理的基础设施。

使用 AWS Lambda，我们可以把告警和日志这些通常需要人为操作的环节实现自动化。这样做的目标是获得一个更加灵活的架构，在应用或基础设施出现问题时，能够做到自动化恢复。

15.1 对告警做出响应

管理 IT 基础架构从来都是一项极具挑战的工作。服务器、存储或者网络，这些设备总是会出问题。有些是软件问题，有些是硬件故障；有些情况是自己的应用程序出了 bug，有些是操作系统使用的驱动程序不兼容。云计算使得这一切变得相对简单：用户可以使用 API 来监控基础设施。

在 AWS 的云上，Amazon CloudWatch 就是实现对应用程序和平台本身进行简化和自动化管理的一组服务。我们已经使用过 CloudWatch Logs 来监控 Lambda 函数的工作过程和函数的输出日志。CloudWatch 的另一个重要组件是"指标"，它提供了服务运行的定量信息。指标可以来自 AWS Lambda、Amazon DynamoDB，也可以通过调用 CloudWatch API 后生成自定义的指标值并对外提供。

例如，你可以使用 CloudWatch 指标来监控一个 Lambda 函数，并了解到函数调用是否返回了错误（和错误的数量），也可以了解 DynamoDB 目前使用了多少分配到的吞吐量。

如果打开 CloudWatch 的 Web 控制台，我们可以在左侧选择 CloudWatch 的多项功能。选中"Metrics"，查看控制台显示的指标，这些指标根据 AWS 服务分组。我们在本书中多次使用了 DynamoDB，如果你在控制台中选择 DynamoDB 相关的指标，就可以从表格、索引或数据流的角度来更进一步查看 DynamoDB 的指标。指标保存两周，所以如果你近期没有用过 DynamoDB，那控制台上就不会有太多信息出现。

🎯 **提示** 如果你希望把指标保存两周以上，可以把这些数据复制到类似 Amazon S3 这样的永久数据存储之上，可以把指标数据保存为文件或类似 Amazon Redshift 数据库上的关系型数据。

为了了解应用是否在正常运行，我们可以在 Amazon CloudWatch 设定告警。当你预先选定的指标中有一个或多个超过了合理的范围，告警就会发出。例如，我们可以把当前读写能力这个参数设置得接近 DynamoDB 的预设吞吐能力。当有过多用户时，针对 DynamoDB 的读写可能会发生堵塞，从而拖慢整个应用程序。我们可以设定一个告警，当 DynamoDB 接近瓶颈的时候，向你发出通知。

在 CloudWatch 控制台，选中"Alarms"，然后点击"Create Alarm"按钮。在 DynamoDB 指标中，选择 Table 相关的指标。（如果你的 CloudWatch 控制台中没有出现 DynamoDB 有关的指标，你可以选择其他可供选择的指标来理解 CloudWatch 告警的创建过程。如果你有超过两周以上没有使用 DynamoDB，那么 CloudWatch 中就不会出现 DynamoDB 相关的指标。虽然指标的名称细节会有差异，但是创建的过程都是一样的。）

现在我们可以在一组表格和指标中作出选择。在选中的表格中，点击表格左侧的小方格，选择含有 `ConsumedReadCapacityUnits` 的指标（再次提醒，如果没有这项指标，就选一个其他的指标来完成创建操作），你会看到一个带有可定制时间区间的指标曲线。点击"Next"，为这个告警提供一个名称和描述。例如，告警可以被命名为"`Check Throughput`"（检查吞吐量），以"检查当前使用吞吐量"作为描述。

假设我们为这个 DynamoDB 数据表预设的吞吐能力是 100（100 是生产环境下常见的

一个设定值，但是对于使用免费资源包进行的测试来说，吞吐能力值会设定得小很多）。我们把告警设置为在这个指标大于等于 80 的时候触发。你会在数据库的吞吐量超过 80 的时候收到告警。实际上，当状态是"告警"时，你可以设定把告警发送给一个列表，创建一个列表然后输入电子邮件地址。有趣的是，其实这个列表就是一个 Amazon SNS 主题。

> 📙注意　Amazon SNS 是一个可以向多个目标发送通知的服务，包括电子邮件、HTTP 监听端口，或者来自 Apple 或 Google 的移动推送接口。有关 Amazon SNS 的具体信息，请查阅：https://aws.amazon.com/sns/。

Amazon SNS 是 AWS Lambda 所支持的触发器之一，所以除了在告警触发时发送一封电子邮件（CloudWatch Alarm 的默认设置就是如此），还可以触发一个 Lambda 函数，自动采取一些措施来纠正或者减缓告警相关的问题（图 15-1）。这就是自修复基础架构的核心概念。

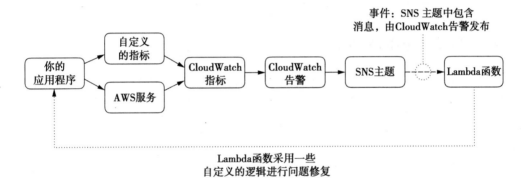

图 15-1　来自应用程序的指标变化触发 CloudWatch 告警，后者通过 Amazon SNS 调用 Lambda 函数。这个函数可以尝试自动地理解并解决告警涉及的问题，从而实现了自修复的基础架构

例如，如果你的应用开销已经接近了预先配置的 DynamoDB 数据表的吞吐量指标，就可以在 Lambda 函数中调高这个吞吐量指标。如果你的实际吞吐量开销低于预先配置，就可以通过 Lambda 函数来把它调低，从而节省费用支出。你需要设置一个吞吐量下限告警来触发调低预设吞吐量的函数，这是实现 DynamoDB 自动伸缩功能的一种方式。

实际情况可能比这个要复杂一些，指标的调整总是有一些限制。目前而言，你可以随时根据告警调高吞吐量的参数，但是每天只能调低四次。有关这些限制的具体信息，请访问：https://docs.aws.amazon.com/amazondynamodb/latest/developerguide/Limits.html。

> 🎯提示　你可以在网上找到一些由 AWS 的用户实现的 Amazon DynamoDB 自动伸缩（使用了 AWS Lambda 或运行在服务器上的自定义脚本）。例如这个代码：https://github.com/channl/dynamodb-lambda-autoscale。

另外一个通过 Lambda 函数来处理告警的场景是 Amazon RDS，这是 AWS 托管的关系型数据库。你设定一个告警,当数据库的可用空间低于一个阀值的时候(例如 100 MB)触发这个告警,然后使用一个 Lambda 函数自动为数据库添加 1GB 的空间。如果你的数据库较大并且增长迅速,你可以把告警的阀值和每次扩容的参数都设定得高一些。

通过 Lambda 函数来响应 CloudWatch 告警的应用场景还有很多,我就不在此一一罗列了。根据你使用的 AWS 基础设施,以及你是否为应用程序添加了自定义指标,想一想那些容易出问题的地方,以及如何通过 AWS API 来自动修复(或者缓解)这些问题。例如,你可以设定一个 CloudWatch 告警,发现并自动恢复一个由于底层硬件故障导致受损的 EC2 实例。

 提示   CloudWatch 是一个强大的工具,它涵盖了日志、指标、告警和 AWS Cloud 之上的常见事件。你可以借此创建一个展示应用运行状况的集中式仪表盘。有关所有功能的全面介绍可以访问 https://aws.amazon.com/cloudwatch/。

15.2 对事件做出响应

CloudWatch 另外一个有趣的功能是事件,事件可以让用户在特定的 AWS 资源状态发生变化时得到通知。很多 AWS 资源都支持发送事件,比如 AWS API 调用,EC2 实例的状态变化(例如从待机进入运行),或者登录进入 AWS 控制台等。与我们之前探讨的告警功能类似,CloudWatch 事件功能允许用户创建规则,等事件发生后触发一系列的 Lambda 函数。

一个有趣的例子是监听 EC2 实例的状态变化,当虚拟机开机或停机时,在 DNS 中添加或删除虚拟机的元数据,我们就可以借此来自动化更新运行中虚拟机的 DNS 信息(当然这个功能 Amazon Route 53 可以完成)。

通常情况下,负载均衡器都是访问内部或外部服务的入口。使用 CloudWatch 事件,你可以自动把 AWS 平台上新创建的负载均衡器注册到系统中,并更新服务发现工具(DNS 或类似 Netflix Eureka、HashiCorp Consul 等更加高端的工具)。服务发现工具主要用来查找具体服务的访问端口,是微服务架构下的必备工具。在这类架构之下,服务数量众多,服务的端口也不会被固化在一个配置文件中。

 提示   如果你使用 Amazon ECS 来管理容器和运行在容器上的服务,推荐你阅读一篇博客文章,它为这类场景下注册和解除 ECS 服务提供了一个完整的方案,具体请访问:https://aws.amazon.com/blogs/compute/service-discovery-an-amazon-ecs-reference- architecture/。

15.3 近实时处理日志

在调试 Lambda 函数时,我们学习了如何在控制台或 AWS CLI 之上使用 CloudWatch

日志功能。我们可以把这个过程自动化，有如下方法（图 15-2）：

❑ 创建一个指标过滤器，从日志中抽取有用的信息，然后通过 CloudWatch 指标对外发布。例如：抽取所有 Lambda 函数调用过程中的内存开销相关信息，组成一个 Lambda 内存使用情况的指标。

❑ 把一组日志流定向给一个 Lambda 函数，任由这个函数内部的逻辑来处理。在这种情况下，CloudWatch 日志是 Lambda 函数的触发器。

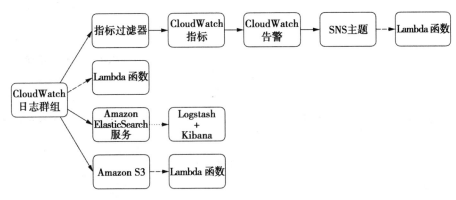

图 15-2　这是一种自动化处理 CloudWatch 日志的方法。具体而言，可以直接触发一个 Lambda 函数，通过指标过滤器从日志流中抽取信息，或者把日志作为文件保存在 Amazon S3 之上

❑ 把日志流导入 Amazon Elasticsearch Service，然后可以采用 Logstash 和 Kibana 等工具分析。这个功能可以在控制台的 Actions 中找到。

❑ 把日志导出到 Amazon S3，并使用任何可以读取 S3 存储桶的工具来查阅。你也可以使用 S3 API 或 AWS CLI 把这些日志复制到本地或者 EC2 实例中。当新的日志文件被保存时，你也可以通过 Amazon S3 触发一个 Lambda 函数来处理这些日志文件。

所有这些操作方式都可以在 CloudWatch 日志的控制台中找到。如果你选择把一组日志导入到 Amazon Elasticsearch Service（在 Actions 菜单中），系统会为你自动启用一个 Lambda 函数处理日志并写入 Elasticsearch 集群。你可以把那个函数作为模版来学习，然后尝试添加自己的处理逻辑。

15.4　设定循环的活动

如果你必须管理基础设施，特别是当应用程序不是 100% 无服务器架构的时候，你可能会需要定期执行一些维护操作，例如：

❑ 把所有 EC2 实例使用的 Elastic Block Store（EBS）卷做每日快照，当然也可以仅针对那些带有"Backup = True"标签的实例。

❑ 你可能需要每月从 S3 存储桶中删除无用的文件。当然可以选择使用 S3 Object Lifecycle Management 来实现这个操作，但有些时候需要删除的文件名称或者路径过于复杂，以至于无法在 S3 服务内直接完成。

❑ 每月轮换一次用于数据库访问的安全凭证。

Lambda 函数的执行成本很低，是这类定期管理任务的首选，但需要注意的是，这类管理任务的执行时长不会超过 Lambda 的执行上限（300 秒）。一些定期管理任务的例子如图 15-3 所示。

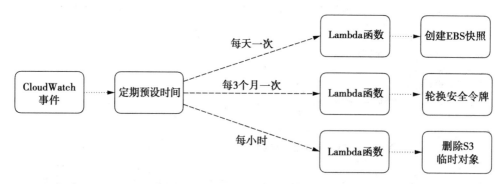

图 15-3　一个定期任务的例子，使用了 CloudWatch 事件并由 Lambda 函数执行

例如，第 5 章中的面部识别程序，用户可以把图片上传并立刻被面部识别程序处理，我们使用了一个 Lambda 函数来删除 S3 文件夹中的临时文件。在这个例子中，我们并不需要等一天时间（这是 S3 Object Lifecycle Management 的最低时限），因为执行删除工作的 Lambda 函数可以更加频繁，比如每小时执行一次。

> 注意　定期执行的 Lambda 函数使用 CloudWatch 事件作为触发器，因为函数的调度在 CloudWatch 事件之前，因此这些并没有在控制台显现。

15.5　跨区域的架构和数据同步

在之前的章节中，我们学习了如何自动在多个 AWS 区域部署 Lambda 函数，我们使用了 S3 存储桶的跨区域复制功能来完成函数代码的部署，如图 15-4 所示。

仔细看看一个多区域部署的过程：我们来讨论一个相对复杂的 Lambda 函数所对应的场景，这个函数用到了 Amazon API Gateway，并且使用 DynamoDB 的数据表存储数据。

为了完成跨区域的工作，我们需要如下配置：

❑ Amazon Route 53 和 AWS 全局 DNS 把请求路由到由 Amazon API Gateway 在两个独立区域上分别管理的 API 入口。请记得所有的 API 都是通过 Amazon CloudFront 和 AWS 全局 DNS 分发的。有两组 API 意味着 CloudFront 的源来自另外的区域。

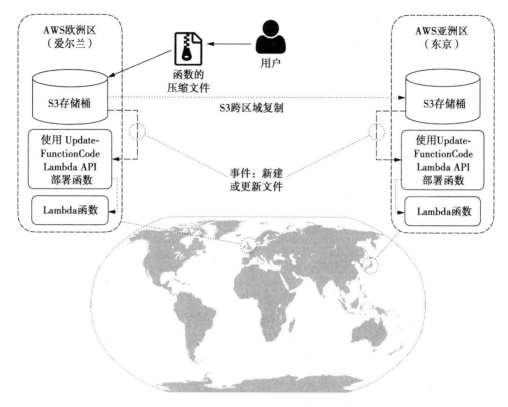

图 15-4　使用 S3 跨区域复制，自动部署 Lambda 函数在两个不同的区域。包含代码的压缩
　　　　文件被上传到一个区域，S3 跨区域复制这个文件到另一个区域，每个区域的存储
　　　　桶都有一个专门用于部署的 Lambda 函数，可由新上传的压缩文件触发。用于部
　　　　署的 Lambda 函数可以创建或更新各自区域内的 Lambda 函数

❑ 每一组 API 都使用它们区域内的 Lambda 函数，就像刚才介绍的那样，这些函数可
以被自动部署。当然 Amazon API Gateway 也可以使用跨区域的函数，但是本例的
目的是介绍跨区域的分布式架构。

❑ 每一个区域都有一个 DynamoDB 数据表，包含了需要对外暴露的数据。你可以使
用 DynamoDB 流在两个区域之间复制和同步数据表的内容。

> 提示　目前，DynamoDB 的跨区域复制推荐的办法是使用一个开源工具，可以在这里获
> 得：https://github.com/awslabs/dynamodb-cross-region-library。之前 AWS 曾提
> 供过一个基于 AWS CloudFormation 的跨区域同步工具，但是目前这个工具已经
> 下线了。

多区域部署如图 15-5 所示。

我们来深入理解这个流程：

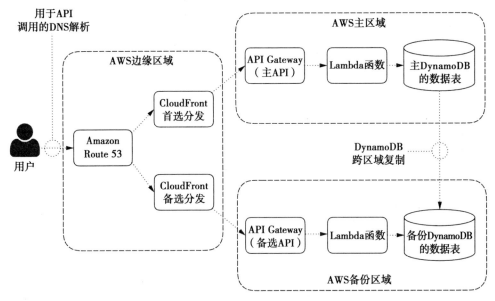

图 15-5　这个部署流程涵盖了两个 AWS 区域内的 Amazon API Gateway、Lambda 函数和 DynamoDB 数据表。使用 Amazon Route 53 的 DNS 解析在主从两个区域路由流量

① 客户端应用的用户发起一个 HTTPS API 调用。

② 客户端的操作系统解析 API DNS 名称的地址。

③ DNS 解析由 Amazon Route 53 管理，给客户端返回首选或备选的、由 Amazon API Gateway 管理的 CloudFront 分发。

④ Amazon Route 53 和 Amazon CloudFront 都部署在 AWS 的边缘网络，分布在全球。相比后端服务，这些边缘网络也通常距离最终用户较近（指网络延时）。

⑤ CloudFront 会把它收到的用户请求转发到它对应区域内的 Amazon API Gateway，可能是首选区域，也可能是备选区域。

⑥ API Gateway 集成并调用它相同区域内的 Lambda 函数。

⑦ Lambda 函数访问相同区域内的 DynamoDB 数据表。

⑧ DynamoDB 跨区复制机制保障首选区域内的源数据表跟备选区域内的目标数据表保持同步。

💡提示　在发生故障的情况下，首选区域和备选区域可以轮换。通常在这种故障转移情况下数据一致性都非常重要。取决于应用访问数据的方式，你需要理解如何保证主从 DynamoDB 数据表的一致性。

📀注意　根据首选区域内 DynamoDB 数据表的更新频率和可以接受的复制时延，你可以选用主/主或者主/备方式的 CloudFront 分发。我通常推荐主/备方式，因为这样的架构更容易管理。

总结

在本章，我们见识了 AWS Lambda 的一个特殊应用场景：不是用来实现业务逻辑，而是管理基础设施，或者用来部署其他 Lambda 函数。具体而言，我们学习了如下知识点：

- ❏ 通过 Lambda 函数处理 CloudWatch 告警。
- ❏ 使用 Amazon SNS 触发 Lambda 函数。
- ❏ 使用 CloudWatch 事件和 Lambda 函数来同步一个配置工具。
- ❏ 使用 Lambda 函数处理 CloudWatch 日志。
- ❏ 使用 CloudWatch 事件来设定重复的系统管理活动。
- ❏ 以一个跨区域应用为例，使用 Lambda 函数来部署 Lambda 函数。

练习

1. CloudWatch 的告警以下列哪种方式发送？

　a. SQS 消息

　b. SNS 通知

　c. EC2 实例

　d. CloudWatch 事件

2. 以下哪些方式可以对新创建的 EC2 实例或 Elastic Load Balancer 做出响应？

　a. CloudFormation 模版

　b. CloudWatch 日志

　c. CloudWatch 事件

　d. CloudFormation 栈

3. 在采用哪一类架构时推荐使用服务发现工具？

　a. 客户端 – 服务器架构

　b. 三层架构

　c. 单体架构

　d. 微服务架构

解答

1. b

2. c

3. d

使用外部服务

本书最后一部分将打开通向Slack、IFTTT、GitHub 等这些外部服务的大门，教会你如何在 Lambda 函数和事件驱动应用程序中调用外部服务，并使用 AWS KMS 安全地管理凭证。我们会关注双向的服务调用：从 Lambda 调用外部服务，以及从外部服务调用 Lambda 函数。最后我们会深入介绍 Webhook、日志监视器等架构模式。

第 16 章

调用外部服务

本章导读：

❑ 在 Lambda 函数中使用外部 API。

❑ 在 Lambda 函数中使用 AWS KMS 加密第三方安全凭证。

❑ 从 Lambda 函数调用 IFTTT。

❑ 使用 AWS Lambda 向 Slack 团队发送消息。

❑ 通过 Lambda 函数来使用 GitHub API。

在上一章中，我们学习了如何使用 Lambda 函数自动执行基础架构上的管理活动，对告警做出反应并自动部署其他功能。

现在，我们将通过常见的模式和实际示例扩展 Lambda 函数的使用场景，以及如何安全地调用外部服务，例如来自 Lambda 函数的 IFTTT（If This Then That）、Slack 或 GitHub。

16.1　管理密码和安全凭证

在代码中使用密码或 API 密钥并不是一个好办法，因为在应用程序的生命周期里，可能会意外地向非授权人员提供对代码（和密码）的访问。通过 AWS Lambda，我们可以使用 AWS 密钥管理服务（KMS），这一服务使开发者得以轻松创建和控制加密密钥并加密数据。AWS KMS 使用硬件安全模块（HSM）来保护密钥的安全性。

> 提示　HSM 是提供加密功能的硬件，如加密、解密、生成密钥和物理防篡改。有关 HSM 的更多信息，请访问 https://safenet.gemalto.com/data-encryption/hardware-security-modules-hsms/。

注意　写作本书时，AWS KMS 的收费规则是单个密钥每月 1 美元。每月前 20 000 个请求（包括加密和解密请求）包含在免费资源包内。要了解此服务的当前定价，请查看 https://aws.amazon.com/kms/pricing/。

建议的做法是将 Lambda 函数的整个逻辑打包在代码的内部函数中。例如，可以调用 processEvent 这个内部函数（图 16-1）。当 Lambda 函数被调用时，它检查密文是否已经被先前执行的功能解密了。如果是，则调用 processEvent 函数。如果否，则调用 AWS KMS 来解密这些密文，并且一旦 KMS 的解密调用成功返回，就将 processEvent 作为回调返回，以便被调用。

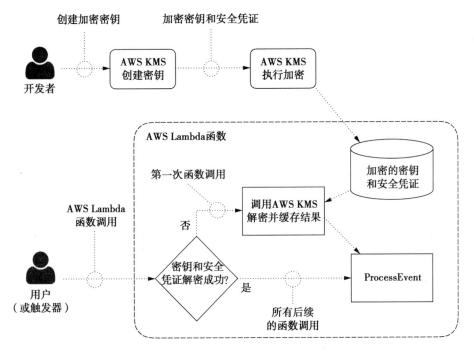

图 16-1　如何在 Lambda 函数中管理密码和安全凭证。数据使用 AWS KMS 加密，第一次
　　　　调用是在处理事件之前解密数据并缓存结果，所有后续的调用都使用缓存的结果，
　　　　直接处理事件

要给密文加密，开发者可以使用 AWS CLI 或 AWS SDK。首先，必须创建一个 AWS KMS 管理的密钥：

❑ 在 IAM 控制台中，选择左侧的加密密钥并创建一个新密钥。

❑ 使用 functionConfig 配置密钥的别名。

❑ 选择具有密钥管理权限的用户或角色。

❑ 选择可以在应用程序中使用密钥的用户或角色。

❑ 查看并确认相关的设定信息，创建密钥。

开发者可以选择使用 AWS CLI 创建密钥。有关详细信息，请使用以下命令：

```
aws kms create-key help
```

 提示 如果需要拥有多个团队或不同级别的安全性，则可以创建多个密钥，并使用 IAM 策略，仅对用到的密钥进行加密或解密访问。

现在可以用创建的新密钥进行加密。例如，可以在 AWS CLI 中使用以下命令：

```
aws kms encrypt --key-id alias/functionConfig --plaintext \
    '{"user":"me","password":"this"}'
```

plaintext 表选项是一个字符串。在这种情况下，我们用 JSON 语法把结构化数据发送给将要使用此密文的 Lambda 函数。

在从 encrypt 命令获得的输出中，应该查找 `CiphertextBlob`，它包含加密的结果和对加密密钥的引用（属性的顺序并不重要）：

```
{
    "CiphertextBlob": "AbCdF…==",
    "KeyId": "<KEY_ARN>"
}
```

在代码清单 16-1 中，我们可以看到使用 AWS KMS 管理密文的样例 Lambda 函数。代码中的 `<ENCRYPED_CONFIG>` 值应该替换为上一个输出的 `CiphertextBlob` 中的内容。此函数要求访问 AWS KMS 解密功能的 IAM 角色如代码清单 16-2 所示。

 提示 你可以在模板里创建一个新角色，从列表中选择 KMS 策略，以便在控制台中快速赋予 Lambda 函数访问 AWS KMS 的权限。也可以像第 4 章那样，选择从 IAM 控制台创建新角色。

代码清单16-1　函数encryptedConfig（Node.js）

```
                                                      通过 SDK 创
                                                      建 AWS KMS
        var AWS = require('aws-sdk');                 服务对象

保存解                                                         Base64 编码并解密的配
密的配    var kms = new AWS.KMS();                              置参数，来自于 KMS 加密
置参数                                                          调用的 CiphertextBlob
          var fnEncryptedConfig = '<ENCRYPED_CONFIG>';         输出。这个例子使用 JSON
        var fnConfig;                                          格式一次性传递多个参数

        exports.handler = (event, context, callback) => {     如果配置参数
如果配置      if (fnConfig) {                                   已经被解密，
参数尚未          processEvent(event, context, callback);       就处理事件
被解密，      } else {
把内容交          var encryptedBuf = new Buffer(fnEncryptedConfig, 'base64');
给 KMS 进        var cipherText = { CiphertextBlob: encryptedBuf };
行解密
              kms.decrypt(cipherText, function (err, data) {
```

```
                        if (err) {
                            console.log("Decrypt error: " + err);
                            callback(err);
                        } else {
                            fnConfig = JSON.parse(data.Plaintext.toString('ascii'));
                            processEvent(event, context, callback);
                        }
                    });
                }
            };

    ┌─▷  var processEvent = function (event, context, callback) {
            console.log('user: ' + functionConfig.user);
            console.log('password: ' + functionConfig.password);
            console.log('event: ' + event);
        };
```

把Ciphertext Blob 属性设置为 Base64 缓存

从 KMS Decrypt 调用获取解密的内容，解析成 JSON 格式，然后处理事件

异步调用 KMS 解密

把加密的内容转换为 Base64 编码

处理事件的实际函数

代码清单16-2　Policy_encryptedConfig

```
{
    "Version": "2012-10-17",
    "Statement": [
        {
            "Effect": "Allow",
            "Action": [
                "kms:Decrypt"
            ],
            "Resource": [
                "<your KMS key ARN>"
            ]
        }
    ]
}
```

Lambda 函数需要访问 KMS 解密操作

你需要把访问权限交给用于解密的 KMS 密钥

> **注意**　这种方法的灵感来自于从 Web 控制台创建新的 Lambda 功能以及外部服务（如 Slack 和 Algorithmia）可用的几个蓝图。开发者可以在 Lambda 控制台中了解更多示例。

现在你能用 Lambda 函数安全存储密文和凭证了，可以使用它来调用任何公共 API。开发者需要用 AWS KMS 安全地存储凭证，并在函数中使用公共 API SDK。如果公共 API 容易实现，则可以在代码中构建公共 API 的 Web 请求。我们将展示一些常见案例，例如 IFTTT、Slack 和 GitHub。你可以轻松地添加自己的函数，例如使用 Twilio 将 SMS 发送到移动设备。

> **提示**　你可以更新 Lambda 函数来轮换新的安全凭证，以便将缓存清空，并重新解密这些密文。

16.2 使用 IFTTT Maker 通道

IFTTT 可以让开发者对多种产品和应用进行整合创新。开发者可以准备配置信息，这是产品和应用程序之间的简单连接。IFTTT 的配置信息在后台自动运行。可以通过一个简单的语句创建强大的连接："如果这件事发生了，就执行另一件事。"

为了将 IFTTT 配置信息扩展到其他产品和服务，你可以使用 Maker 通道，将 IFTTT 连接到个人项目。使用 Maker 通道，可以将配置信息连接到能够创建或接收 Web 请求的任何设备或服务。

使用 IFTTT Maker 通道的一大优点是，一旦创建了自己的集成器，就可以轻松访问 IFTTT 自身支持的所有产品和服务。例如，使用 IFTTT 作为代理，可以使用 Lambda 函数，可以打开或关闭 Philips Hue 指示灯，可以在收到 CloudWatch 警报时将灯的颜色更改为红色，可以向移动设备或 Skype 账户发送通知，在 Twitter 上发布信息，或在 Facebook 和 Instagram 账户上发布图片。有关 IFTTT 所有可用通道的概述，请参阅 https://ifttt.com/channels。

在 https://ifttt.com 注册 IFTTT 后，就可以通过 https://ifttt.com/maker 配置 Maker 通道，并在那里写下用户的密钥。现在，我们可以使用类似于以下示例的 HTTPS GET 或 POST 请求来触发 IFTTT 配置信息：

```
https://maker.ifttt.com/trigger/<EVENT>/with/key/<IFTTT_MAKER_SECRET_KEY>
```

使用 HTTPS POST，可以向 HTTPS 请求添加一个正文（body），并将 JSON 对象传递给配置信息能使用的值。例如

```
{ "value1" : "One", "value2" : "Two", "value3" : "Three" }
```

使用与 HTTPS GET 相同的语法，JSON 对象可以作为查询参数被包含。我们来构建一个将 AWS Lambda 信息发送到 Twitter 账户的配置信息（代码清单 16-3）。下面开始配置 IFTTT Twitter 通道，并在 https://ifttt.com/twitter 上使用 Twitter 账户。

现在创建一个新的 IFTTT 配置信息，由 Maker 通道（this）触发，并在 Twitter 通道（that）上操作：

① 在 Maker 通道（this）中，选择接收网络请求并提供有意义的事件名称，例如 "aws_lambda"。

② 在 Twitter 通道（that）中，选择"直接发送消息给自己"（这样你就不必为了测试，给粉丝发上一堆垃圾邮件了）。可以重复相同的配置，在之后的时间线中发布"真实"推文。

③ 点击文本框，然后单击框顶部右侧的测试图标。注意：在框内单击之前，该图标不会显示。

④ 现在可以添加另一种指令，可以使用 Lambda 函数发送的"Value1"。

⑤ 删除所有其他内容，并在框中留下 {{Value1}}。这样一来，只有 Lambda 函数在 value1 参数中传递的信息会被发送。

⑥ 使用代码清单 16-3 创建 Lambda2IFTTT 函数。将 <EVENT> 替换为在 Maker 通道中使用的内容。例如"aws_lambda"，或是 <IFTTT_MAKER_SECRET_KEY> 和你之前写下的密钥。用基本的执行角色就足够了，因为只需要对 IFTTT 执行 HTTPS POST。

⑦ Lambda 函数将在事件中查找一个消息属性，并将其作为"value1"发送给 IFTTT，这样指令就可以使用它来发送消息。

代码清单16-3　Lambda2IFTTT（Node.js）

```
console.log('Loading function');

var https = require('https');
var querystring = require("querystring");

var iftttMakerEventName = '<EVENT>'                              ← 用于配制 IFTTT 配置
var iftttMakerSecretKey = '<IFTTT_MAKER_SECRET_KEY>';              信息的 EventName

                                                                ← IFTTT Maker
var iftttMakerUrl =                                                通道的密钥
    'https://maker.ifttt.com/trigger/'
    + iftttMakerEventName
    + '/with/key/'                          ← 调用 IFTTT Maker
    + iftttMakerSecretKey;                    通道的完整 URL

exports.handler = (event, context, callback) => {
    var output;                             ← 发送的输出消息，包含
    if ('message' in event) {                 了事件的 message 属性
        output = event.message;
    } else {
        callback('Error: no message in the event');
    }
    console.log('Output: ', output);
                                            ← 输出消息作为
    var params = querystring.stringify({value1: output});   Value1 发送
                                              给 IFTTT 配
                                              置信息
    https.get(encodeURI(iftttMakerUrl) + '?' + params, function(res) {  ←
        console.log('Got response: ' + res.statusCode);
        res.setEncoding('utf8');                          HTTPS GET 作为
        res.on('data', function(d) {                      IFTTT Maker
            console.log('Body: ' + d);                    通道 URL
        });
        callback(null, res.statusCode);     ←
    }).on('error', function(e) {              从函数发回 HTTP
        console.log("Got error: " + e.message);   响应状态代码
        callback(e.message);
    });                                     ← 如果出错，
};                                            从函数发回
```

现在可以在 Lambda 控制台中运行测试来检验功能。尝试使用此示例事件发送消息：

```
{
    "message": "Hello from AWS Lambda!"
}
```

如果需要寻找更多使用 IFTTT 集成 AWS 服务的示例，可以查看在 GitHub 上分享的两

个开源项目：

❑ 本示例将 EC2 Auto Scaling 活动发送到 IFTTT。例如，如果在 Auto Scaling Group 中添加或删除新实例，就会触发相关活动。该项目可通过 https://github.com/danilop/ AutoScaling2IFTTT 获得。

❑ 这是可以将任何 Amazon SNS 消息推送到 IFTTT 的更通用的功能。该项目可在 https://github.com/danilop/SNS2IFTTT 获得。

16.3 向 Slack 团队发送消息

Slack 是一款强大的团队沟通工具。它允许用户创建通道，团队成员可以在特定主题上共享信息。Slack 还通过 API 开放了平台，允许从外部平台发送和接收消息。可以同时使用发送和接收功能来构建一个自动机器人，通过简易的聊天界面，管理 Slack 通道与外部工具的集成。

在这个例子中，我们将使用 Slack API，从 Lambda 函数向 Slack 团队发送消息。在下一章中，我们会介绍如何从 Slack 接收事件。这两种情况都需要在 Slack 账户中配置一个Webhook。

◉ 定义　Webhook 基本上是一个 HTTP 回调：可以使用它来告知或了解某些事情的发生，比如有了新的可用信息，或者必须进行某项操作。

要运行此示例，需要一个 Slack 账户。按照以下步骤准备和测试 Slack：

① 在 https://slack.com 创建一个新的 Slack 团队。

② 在主菜单（名为 Slack 小组）中，选择应用程序和集成。

③ 搜索"incoming webhooks"并添加一个配置。

④ 选择一个团队通道，例如 #random。要是愿意，也可以创建一个新的自定义通道。

⑤ 使用任意 Slack 客户端（在网络、智能手机或平板电脑上）登录到 Slack，并打开在步骤 2 中设置的通道。

⑥ 写下完整的 Webhook。它将是一个格式类似于 https://hooks.slack.com/services/ <HOOK> 的网址。

⑦ 使用第 3 章我们介绍的 curl 工具测试 Webhook 上以前的配置是否可用。请确保在以下命令中替换为你自己的 Webhook：

```
curl --data '{"text":"Hello!"}' https://hooks.slack.com/services/<HOOK>
```

先前的 curl 命令正在你配置的 Webhook 上执行 HTTP POST，作为消息的正文传递给一些"text"。如果测试成功，放在 JSON "text"属性值的任何内容都会显示在 Webhook配置好的通道中。

因此，使用 Lambda 函数来执行 `HTTP POST` 并将文本发送到 Slack 通道很容易。代码清单 16-4 就是一个样例。

 警告 代码清单 16-4 中的 Webhook 路径必须以斜杠字符开头，例如 "/path"，否则会因为 URL 格式不正确而报错。

 提示 为了更好的安全性，可以使用 AWS KMS 加密 Webhook。我们在这个代码示例中没有加密 Webhook。

代码清单16-4　Function `Lambda2Slack`（Node.js）

```
const https = require('https');

var webhook_host = '<YOUR_WEBHOOK_HOST>';
var webhook_path = '<YOUR_WEBHOOK_PATH_STARTING_WITH_A_SLASH>';

exports.handler = (event, context, callback) => {
    var post_data;
    if ('text' in event) {
        post_data = '{"text":"' + event['text'] + '"}';
    } else {
        post_data = '{"text":"Hello from AWS Lambda!"}';
    }

    var post_options = {
        hostname: webhook_host,
        port: 443,
        path: webhook_path,
        method: 'POST',
        headers: {
            'Content-Type': 'application/json',
            'Content-Length': Buffer.byteLength(post_data)
        }
    };

    var post_req = https.request(post_options, function(res) {
        res.setEncoding('utf8');
        res.on('data', function(chunk) {
            console.log('Response: ' + chunk);
        });
    });

    post_req.write(post_data);
    post_req.end();
};
```

为了简化 HTTPS POST 的配置，把 Slack Webhook 分为主机和路径两部分，路径必须从一个斜杠开始

在事件中查找 "text" 属性，或发送一个默认消息

为 HTTPS POST 准备参数

准备 HTTPS 请求

发送数据

断开 HTTP 请求

 提示 在创建新功能时，由 AWS Lambda 控制台提供的蓝图中，用户将找到如何将 CloudWatch 报警发送到 Slack 的示例。这一方法能让所有团队成员可以随时知道 AWS 应用程序和基础设施发生的状况。

16.4 自动管理 GitHub 代码库

如果应用程序的源代码托管在 GitHub 上，就可能需要自动执行多个循环活动。例如，可以为任何创建新问题（issue）的人员创建自动响应，并链接到知识库，了解管理问题的方法以及需要知道的内容。

GitHub 有一个扩展 API 可以用来做到这一点。要调用 GitHub API，需要一个令牌来认证身份。可以按照以下步骤为账户创建令牌：

① 创建一个新的 GitHub 账户（或使用您现有的账户）。

② 在右上方，选择个人资料图片，打开下拉菜单，然后选择设置。

③ 在"开发人员设置"的菜单中，单击侧边栏中的"个人访问令牌"。

④ 单击"生成个人访问令牌"。

⑤ 添加一个令牌描述，做好备注，然后单击"生成令牌"。

⑥ 记下令牌供以后使用。

现在可以在 Lambda 函数中包含 GitHub SDK，并使用令牌验证调用。为了保证更好的安全性，可以使用 AWS KMS 保护令牌。有关可用的 GitHub SDK 和支持的平台的概述，请参见 https://developer.github.com/libraries/。

例如，代码清单 16-5 中的函数根据事件传递的参数在 GitHub 上发布注释。要使用此示例，需要在本地安装 GitHub SDK，并在将其上传到 AWS Lambda 之前，把依赖项压缩到该函数。要安装 GitHub 模块，可以使用：

```
npm install github
```

代码清单16-5 Lambda2GitHub（Node.js）

```
var GitHubApi = require('github');          使用 GitHub Node.js SDK
var github = new GitHubApi({
    version: '3.0.0'
});

exports.handler = (event, context, callback) => {

    if (!('user' in event) || !('repo' in event) ||      验证事件的
        !('issue' in event) || !('comment' in evet)) {   内容格式
        callback('Error: ' +
            'the event must contain user, repo, issue and comment')
    } else {

        var githubUser = event.user;         从事件抽
        var githubRepo = event.repo;         取信息
        var githubIssue = event.issue;
        var comment = event.comment;
```

```
github.authenticate({                          ◁————┐ GitHub 身份
    type: 'oauth',                                   │ 认证
    token: '<GITHUB_TOKEN>'              ◁———────────┘
});
                                                     ┌ 记得在这里使用
                                                     │ 你自己的令牌
github.issues.createComment({           ◁————┐
    user: githubUser,                         │ 对 GitHub 的
    repo: githubRepo,                         │ 一个 issue 添
    number: githubIssue,                      │ 加评论
    body: comment
}, callback(null, 'Comment posted'));
    }
};
```

> 🎯 提示　有关如何使用 AWS Lambda 创建 GitHub bot 的扩展示例，建议查看以下博客文章：
> https://aws.amazon.com/blogs/compute/dynamic-github-actions-with-aws-lambda/。

总结

在这一章，我们学习了如何为外部服务加密安全凭证，以及如何从 Lambda 函数调用外部 API。具体的知识点如下：

❑ 使用 AWS KMS 加密 Lambda 函数需要的机密数据或安全凭证。

❑ 在 Lambda 函数内动态解密数据并缓存解密的结果。

❑ 使用 IFTTT 作为桥梁，把 Lambda 函数和那些 IFTTT 通道支持的服务对接在一起。

❑ 从 Lambda 函数把消息发送给 Slack 通道，例如：在 CloudWatch 告警时给团队推送一个通知。

❑ 使用 Lambda 函数管理 GitHub 代码库，例如：自动创建一个 issue。

练习

修改代码清单 16-3，使用 AWS KMS 存储安全凭证（Slack 的 Webhook），并使用代码 清单 16-1 中的常规模式。

解答

下面的代码是一个可供参考的解答。

代码清单　函数 Lambda2SlackKMS（Node.js）

```
var AWS = require('aws-sdk');
var kms = new AWS.KMS();
```

```
const https = require('https');

// Enter the base-64 encoded, encrypted configuration here (CiphertextBlob)
// { "webhook_host": "", "webhook_path": "" }
var functionEncryptedConfig = '<ENCRYPED_CONFIG>';
var functionConfig;

exports.handler = function (event, context) {
    if (functionConfig) {
        // Container reuse, simply process the event with the key in memory
        processEvent(event, context);
    } else {
        var encryptedBuf = new Buffer(functionEncryptedConfig, 'base64');
        var cipherText = { CiphertextBlob: encryptedBuf };

        kms.decrypt(cipherText, function (err, data) {
            if (err) {
                console.log("Decrypt error: " + err);
                context.fail(err);
            } else {
                functionConfig =
                    JSON.parse(data.Plaintext.toString('ascii'));
                processEvent(event, context);
            }
        });
    }
};

var processEvent = function (event, context) {
    var post_data;
    if ('text' in event) {
        post_data = '{"text":"' + event['text'] + '"}';
    } else {
        post_data = '{"text":"Hello from AWS Lambda!"}';
    }

    var post_options = {
        hostname: functionConfig.webhook_host,
        port: 443,
        path: functionConfig.webhook_path,
        method: 'POST',
        headers: {
            'Content-Type': 'application/json',
            'Content-Length': Buffer.byteLength(post_data)
        }
    };

    var post_req = https.request(post_options, function(res) {
        res.setEncoding('utf8');
        res.on('data', function(chunk) {
            console.log('Response: ' + chunk);
        });
    });

    post_req.write(post_data);
    post_req.end();
};
```

Webhook 的主机和路径被作为 JSON 对象加密

解密后，JSON 格式被解析

包含 Webhook 主机和路径的属性被用来构建 HTTPS 请求

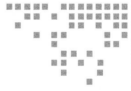

第 17 章　*Chapter 17*

从其他服务获取事件

本章导读：

❑ 将外部事件源作为 Lambda 函数的触发器。

❑ 使用 Webhook 从其他服务接收函数回调。

❑ 监控应用程序日志来触发 Lambda 函数。

❑ 介绍使用 Slack、GitHub、Twilio 和 MongoDB 等工具的实践案例。

在上一章中，我们学习了如何在 Lambda 函数中调用外部服务：需要先对安全凭证进行加密，然后才可以将其包含在代码或配置库中。

本章将介绍另外一种方法：如何用外部服务触发 Lambda 函数。本章将分享具体例子和最佳实践，通过几个案例来介绍这种放之四海皆有用的架构模式。

17.1　谁在调用

软件开发人员可以借助其他 AWS 服务（如 Amazon API Gateway 和 Amazon SNS）从 AWS 以外的来源接收事件。在这种情况下，应该有一个过程来验证事件的来源是可靠的。通常，开发人员可以通过向所有事件添加共享密钥来验证，或者更进一步，直接向请求添加数字签名（后者与 AWS API 的工作原理类似）。

当使用共享密钥时，必须和发送者达成一致，发送一串随机字符串，并始终通过加密通道（如 HTTPS）发送此共享密钥。如果要实现数字签名，建议依靠已经被测试过的框架，例如 AWS API。

要与第三方安全地共享密钥，建议可以使用 AWS KMS，与上一章中使用的方式类似。

在这种情况下，第三方充当 Lambda 函数，需要具有权限（比如通过一个 IAM 用户或某个可以在其 AWS 账号中承担的跨账号 IAM 角色）来使用 KMS 密钥进行解密。这两个选项的总结如图 17-1 所示。

> 🎯提
> 示 跨账号角色是一种强大的工具，可将 AWS 活动委托给另一个 AWS 账号，并可用于多种场景。

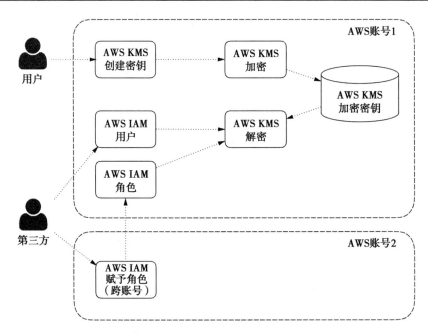

图 17-1   开发者可以通过分享 AWS KMS 管理的密钥给 AWS 账号中的 IAM 用户（然后将用户的凭据提供给第三方），或通过创建跨账号角色（第三方），来共享由 AWS KMS 管理的加密密钥

例如，要与其他 AWS 账号共享数据，开发者可以让另一个账号在其中一个 S3 存储桶中读取一个共享的"文件夹"（前缀）。有关承担跨账号角色的更多信息，请参阅 https://docs.aws.amazon.com/IAM/latest/UserGuide/tutorial_cross-account-with-roles.html。

17.2   Webhook 模式

上一章中我们提到可以使用具有外部服务的 AWS Lambda，其中几个服务（如 Slack 和 IFTTT）使用的一种常见模式可以发布一个能侦听和触发的 URL。为了清楚起见，这里重复一下 Webhook 的定义。

> ⊘定
> 义 Webhook 基本上是一个 HTTP 回调：可以使用它来告知或了解某些事情的发生，比如有了新的可用信息，或者必须进行某项操作。

一开始，Webhook 主要是基于 POST 操作，但 GET 因为使用简单，方便添加查询函数，而被越来越多地被使用。

在上一章中，我们提到了可以使用 Webhook 将信息发送到外部服务。本章将介绍如何反其道而行之：从外部来源接收事件。

> 提示　Webhook 是一个很酷的概念，并且在我们所知道的交互式平台发展过程中起着积极的作用。Webhook 使开发人员能够以 HTTP 为通用语言，轻松地将多个 Web 应用程序集成在一起。开发者可以查看 2007 和 2009 年的这两篇博文，了解一些有趣和革命性的想法：http://progrium.com/blog/2007/05/03/web-hooks-to-revolutionize-the-web/ 和 http://timothyfitz.com/2009/02/09/what-web-hooks-are-and-why-you-should-care/。

实现无服务器 Webhook 是指，通过 Amazon API Gateway 接收 `HTTP GET` 或 `POST`，并且使用 AWS Lambda 来运行与事件关联的自定义逻辑。

图 17-2　可以使用 Amazon API Gateway 轻松构建一个 Webhook 来触发 Lambda 函数。为了保护你的 Webhook，你可以使用随机 URL，并在 API 中进行配置

开发人员可能不希望除授权用户之外的任何人使用他们创建的 Webhook，因此可以在 HTTP 请求中共享一个密钥作为参数或 Header，然后在 Amazon API Gateway 中对请求进行身份验证，比如使用自定义授权器或 Lambda 函数。在这两种情况下，如果输入事件不包含身份验证信息，则可以返回错误，但请求仍然会到达无服务器架构。

还有一种安全的做法，由于 URL 的真实路径是被 HTTPS 协议加密并传输的，我们可以在实现 Webhook 的 API 中加入随机创建的资源，并与可信任的对方共享。这样，对 API 的不同资源的所有调用将无须调用后台验证，如果不是双方的约定，将直接返回错误。

如果想要在 API 中管理多个来源，则可以使用以下格式构建 Webhook：

```
https://domain<SOURCE>/<RANDOM-HOOK>
```

其中 <SOURCE> 可以替换为源的名称，而 <RANDOM-HOOK> 是一个随机的路径，只有开发者和调用者才知道。现在我们来看一下使用 Webhook 来接收 Lambda 函数中包含 Slack 和 Twilio 等服务的事件的几个例子。

17.3 处理来自 Slack 的事件

Slack 的一个有趣的功能是可以给整个团队添加以"/"字符开头的 slash 命令。slash 命令可以使用自定义的应用程序，甚至调用一个 Webhook。

要设置 Slack 账户，请按照下列步骤操作：

① 在你管理的团队中使用 Slack Web 界面，例如 https://<YOUR-TEAM> .slack.com。

② 从团队的主下拉菜单中，在窗口的左上方选择应用和集成。

③ 搜索"slash commands"并选择结果。

④ 添加一个配置，并选择一个命令，例如"/lambda"。

⑤ 添加命令集成。

Slack 控制台有详细的记录，可以看到很多选项，我们还是专注于最重要的集成。你必须创建自己的 Webhook，但是在创建前，你是不知道最终的 URL 的。在使用 Amazon API Gateway 部署 API 后，需要回到此配置页面来更新 URL。不过，你可以选择是否要让 Slack 使用 POST 或 GET。现在离开 POST，可以稍后再尝试 GET。最重要的是，写下作为共享密钥的令牌来验证 Slack，因为接下来你将在 Lambda 函数中检查令牌的值以验证调用者的请求。

因为我们将使用 AWS KMS 来解密 Lambda 函数中的令牌，所以现在可以像上一章开始时那样进行加密：

① 如果还没有密钥，就创建一个新的 KMS 密钥，从 AWS IAM 控制台选择 Encryption Key，并使用 functionConfig 作为关键别名。

② 使用 AWS CLI 的 KMS 密钥对 Slack 令牌进行加密（请务必使用生成的令牌代替 <TOKEN>）：

```
aws kms encrypt --key-id alias/functionConfig --plaintext '<TOKEN>'
```

③ 记下 CiphertextBlob 属性中的结果。需要将该值放在之后创建的 Lambda 函数中。

现在可以创建 Lambda 函数从 Slack 接收事件：这很容易，因为你可以从控制台中的一个蓝图开始。创建一个新的 Lambda 函数，并在要求选择蓝图时搜索"Slack"，查找"slack-echo-command"蓝图。你可以选择 Node.js 或 Python 来实现它。

控制台会自动配置与 Amazon API Gateway 的集成，但需要将 Security 更改为"打开"。为该功能（例如"Slack2Lambda"）和角色（例如"Slack2Lambda-角色"）赋名。该角色已配置为允许访问 AWS KMS。

在代码中，查找从 Slack 获取并使用 AWS KMS 加密的加密令牌必须被替换的参数，其他的保留默认值就可以。

部署这些更改，创建"prod"阶段，然后返回到 Slack slash 命令配置，以便用完整的资源路径更新 URL。在 Lambda 控制台中，找到完整路径的最简单方法是在该功能的

"Trigger" 选项卡中去找。

在 Slack 团队中尝试新的 slash 命令。可以使用蓝图发送回（"echo"）slash 命令上的信息，这些蓝图可以扩展，添加自定义逻辑或调用其他 API。可以创建一个 slash 命令（比如 "/ lambda list"）来列出该区域中的所有 Lambda 函数。

> **注意**　如果某些操作无法正常工作，请查看 Lambda 函数日志并测试 Amazon API Gateway。因为蓝图经常更新，因此请在功能代码中查找其他信息。

> **提示**　有关如何在 AWS Lambda 中使用 Slack 的扩展示例，可以查看 Zombie Apocalypse 工作坊的 GitHub 资源库，该实验室是通过 https://github.com/awslabs/aws-lambda-zombie-workshop 来设置无服务器聊天应用程序的。

17.4　处理来自 GitHub 的事件

GitHub 可以与某些 AWS 服务原生集成，尤其是支持 Amazon SNS，可能这是接收 SNS 通知进而触发 Lambda 函数的最简方法。在这种情况下，你必须创建一个 SNS 主题和一个 AWS IAM 用户，用户具有在 SNS 主题上进行发布的权限。AWS Access Key ID 和 AWS Secret Access Key 由 GitHub 存储以验证发送通知。

> **提示**　你可以定期轮换这些 AWS 凭证，创建一个新的凭证，并更新 GitHub 上的配置。AWS 用户可以同时使用两个凭证来简化轮换。

另一种不使用 GitHub 提供的 AWS 集成的方法是在 GitHub 存储库中设置一个 Webhook，类似于对 Slack 所做的操作。

接下来，你可以设置 Amazon API Gateway 来接收事件，并将其传递给 Lambda 函数。为了保护对 Lambda 函数的访问，可以向 GitHub 使用的有效内容 URL 添加一个随机字符串。该随机字符串将是你在 API 中配置的资源，并充当共享密钥，因为它总是在 GitHub 和 Amazon API Gateway 之间通过 HTTPS 加密传输。

> **提示**　为了提高安全性，你可以在 API 中创建新的随机方法，调用相同的 Lambda 函数和更新 GitHub 控制台来定期轮换 URL 的共享密钥的部分。然后，当确定不再被调用时，就可以删除 API 中的旧资源。

现在我们有另外一种方法来接收来自 GitHub 的事件。在上一章中，我们学习了如何在 GitHub 上进行更改，以便从 Lambda 函数中访问 GitHub API。搭配使用这两个功能，我们可以实现一个自动机器人，对代码库中的活动（比如创建了一个新问题，即 GitHub issue）做出反应并进行自动化的事件管理（例如，查找知识库，看看是否有部分信息可以作为问题的注释自动返回）。

17.5 处理来自 Twilio 的事件

Twilio 是一种基于云的 API 的服务，提供给全球开发者使用，开发人员可以搭建智能和复杂的通信系统。你可以免费获得开发人员密钥，并开始尝试使用其 API。

Twilio 发送数据的方式类似于 Slack 和 GitHub 的工作方式，可以使用 Amazon API Gateway 调用 Lambda 函数来实现 Webhook。与 Slack 类似，当你创建 Lambda 函数时，可以使用蓝图：搜索 Twilio 并选择 "twilio-simple-blueprint"（Node.js）。

注意 如果某些操作无法正常工作，请查看 Lambda 函数日志并测试 Amazon API Gateway。因为蓝图经常更新，因此请在函数代码中查找其他信息。

> **Zombie Apocalypse 工作坊**
>
> 有关如何在 AWS Lambda 中使用 Twilio 的扩展示例，我们可以查看下面的这个 GitHub 资源库，在其中 AWS 共享了代码和详细的介绍：https//github.com/awslabs/asw-lamba-zombie-workshop。
>
> 工作坊的目的是建立一个无服务器聊天应用程序，并与多个通信渠道进行整合。

17.6 使用 MongoDB 作为触发器

在本节中，我们会给出一个如何集成第三方产品来触发 Lambda 函数的示例。我们在本书之前的几个例子中使用了 Amazon DynamoDB 作为事件源，但是如果要使用不同的数据库（如 MongoDB），会出现什么情况呢？

我们的目标是找到一个第三方产品存储信息的地方，通常情况下会是在日志文件中存储相关的信息。MongoDB 数据库就是在复制配置时，将其操作的日志写入 oplog（操作日志）。这是一个特殊的固定集合（crapped collection），用于保存数据库中数据修改的滚动记录。

MongoDB 中的集合具有固定的大小，并支持高吞吐量操作。它们类似于循环缓冲区：一旦集合填充其分配的空间，它将覆盖集合中最旧的文档来为新文档提供空间。

你可以使用可用的游标（cursor）来浏览这个日志集合，该游标在客户端耗尽初始游标中的结果后保持打开状态（类似于 "tail-f" 这个 Unix 命令）。客户端将新的附加文档插入上限集合后，该可用游标将继续检索文档。

使用 MongoDB 提供的工具，可以构建一个 oplog 监视器，在发现特定模式时继续查看 oplog 并触发 Lambda 函数的调用。这个流程的示例如图 17-3 所示。

构建实际的 oplog 监视器不在本章的范围之内，因为如果这样做，需要深入了解本书不

需要的 MongoDB 技能。但是我们应该了解构建它的原因以及它的工作原理。有关如何使用
MongoDB 驱动程序，以不同的编程语言（如 Python 或 Node.js）构建 oplog 监视器的示例，
请参看 https://docs.mongodb.com/ecosystem/drivers/。

> 🎯 提示　此部分基于 MongoDB，但其实大多数数据库具有复制功能，这就需要查看如何监
> 视更改和触发事件的部分。

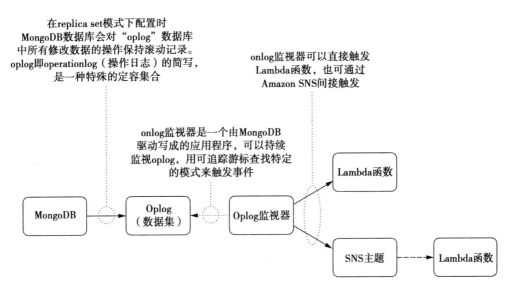

图 17-3　监控 MongoDB oplog 以查找特定模式来触发 Lambda 函数

17.7　日志监控的模式

将第三方产品集成为 AWS Lambda 触发器的更通用方法，是检查在第三方产品写入的
日志文件中，可否查找到所需要的信息来触发 Lambda 函数（图 17-4）。

> ⚠ 警告　日志有可能会使用大量的磁盘空间（特别是如果你提高了应用程序的日志级别）。建
> 议实现日志文件的自动轮换，使旧的文件在一段时间后自动删除或归档。为了避免
> 对存储性能的影响，你可以将监控使用的日志移动到小型 RAM 磁盘（保管时间只
> 有几分钟），还可以选择同时或稍后把旧日志存放进更长期的存储里（如果应用程序
> 可以配置）。

即使开发者可以直接从日志监控器触发 Lambda 函数，我们的建议还是发送 SNS 通知，
然后使用这些通知来触发 Lambda 函数。以这种方式，开发者可以解除调用，并使用 SNS
日志记录来监视日志监控器和 AWS Lambda 之间的通信。

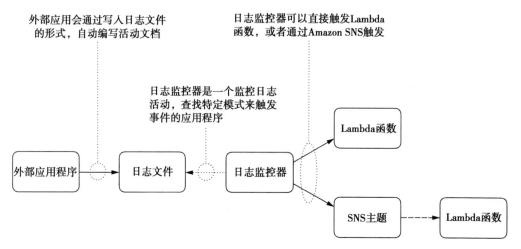

图 17-4 监控日志是从外部产品中发生的事件触发 Lambda 函数的常用方法。可以直接或
通过使用 Amazon SNS 来调用 Lambda 函数

使用 Amazon SNS，Lambda 函数接收消息载荷作为输入参数，并可以处理消息中的信息，将消息发布到其他 SNS 主题，或将消息发送到其他 AWS 服务。此外，Amazon SNS 还支持发送到 Lambda 路径的消息通知的消息传递状态属性。将 Lambda 调用从监视中解耦，开发者可以配置在 SNS 触发器中调用的 Lambda 函数的特定版本或别名，而不是配置日志监控器。

 开发者必须在可用性方面管理日志监视的可靠性和性能（需要超过写入日志的速度）。

总结

在本章中，我们介绍了如何用外部服务触发 Lambda 函数。具体而言，我们学习了以下内容：

❏ 使用 Amazon API Gateway 和 AWS Lambda 构建 Webhook，从外部来源接收事件。

❏ 从外部应用程序接收事件，监视其日志，使用 Amazon SNS 触发 Lambda 函数。

❏ 由诸如 Slack、GitHub 和 Twilio 等其他平台触发，介绍了 Webhook 的功能。

❏ 为外部数据库（如 MongoDB）设计专门的日志监控器，以触发 Lambda 函数。

练习

1. 要验证对你的 Webhook 的调用，可以采取如下哪个方式？

a. 具有自定义策略的 IAM 角色

　　b. 具有自定义策略的 IAM 用户

　　c. 只能通过加密通道（如 HTTPS）发送的共享密钥

　　d. 可以使用 Amazon SES 通过电子邮件发送的共享秘密

2. 对于一个日志监视系统，调用 Lambda 函数的最佳方式是什么？

　　a. 使用 Amazon SNS 作为触发器

　　b. 使用 AWS IAM 角色

　　c. 使用 AWS CloudTrail

　　d. 使用 AWS Lambda 调用 API

解答

1. c

2. a 和 d

推荐阅读

  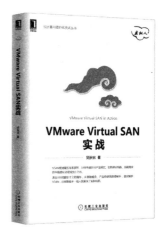

云系统管理：大规模分布式系统设计与运营

作者：托马斯 A. 利蒙切利 等 译者：姚军 等 ISBN：978-7-111-54160-8 定价：99.00元

资深云计算专家十余年经验结晶，全方位介绍大规模分布式系统的设计和运营；理论与实践相结合，不仅介绍分布式系统架构、应用和设计原则的理论知识，而且包含Google、Facebook等公司的成功案例分析，为系统管理员提供有益指导。

软件定义存储：原理、实践与生态

作者：叶毓睿 等 ISBN：978-7-111-53957-5 定价：89.00元

软件定义存储（SDS）领域的集大成者和开创性著作。倪光南院士、IDC中国副总裁武连峰、VMware全球副总裁李映、企事录创始人张广斌、DOIT创始人郑信武、猎豹移动CTO Charles Fan等数十位来自学术界和企业界的资深专家强烈推荐。

VMware Virtual SAN实战

作者：吴秋林 ISBN：978-7-111-53522-5 定价：59.00元

VSAN领域著名专家撰写，10余年虚拟化产品研究、实践经验结晶，名副其实的存储虚拟化领域良心之作。（2）源自5000篇技术文档精华，从基础概念、产品构建到原理解析，逐层解析VSAN，已帮助数千一线人员解决了实际问题。

推荐阅读

Ceph分布式存储实战

作者：Ceph中国社区 ISBN：978-7-111-55358-8 定价：69.00元

十余位专家联袂推荐，Ceph中国社区专家撰写，权威性与实战性毋庸置疑；系统介绍Ceph设计思想、三大存储类型与实际应用、高级特性、性能测试、调优与运维。

Virtual SAN最佳实践：部署、管理、监控、排错与企业应用方案设计

作者：丁楠 等 ISBN：978-7-111-55127-0 定价：79.00元

VMware官方权威出品，VMware中国研发中心存储与高可用性事业部Virtual SAN解决方案团队实践经验首次对外公开；VMware全球高级副总裁、存储与可用性事业部总经理李严冰和EMC中国卓越研发集团上海公司总经理陈春曦联袂推荐。

OpenStack系统架构设计实战

作者：陆平 等 ISBN：978-7-111-54333-6 定价：69.00元

详细介绍OpenStack技术架构和核心模块；深入解析OpenStack各模块的设计思想、实现方案和部署方案；介绍OpenStack在大数据服务、数据库服务等PaaS领域的实现方案。

推荐阅读

云计算：概念、技术与架构
作者：Thomas Erl 等 ISBN：978-7-111-46134-0 定价：69.00元

企业应用架构模式
作者：Martin Fowler ISBN：978-7-111-30393-0 定价：59.00元

设计模式：可复用面向对象软件的基础
作者：Erich Gamma 等 ISBN：7-111-07575-2 定价：35.00元

深入理解云计算：基本原理和应用程序编程技术
作者：拉库马·布亚 等 ISBN：978-7-111-49658-8 定价：69.00元

云计算与分布式系统：从并行处理到物联网
作者：Kai Hwang 等 ISBN：978-7-111-41065-2 定价：85.00元